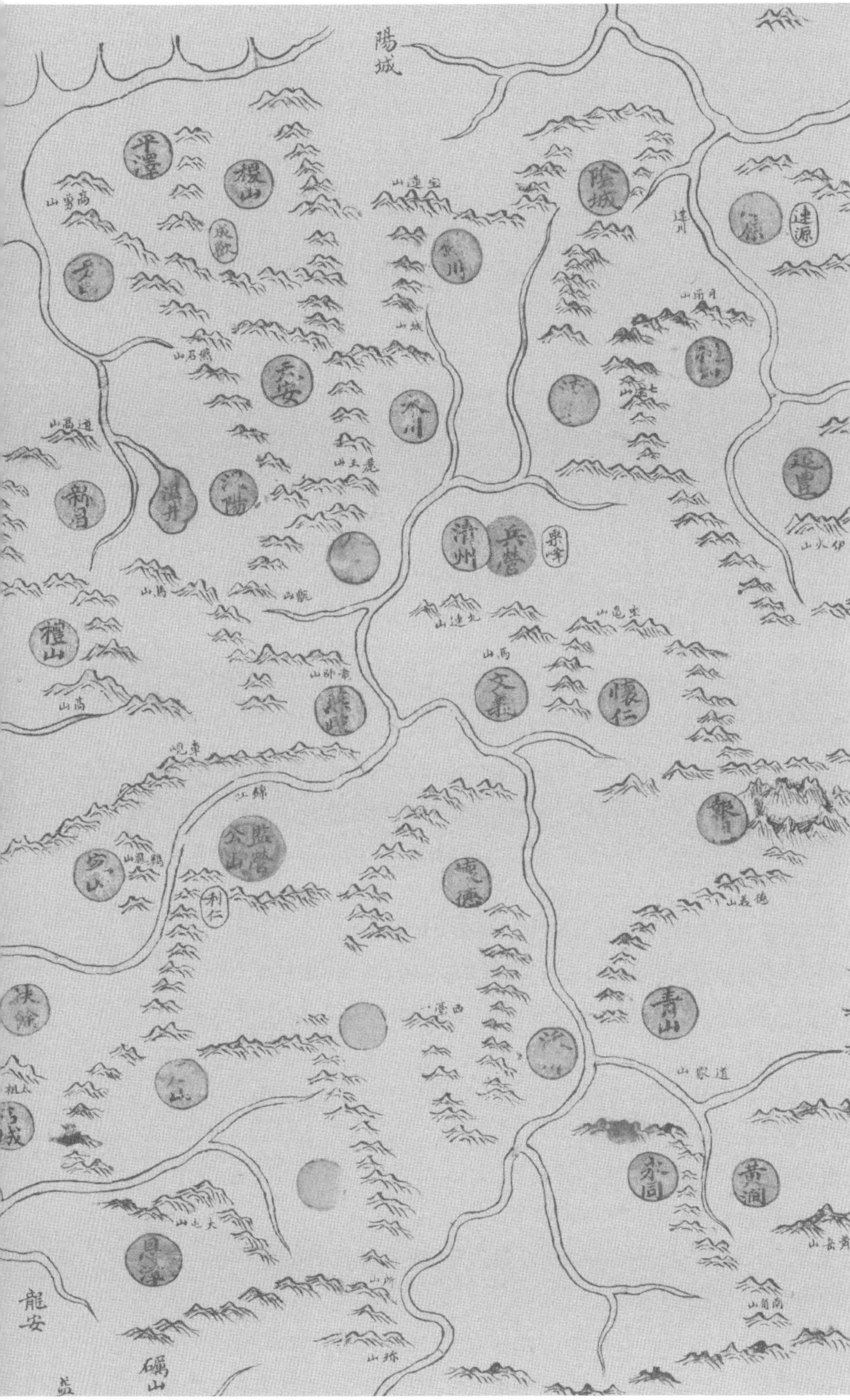

동국여지지 3

충청도

유형원 지음　오세옥 옮김

한국고전번역원

일러두기

1. 이 책의 번역 대본은 서울대학교 규장각한국학연구원 소장 《동국여지지(東國輿地志)》(古4790-51)를 저본으로 한 한국고전번역원 한국고전총간 《교감표점 동국여지지》이다.
2. 원문의 1차 소자(小字)는 본문보다 글자 크기를 줄여서 구분하였고, 그보다 더 작은 2차 소자는 1차 소자보다 글자 크기를 줄이고 처음과 끝에 붙임표를 사용하였다.
3. 역주는 내용이 간단하면 간주(間註)로, 길면 각주(脚註)로 처리하였다.
4. 한자는 필요한 경우 이해를 돕기 위하여 넣었으며, 운문(韻文)은 원문을 병기하였다.
5. 맞춤법과 띄어쓰기는 '한글 맞춤법'을 따르고, 한글 어휘는 '표준어 규정'을 따르는 것을 원칙으로 하였다.
6. 문장 부호는 '한글 맞춤법'에 규정된 용법을 따라서 사용했으며, 그 밖에 새로 만들거나 용법을 달리하여 사용한 부호는 다음과 같다.

「　」 : '　' 안의 재인용을 나타낼 때 사용한다.

『　』 : 「　」 안의 재인용을 나타낼 때 사용한다.

…… : 원문의 '云云'을 처리할 때, 각주의 표제어가 네 어절 이상일 경우 생략되는 말을 처리할 때 사용한다.

- - : 본문에서 2차 소자(小字) 및 원문 결락의 처음과 끝에 사용한다.

□ : 원문의 글자가 빠지거나 판독할 수 없을 때 번역문의 글자 수만큼 사용한다.

차례

제3권

충청도

忠淸道

옛 마한(馬韓) 지역이니, 천문의 미수(尾宿)와 기수(箕宿)[1] 분야에 해당한다. 삼국 시대에 백제 땅이었다가 의자왕(義慈王) 때에 이르러 당 고종(唐高宗)이 소정방(蘇定方)을 보내 신라와 협공하여 백제를 멸망시키고 웅진(熊津) 등의 도독부를 설치한 다음 당나라 군사는 바로 돌아갔다. 당 고종 현경(顯慶) 5년(660)에 백제를 멸망시킨 뒤에 그 땅을 나누어 웅진(熊津), 마한(馬韓), 동명(東明), 금련(金連), 덕안(德安) 5개 도독부를 설치하였다. 아울러 대방주(帶方州)[2]를 설치하고 군대를 주둔시켜 진무하게 하였다. 웅진도독부 부치(府治)는 지금의 공주(公州)인데, 인덕(麟德) 2년(665)에 당나라 군사가 돌아가면서 바로 폐지되었으니, 설치된 기간이 6, 7년에 불과하였다.

신라가 그 땅을 병합하여 경덕왕(景德王) 때에 웅주(熊州)를 설치하여 군현을 다스리게 하였다. 고려 성종(成宗) 때에는 중원(中原)과 하남(河南) 2개의 도(道)를 설치하여 충주(忠州), 청주(淸州)가 관할하는 군현을 중원도(中原道)라 하고 공주, 운주(運州)가 관할하는 군현을 하남도(河南道)라 하였다.[3] 예종(睿宗) 초[4]에 두 도를 관내도(關內道)에 합

1 미수(尾宿)와 기수(箕宿) : 이십팔수(二十八宿) 중에서 동방의 별자리로, 우리나라 지역에 해당한다.

2 대방주(帶方州) : 전라남도 남원(南原)의 이칭으로, 당나라가 백제를 멸망시키고 진무(鎭撫)하기 위해 설치한 주이다. 《동사강목(東史綱目)》 부록 권하(卷下) 〈웅진도독부고(熊津都督府考)〉 소주(小註)에, 지금의 나주(羅州)라고 하였다.

3 고려……하였다 : 《신증동국여지승람(新增東國輿地勝覽)》 권14 〈충청도〉에 "고려 성종 14년(995) 나라 안을 나누어 10개 도(道)를 만드는데, 충주(忠州), 강주(剛州), 환주(歡州) 등 13개 주(州)로 중원도(中原道)를 만들고, 공주(公州), 운주(運州) 등 11개 주로 하남도(河南道)를 만들었다." 하였다.

4 예종(睿宗) 초 : 1105년(예종 즉위년)이다. 《新增東國輿地勝覽 卷14 忠淸道》

하여 양광충청주도(楊廣忠淸州道)라 칭하였다. 명종(明宗) 초[5]에 나누어 양광, 충청 두 도로 만들었고, 충숙왕(忠肅王) 초[6]에 다시 합하여 한 도로 만들어 양광도(楊廣道)라 칭하였으며, 공민왕(恭愍王) 때[7] 충청도라 칭하였다. 신우(辛禑) 말년에 도내의 평창현(平昌縣)을 떼 내어 교주도(交州道)에 이속시켰다. 본조(本朝)에서 그대로 충청도를 설치하여 충주, 청주, 공주, 홍주(洪州)가 관할하는 군현을 통솔하였고, 양주(楊州), 광주(廣州)가 관할하는 군현을 나누어 경기에 예속시키고 각각 관찰사를 두었다.[8] 공정왕(恭靖王) 때[9] 영월군(寧越郡)을 떼 내어 강원도에 예속시키고 강원도 영춘현(永春縣)을 충청도에 예속시켰다. 태종(太宗) 때[10]에 여흥(驪興), 안성(安城), 음죽(陰竹), 양성(陽城), 양지(陽智)를 떼 내어 경기에 예속시키고, 경상도 옥천(沃川)·영동(永同)·황간(黃澗)·보은(報恩)·청산(青山)을 충청도에 예속시켰다.

인조(仁祖) 때에 공청도(公淸道)로 고쳤다가 또 공홍도(公洪道)로 칭하였고 뒤에 다시 충청도라 칭하였다. 목(牧) 4개, 군(郡) 12개, 현(縣) 38개를 관할한다. 관원은 관찰사, 1인 병마절도사, 2인으로, 1인은 관찰사가 겸한다. 수군절도사, 2인으로, 1인은 관찰사가 겸한다. 병마우후, 1인으로, 종3품이다. 다른 도도 같다. 수군우후, 1인으로, 정4품이다. 다른 도도

5 명종(明宗) 초 : 1170년(명종 즉위년)이다.《新增東國輿地勝覽 卷14 忠淸道》

6 충숙왕(忠肅王) 초 : 1313년(충숙왕 즉위년)이다.《新增東國輿地勝覽 卷14 忠淸道》

7 공민왕(恭愍王) 때 : 1356년(공민왕5)이다.《新增東國輿地勝覽 卷14 忠淸道》

8 본조(本朝)에서……두었다 : 1395년(태조4)이다.《新增東國輿地勝覽 卷14 忠淸道》

9 공정왕(恭靖王) 때 : 1398년(정종 즉위년)이다.《新增東國輿地勝覽 卷14 忠淸道》

10 태종(太宗) 때 : 1413년(태종13)이다.《新增東國輿地勝覽 卷14 忠淸道》

같다. 도사(都事), 1인 심약(審藥), 2인으로, 1인은 관찰사도(觀察使道)[11]에, 1인은 병마절도사도(兵馬節度使道)[12]에 둔다. 검률(檢律)이다. 1인이다.

11 관찰사도(觀察使道) : 관찰사가 있는 도청, 즉 감영(監營)을 말한다.

12 병마절도사도(兵馬節度使道) : 병마절도사가 있는 병영(兵營)을 말한다.

충주목忠州牧

동쪽으로 청풍군(淸風郡) 경계까지 28리이고, 남쪽으로 괴산군(槐山郡) 경계까지 48리, 연풍현(延豐縣) 경계까지 31리이고, 서쪽으로 음성현(陰城縣) 경계까지 51리, 경기 여주(驪州) 경계까지 78리, 같은 도 음죽현(陰竹縣) 경계까지 66리이고, 북쪽으로 제천현(堤川縣) 경계까지 45리, 강원도 원주(原州) 경계까지 58리이다. 서울과의 거리는 282리이다.

한전旱田

수전水田

건치연혁建置沿革

본래 고구려 국원성(國原城)이다. 미을성(未乙城)이라고도 하고, 완장성(薍長城)이라고도 한다. 신라가 차지하여 진흥왕(眞興王)이 국원소경(國原小京)을 설치하고 육부(六部)의 호민(豪民)을 이주시켜 살게 하였다. 경덕왕(景德王) 16년(757)에 중원경(中原京)이라고 고쳤다. 고려 초에 충주(忠州)로 고치고, 성종(成宗) 2년(983)에 목(牧)을 설치하였는데,

얼마 뒤 주(州)에 창화군(昌化軍)을 설치하였다.[13] 현종(顯宗) 때에 창화군을 파하고 다시 충주목을 설치하였다. 고종(高宗) 때 승격하여 국원경(國原京)으로 삼았다가 뒤에 도로 충주목으로 삼았다. 본조에서 그대로 따랐다가 세조(世祖) 때에 진(鎭)을 설치하였다. 명종(明宗) 때 강등하여 유신현(惟新縣)으로 삼았다가 그 후 10년 만에 다시 복구하였다. 광해군(光海君) 때에 또 강등하여 충원현(忠原縣)으로 삼았다가 이윽고 다시 충주로 삼았다. 관장하는 면(面)은 43개이고, 진관(鎭管)은 군(郡) 3개, 청풍(淸風), 단양(丹陽), 괴산(槐山) 현(縣) 4개이다. 연풍(延豐), 음성(陰城), 영춘(永春), 제천(堤川) 관원은 목사(牧使), 판관(判官), 교수(敎授)이다. 각 1인이다.

군명郡名

국원(國原), 중원(中原), 충원(忠原) 별호는 예성(蘂城)이다.

형승形勝

남쪽으로 조령(鳥嶺)에 닿고 동쪽으로 죽령(竹嶺)과 통하고 서쪽으로 서원(西原 지금의 청주)에 연결되고 북쪽으로 북원(北原 지금의 강원도 원주)에 접하고 있다.

13 얼마……설치하였다 : 《세종실록》 〈지리지 충청도 충주목〉에 "성종 14년(995)에 충주 창화군(忠州昌化軍)이라 이름하였다."라고 하였다.

남방을 견제하는 인후(咽喉)와 같은 요충지이고, 본조 정인지(鄭麟趾)의 〈경영루기(慶迎樓記)〉에 나온다. 지대는 한수(漢水)의 상류에 위치하고 있다.

월악산(月嶽山)이 동쪽에 솟아 있다.

두 물이 서쪽에서 만난다.

남쪽으로 영로(嶺路)의 길목이 된다.

북쪽으로 한류(漢流)를 걸치고 있다.

산으로 막고 강을 베고 있는 형세이므로 지형적으로 실로 요지이다.

풍속風俗

백성들의 풍속이 검소하고 인색하며, 지지(地志) 대대로 부자들이 많다. 《회토기(會土記)》[14]에 "중원경(中原京)은 곡산(穀山)이 높고 장대하다. 그러므로 대대로 부유한 장자(長者)가 많다." 하였다.

산천山川

대림산(大林山) 주 남쪽 10리에 있다. 진산(鎭山)이다.

말흘산(末訖山) 주 북쪽 30리에 있다.

14 회토기(會土記) : 《삼한회토기(三韓會土記)》를 말한다. 《신증동국여지승람》 권21 〈경상도 경주부〉에 의하면 고려의 술사(術士) 예방(銳方)이 올렸다고 하는데, 지은이나 상세한 내용은 전하지 않는다.

심항산(心項山) 주 동북쪽 9리에 있다.

마산(馬山) 주 서쪽 30리에 있다.

망이산(望爾山) 주 서쪽 91리에 있다.

월악산(月嶽山) 주 동쪽 45리에 있다. 우뚝 솟아 높고 거대함이 여느 산과 다르다. 신라 때는 월형산(月兄山)이라 칭하였고 소사(小祀)를 지냈다. 고려 이숭인(李崇仁)의 시[15]에 "저 월악을 보니 중원에 떡 버티고 있는데〔瞻彼月嶽橫中原〕"라고 한 것이 바로 이것이다. 청풍군(淸風郡)에도 보인다.

천룡산(天龍山) 주 서쪽 50리에 있다.

정토산(淨土山) 일명 개천산(開天山)이라고 한다. 주 북쪽 33리에 있다.

견문산(犬門山) 주 서쪽 8리에 있다. 그 아래에 강물이 있는데 금휴포(琴休浦)라 한다.

풍류산(風流山) 주 남쪽 23리에 있다. 산 위에 포모대(泡母臺)라는 높은 바위가 있는데, 민간에 전해지기를 "옛날에 포모(泡母)라는 여선(女仙)이 있어 그 위에서 노닐었으므로 산 이름을 풍류라 하였다."라고 한다.

가섭산(迦葉山) 주 서쪽 45리에 있다. 산세가 높고 거대해서 멀리까지 훤히 바라다보인다.

부용산(芙蓉山) 주 서쪽 61리에 있다.

거의산(車儀山) 주 서쪽 60리에 있다. 일명 취산(鷲山)이라고 한다.

원통산(圓通山) 주 서쪽 61리에 있다.

국망산(國望山) 주 서쪽 63리에 있다.

오압산(烏鴨山) 주 서쪽 73리 경기 여주(驪州)와의 경계에 있다.

15 이숭인(李崇仁)의 시 : 〈한강 노래〔漢江謠〕〉이다. 《陶隱集 卷1》

장미산(薔薇山) 주 서쪽 28리에 있다. 옛 석성(石城)이 있다.

천등산(天燈山) 주 북쪽 40리에 있다. 개천사비(開天寺碑)가 있으니, 세상에 전해지기로는 당(唐)나라 개원(開元) 연간에 세웠다고 하는데, 비문(碑文)이 깎이고 마모되어 읽을 수가 없다.

오동산(梧桐山) 주 동쪽 7리에 있다.

금봉산(金鳳山) 주 동쪽 5리에 있다.

종당산(宗堂山) 주 북쪽 13리에 있다. 특이한 돌이 생산되는데 비갈(碑碣)에 적합하다.

악현(惡峴) 주 서쪽 20리, 음성현(陰城縣)과의 경계에 있다. 본조 이승소(李承召)의 시[16]에,

돌길 돌고 돌아 하늘 올라가는 것 같으니	盤回石逕若升天
고단한 종 헐떡이며 하얀 김을 토해 내네	倦僕呀咻氣吐煙
문득 기뻐라, 올라서서 머리 들어 바라보니	却喜登臨矯首望
삼각산이 오운 가[17]에 어렴풋이 뵈는구나	三山隱約五雲邊

하였다.

연주현(連珠峴) 주 남쪽 5리에 있다. 민간에 전해지기를 "옛날에 연주(連珠) 여선이 풍류산(風流山)에서 노닐었는데, 혹 이 고개에서 노닐기도 하였으므로 이렇게 이름 지었다."라고 한다. 그 아래 골짜기가 비선동(飛仙洞)이다.

한강(漢江) 그 수원(水源)은 강릉부(江陵府) 오대산(五臺山)에서 나와 정선

16 이승소(李承召)의 시 : 〈음성의 악현(陰城惡峴)〉이다. 《三灘集 卷4》

17 오운(五雲) 가 : 임금이 거처하는 대궐 주변을 뜻한다.

(旌善), 영월(寧越), 단양(丹陽), 청풍(淸風)을 지나 본주(本州) 경계에 이르고, 주 동북쪽을 경유한 다음 또 서쪽으로 70리를 흘러 여주(驪州) 경계로 들어간다.

금탄(金灘) 주 서쪽 10리에 있으니, 바로 한강탄(漢江灘)이다. 세속에서는 금천(金遷)이라고도 부른다.

달수(達水) 일명 달천(達川)이라고도 하고 덕천(德川)이라고도 한다. 그 수원은 보은현(報恩縣)의 속리산(俗離山)에서 나와 괴산군(槐山郡)을 경유하여 주의 경계에 들어와서 북쪽으로 흘러 주 서쪽 8리에 이르러 한강에 유입된다. 봄여름에는 배로 강 위아래를 통행할 수 있다. 본조의 이행(李行)이 물맛을 잘 변별하였는데, 달수를 제일로 쳤다. 만력(萬曆) 임진년(1592, 선조25)에 왜구가 영남 지역을 함락하자 선조(宣祖)가 신립(申砬)에게 가서 방어하도록 하였다. 신립이 조령(鳥嶺)에 이르렀지만 천험의 요새를 지키지 못하고 퇴각하여 주 서쪽 달천 가에 이르러 배수진(背水陣)을 쳤는데, 왜적의 돌격을 받아 전군이 대패하고, 신립과 종사관 김여물(金汝岉)은 모두 강물에 투신하여 죽었다.

요도천(夭桃川) 일명 요도천(要道川)이라 한다. 주 서쪽 30리에 있다. 거의(車儀), 원통(圓通), 가섭(迦葉) 등 여러 산의 물이 합류하여 동쪽으로 흘러 용안역(用安驛)을 경유하여 동쪽으로 주 서쪽 10리에 이르러 달수에 유입된다.

열운천(閱雲川) 주 서남쪽 32리에 있다. 음성현(陰城縣)의 여러 계곡물이 합하여 동쪽으로 흐르다가 남창리(南倉里)를 경유하고 주 남쪽 30리에 이르러 달수에 유입된다.

월락탄(月落灘) 주 서쪽 15리에 있다. 금탄과 서로 접하고 있고, 신라 때 우륵(于勒)[18]이 유람한 지역이다. 고려 안숭선(安崇善)[19]의 시에 "금휴포 어귀에 외로운 돛배 멀고, 월락탄 머리에 흰 물결 잔잔하네.〔琴休浦口孤帆遠月落灘頭白浪平〕" 한 것이 이곳이다.

전회연(澶洄淵) 주 동쪽 15리에 있다. 한강 물이 이곳에 이르러 완만하게 선회하며 흐르는데 맑고 깊어 바닥을 알 수 없다. 세속에서 전하기를, 용못〔龍淵〕이어서 가물 때 비를 빌면 응험이 있다고 한다.[20] 혹 진포(辰浦)라고도 칭한다.

토산土産

철(鐵), 주연리(周連里)에서 난다. **이석**(膩石), 종당산(宗堂山)에서 난다. 돌결이 매끄럽고 섬세하여 비갈(碑碣)을 만들 만하다. **석유황**(石硫黃), 노오(老烏), 시물(柴勿) 두 골짜기에서 난다. **석회**(石灰), **활석**(滑石), **잣**〔海松子〕, **송이버섯**〔松蕈〕, **석이버섯**〔石蕈〕, **지치**〔紫草〕, **대추**〔棗〕, **안식향**(安息香), **인삼**(人蔘), **수박**〔西瓜〕, 가장 크고 맛이 좋다. **꿀**〔蜂蜜〕, **황랍**

18 우륵(于勒) : 신라 진흥왕 때의 악사(樂師)로, 가야금(伽倻琴)을 맨 처음 만들었다. 지금의 충주(忠州)에 살았는데, 탄금대(彈琴臺)와 금휴포(琴休浦)는 바로 그가 가야금을 타던 곳이라 한다.

19 고려 안숭선(安崇善) : 1392~1452. 조선 초기 문신으로 1420년(세종2) 장원 급제하여 도승지, 병조 판서 등을 역임하였다. 대본에는 '高麗'로 되어 있는데, 연문(衍文)인 듯하나 대본대로 번역하였다.

20 세속에서……한다 : 《신증동국여지승람》 권14 〈충청도 충주목〉 산천조(山川條)에는 "세속에서 전하기를, 용못이어서 가물 때에 범의 두골(頭骨)을 던져 넣으면 응험이 있다고 한다.〔俗傳龍淵, 天旱沈虎頭, 有應.〕" 하였다.

(黃蠟), 사향(麝香), 수달(水獺), 쏘가리〔錦鱗魚〕, 누치〔訥魚〕

성곽城郭

주성(州城) 돌로 쌓았고, 둘레가 3650자이다. 가운데에 우물이 3개 있다. 신라 문무왕(文武王) 때 처음 축성하였다.

공서公署

연원도 찰방사(連原道察訪司) 주 북쪽 5리에 있다. 연원(連原), 단월(丹月), 인산(仁山), 감원(坎原), 신풍(新豐), 안부(安富), 가흥(嘉興), 용안(用安), 황강(黃江), 수산(壽山), 장림(長林), 영원(靈原), 오사(吾賜), 천남(泉南), 안음(安陰) 15개 역을 다스리며, 찰방 1인을 둔다.

학교學校

향교(鄉校) 서북쪽 2리에 있다.

백운서원(白雲書院)

궁실宮室

객관(客館)

실록각(實錄閣) 객관 동남쪽에 있다. 본조의 실록(實錄)을 보관하였으며, 3년마다 사관(史官)을 보내 포쇄(曝曬)하였다. 성주(星州)와 전주(全州)도 같다. 지금은 없어졌다.

남별관(南別館) 서문(西門) 안에 있다.

신별관(新別館) 남문(南門) 안에 있다.

향사당(鄕射堂) 서문 밖에 있다. 목사 이민(李黽)이 세웠다.

경영루(慶迎樓) 객관 동쪽에 있다. 옛 이름은 동루(東樓)이다. 세종조(世宗朝)에 목사 김중성(金仲誠)이 중건하고 경영루로 이름을 바꾸었다. ○ 정인지(鄭麟趾)의 기문(記文)에 "충주는 남방을 견제하는 요충지이다. 호구(戶口)가 많고 빈객의 발길이 끊이지 않으니, 남보다 뛰어난 능력을 가진 자가 아니면 잘 다스릴 수 없다. 사군(使君) 김중성이 목사로 부임한 3년 동안 정사가 이루어지고 백성이 화목해졌으며 폐지되었던 온갖 일들이 모두 새롭게 일어났다. 정통(正統) 임술년(1442, 세종24) 가을에 임금께서 대신을 보내 우리 태조(太祖)의 영정(影幀)을 경주(慶州)에서 모시고 오는데 길이 충주를 지나게 되었다. 사군이 고을 사람들을 거느리고 관포(冠袍)를 갖추고 고을 경계에 나가 맞이하였는데, 정청(正廳)이 낮고 누추하므로 객관의 동루에 안치한 다음 엄숙하고 공손하게 우러러보며 네 번 절하고 물러났다. 이튿날 교외에서 공경히 전송하고 돌아와 여러 사람에게 말하기를 '오늘날 어용(御容)이 머무신 것은 참으로 이 고을이 만나기 어려운 행운이니, 신자(臣子)로서 마땅히 마음을 다하여 공경히 받들어야 한다. 이 고을은 세워진 지 가장 오래되어 삼한(三韓)이 반드시 다투는 땅이 되었으니, 신라에서는 한강군(漢江郡)이었고 고구려에서는 국원성(國原城)이었다. 그런데 예전 누각은 좁은 데다 또 기울어져서 관부(官府)에 쉴 곳이 없다. 하물며 어용이 돌아오시는 날에 다시 여기에 봉안한다면 마음에 편안하겠는가.' 하니, 모두 말하기를 '참으로 편치 못합니다.' 하자, '그렇다면 어찌 새롭게 하기를 도모하지 않겠는가.' 하고, 드디어 감사 이공(李公)[21]에게 아뢰었다. 이에 일이 없는 사람들을 불러 모아 재목을 베고 기와를 구워 한 달 만에 공사를 마친 다음 경영루라고 이름을 붙였으니, 대개 어용을 받들어 맞이한 뜻을 취한 것이다." 하였다. ○ 본조 김종직(金宗直)의 시[22]에,

진한이라 천년의 국원 고을에	辰韓千載國原區
다시 층루가 있어 동북방 모퉁이를 눌렀네	更有層樓壓艮隅
길은 옥구[23]로 낸 듯 바르게 경계를 지었고	路出玉鉤森作界
땅은 금잔[24]을 나눈 듯 그림을 이루었도다	地分金盞簇成圖
웅대한 바람은 또 옷깃을 헤쳐 받을 만하고	雄風且可披襟受
취한 글씨는 갓 벗고 읊는 것도 무방하겠네	醉墨休妨露頂呼
서북으로 바라보니 어느 곳이 서울이런가	西北望京何處是
외로운 돛대 아득히 푸른 들판에 닿았구나	孤帆渺渺接平蕪

21 이공(李公) : 이익박(李益朴)을 말한다. 이익박은 1442년(세종24) 7월 3일 충청도 관찰사에 제수되었다.《世宗實錄 24年 7月 3日》

22 김종직(金宗直)의 시 : 〈경영루에서 차운하다〔慶迎樓次韻〕〉이다.《佔畢齋集 卷16》

23 옥구(玉鉤) : 길의 모양을 옥고리에 비유한 것이다. 중국 고대에 옥구사(玉鉤斜)라는 도로가 있었는데, 강소성(江蘇省) 동산현(銅山縣) 남쪽 희마대(戲馬臺) 아래에 나 있는 가도(街道)로, 당(唐)나라 때 이울(李蔚)이 냈다고 한다.《桂苑叢談》

24 금잔(金盞) : 땅을 금으로 만든 술잔에 비유한 것으로, 금잔처럼 견고하여 거주하기에 좋은 터전임을 의미한다. 금잔지(金盞地)라고도 하는데《유설(類說)》에 "장안(長安) 영녕방(永寧坊)의 동남쪽은 바로 금잔 같은 땅이라서 깨져도 다시 이루어 낼 수 있으나, 안읍리(安邑里)의 서쪽은 바로 옥완(玉碗) 같은 땅이라서 깨지면 완전하게 할 수 없다."라고 하였다.

하였다. ○ 본조 이성중(李誠中)의 시[25]에,

요충지를 장악하느라 실로 깊이 감추인 땅 控扼襟喉實奧區
하늘이 만든 관험으로 나라 한 켠 튼튼하였네 天教關險壯方隅
손님이 신선부를 따라오더니 着來賓從神仙府
누대의 그림을 수묵으로 그려 내네 寫出樓臺水墨圖
밝은 달 곁에 와 있으니 약속이나 한 듯하고 明月近人如有約
옥봉은 지게문 앞에 섰지만 성가시게 안 하네 玉峯當戶不煩呼
다만 날마다 성문 망루에 올라 바라보며 只應日日城醮望
끝없는 봄향기에 미무[26]를 원망할 뿐이네 無限春香怨蘼蕪

하였다.

만경루(萬景樓) 주의 서쪽 3리에 있다.

공신루(拱宸樓) 바로 성의 북문 문루이다.

남풍루(南風樓) 바로 성의 남문 문루이다. ○ 본조 박상(朴祥)의 시[27]에,

가마 타고 누각 아래 부질없이 자주 오다가 肩輿樓下謾頻過
누각 올라 평상에 앉으니 그 또한 흥겨웁네 高榻樓中興且多
서북쪽 두 강은 태곳적부터 흘렀고 西北二江流太古
동남쪽 두 고개는 신라와 통하였지 東南雙嶺鑿新羅

25 이성중(李誠中)의 시 : 〈충주에서 현판에 적힌 시에 차운하다〔忠州次板上韻〕〉이다. 《坡谷遺稿》

26 미무(蘼蕪) : 향기가 나는 풀로, 우리말로는 궁궁이라고 하며 '왕손초(王孫草)'라고도 한다. 한시에서는 특히 멀리 떠난 사람에 대한 그리움이나 원망 등을 표현할 때 이 풀을 끌어다가 쓴다. '미무(蘪蕪)' 또는 '미무(薇蕪)'라고도 쓴다.

27 박상(朴祥)의 시 : 〈충주의 남쪽 누각에서 이윤인의 시에 차운하다〔忠州南樓次李尹仁韻〕〉이다. 《訥齋集 卷5》 박상은 1521년(중종16) 여름 충주 목사로 부임하였다.

안개 낀 저녁 성첩에는 까마귀 깃들어 울고　　煙和暮堞棲鴉噪
달빛 비치는 찬 집에서 다듬질하는 아낙 노래하네　　月照寒閭杵婦歌
고향에 인끈 차고 내려갈 것[28] 뭐 있겠는가　　佩印古州寧有此
고작 낮에 비단옷 입고[29] 자랑이나 하겠지　　端將晝錦向人誇

하였다.

망경루(望京樓) 객관 서쪽에 있다.

청연당(淸燕堂) 객관 동쪽에 있다. 목사 최린(崔潾)이 세웠고, 홍귀달(洪貴達)이 산천이 맑고 깨끗하여 연회를 열고 휴식하기에 알맞다는 뜻을 취해서 이름을 붙였다.

자경당(自警堂) 객관 동쪽에 있다.

창고倉庫

가흥창(可興倉) 고려 때 덕흥창(德興倉)이라고 칭하였고, 또 경원창(慶原倉)이라고 칭하였다. 예전에는 금천(金遷) 서쪽 산기슭에 있었고, 본조 세조 때에 가흥역(嘉興驛) 동쪽 2리로 옮기고 지금 이름으로 고쳤다. 경상도 제읍 및 본주의 음성(陰城), 괴산(槐山), 청안(淸安), 보은(報恩), 단양(丹

28 고향에……것 : 출세해서 고향을 다시 찾는 것을 말한다. 한(漢)나라 주매신(朱買臣)이 불우한 환경에서 독실하게 공부하다가 50세의 늦은 나이로 입사(入仕)하여 구경(九卿)의 지위에까지 올랐는데, 회계 태수(會稽太守)에 임명되었을 때 인수(印綬)를 차고 고향에 가서 사람들을 놀라게 했던 고사가 전한다.《漢書 朱買臣傳》

29 낮에 비단옷 입고 : 출세하여 고향에 돌아가는 것을 말한다. 금의환향(錦衣還鄕)과 같은 말이다.

陽), 영춘(永春), 제천(堤川), 진천(鎭川), 황간(黃澗), 영동(永同), 청풍(淸風), 연풍(延豐), 청산(靑山) 등 고을의 전세(田稅)를 이곳에서 수합하여 서울까지 수로(水路)로 260리를 배로 실어 날랐다.

봉수烽燧

대림산 봉수(大林山烽燧) 남쪽으로 연풍현 주정산(周井山)에 응하고, 서쪽으로 마산(馬山)에 응한다.

심항산 봉수(心項山烽燧) 동쪽으로 청풍군 오현(吾峴)에 응하고, 서쪽으로 마산에 응한다.

마산 봉수(馬山烽燧) 동쪽으로 대림산 및 심항산에 응하고, 서쪽으로 음성현 가섭산(迦葉山)에 응한다.

망이산 봉수(望爾山烽燧) 동쪽으로 음성현 가섭산에 응하고, 남쪽으로 진천현 송산(松山)에 응하고, 서쪽으로 경기 죽산현(竹山縣) 건지산(乾之山)에 응한다.

우역郵驛

연원역(連原驛) 주 북쪽 5리에 있다. 찰방사(察訪司) 본역(本驛)이다.

가흥역(嘉興驛) 주 북쪽 30리에 있다.

용안역(用安驛) 주 서쪽 45리에 있다. 예전에는 음성의 속역(屬驛)이었다가 성종 9년(1478)에 본주에 이속되었다.

단월역(丹月驛) 옛 단월부곡(丹月部曲)의 땅으로, 주 남쪽 10리에 있다. 역

남쪽에 계월루(溪月樓)가 있다.

금천참(金遷站) 주 서쪽 15리에 있다.

가흥참(嘉興站) 가흥역 옆 오른쪽에 있다.

두 참은 모두 수참(水站)이다.

건태원(乾兌院) 주 서쪽 3리에 있다.

약옹원(若翁院) 주 동쪽 25리에 있다.

경희원(慶希院) 주 남쪽 40리에 있다.

용두원(龍頭院) 주 서쪽 15리에 있다.

경제원(敬濟院) 일명 대조원(大棗院)이라고 한다. 주 서쪽 30리에 있다.

우원(隅院) 주 서쪽 65리에 있다.

도관원(都官院) 주 서쪽 77리에 있다.

석원(石院) 주 서쪽 85리에 있다.

금곶원(金串院) 주 서쪽 10리에 있다.

주지원(注之院) 주 남쪽 16리에 있다.

미륵원(彌勒院) 주 서쪽 50리에 있다. 일명 광수원(廣修院)이라고 한다.

신창원(新倉院) 주 서북쪽 20리에 있다.

부구이원(釜拘伊院) 주 서쪽 55리에 있다.

관량關梁

교(橋)

북진나루〔北津渡〕 주 북쪽 10리에 있으니, 바로 한강(漢江) 나루이다. 길이 강원도 원주(原州) 등지로 통한다.

사묘祠廟

사직단(社稷壇) 주 서쪽에 있다.

문묘(文廟) 향교에 있다.

성황사(城隍祠) 주 북쪽 3리에 있다.

양진 명소사(楊津溟所祠) 양진은 바로 한강이다. 사(祠)는 견문산(犬門山) 아래 금휴포(琴休浦) 어귀에 있다. 사전(祀典)에 소사(小祀)로 실려 있으며, 매년 봄가을에 향축(香祝)을 내려 제사를 지낸다.

월악사(月嶽祠) 월악산에 있다. ○ 민간에 전해지기를 "고려 고종 때 몽고 군사가 주성(州城)을 함락하고 또 산성을 공격하자 이민(吏民)이 대항하지 못하고 신사(神祠)에 올랐는데, 갑자기 운무와 비바람이 일제히 일어났다. 이에 몽고 군사가 신조(神助)라고 여겨 공격하지 않고 물러갔다." 한다.

여단(厲壇) 주 북쪽에 있다.

능묘陵墓

권근(權近) **묘**, **권제**(權踶) **묘**, **권람**(權擥) **묘** 모두 주 서쪽 미법곡(彌法谷)에 있다.

정인지(鄭麟趾) **묘** 주 남쪽 30리에 있다.

이극감(李克堪) **묘**, **손순효**(孫舜孝) **묘**, **김예몽**(金禮蒙) **묘** 모두 주 북쪽 30리에 있다.

이연경(李延慶) **묘** 주 서쪽 25리 불정리(佛頂里)에 있다.

이수일(李守一) **묘** 주 북쪽 15리 석교리(石橋里)에 있다.

임경업(林慶業) **부친 묘** 주 서쪽 20리에 있다. 묘는 높은 산 위 모퉁이에 있는데, 흙더미 봉분이 평지와 같다. 처음 장사 지낼 때는 술사(術士)를 쓰지 않고 임경업이 직접 묘소를 조성하였다고 한다.

사찰寺刹

보련사(寶蓮寺) 천룡산(天龍山)에 있다.

용두사(龍頭寺) 말흘산(末訖山) 아래에 있다. 삼국 시대 때 북쪽 오랑캐가 자주 침범하므로 마침내 절을 짓고 탑을 쌓고서 구원해 주기를 빌었다. 고려 최언위(崔彦撝)가 지은 승법경자등탑비(僧法鏡慈燈塔碑)가 남아 있다.

개천사(開天寺) 정토산(淨土山)에 있다. ○ 고려 역대 왕조 실록이 처음에는 합천(陜川) 해인사(海印寺)에 보관되어 있었는데, 왜구의 침입으로 선산(善山) 득익사(得益寺)로 옮겼고 다시 이 절로 옮겼다가 또 죽주(竹州) 칠장사(七長寺)로 옮겼다. 공양왕(恭讓王) 2년(1390)에 바다와 가까워 왜구가 쉽게 이른다는 이유로 다시 이곳에 보관하였다. 우리 장헌조(莊憲朝 세종)에 《고려사(高麗史)》를 편수하기 위해 모두 서울로 운송하였다.[30]

영곡사(靈鵠寺) 대림산(大林山)에 있는데, 깎아지른 절벽에 기대고 푸른 물을 굽어보며 공중에 걸쳐서 누각을 지으니, 밑에서 바라보면 매달아 놓은 듯하다. ○ 고려 정지상(鄭知常)의 시에,

천길 절벽의 바위 머리에 천년 묵은 절　　千仞巖頭千古寺
앞으론 강물 보고 뒤로는 산 기대었네　　前臨江水後依山

30 장헌조(莊獻朝)에……운송하였다 : 《고려사》는 1449년(세종31)부터 편찬을 시작하여 1451년(문종1)에 완성되었고, 1454년(단종2)에 간행되었다.

삼각 지붕은 북두성에 닿을 듯하고　　上磨星斗屋三角
한 칸 누대 허공에 반쯤 나와 있네　　半出虛空樓一間

하였다.

김생사(金生寺) 주 북쪽 10리 강가에 있다. 김생(金生)은 신라 사람이고 글씨를 잘 쓰기로 세상에 이름이 났다. 불교를 좋아하여 불도를 닦느라 이 절에 와서 기거하였으므로 이로 인해 김생사라 이름하였다. 고려 김구용(金九容)의 충주 시[31]에 "하늘 높이 월악산 까마득히 솟아 있고, 오래오래 김생사 물 잔잔히 흐르네.〔月嶽山高天縹緲 金生寺古水潺湲〕" 하였으니, 바로 이곳이다. 지금은 폐허가 되었다.

덕주사(德周寺) 월악산 덕주고성(德周古城) 안에 있다.

난초사(蘭草寺), **동가섭사**(東迦葉寺) 모두 가섭산(迦葉山)에 있다.

고적古蹟

익안폐현(翼安廢縣) 주 서쪽 30리에 있다. 본주(本州)의 다인철소(多仁鐵所)[32]

31 김구용(金九容)의 충주 시 : 〈충주에 부임하는 한규정을 전송하다〔送韓糾正赴任忠州〕〉이다. 《惕若齋學吟集 卷上》

32 다인철소(多仁鐵所) : 고을의 특정 구역 명칭으로 《성호사설(星湖僿說)》 권15 〈인사문(人事門)〉 성상소(城上所)에 "신라 때는 전정(田丁)과 호구(戶口)의 수효가 현(縣)이 될 수 없는 곳에는 향(鄕)을 두거나 혹은 부곡(部曲)을 두어 그 지방의 고을에 예속시켰고, 고려 시대에는 또 소(所)라고 불리는 명칭이 있었으니 금소(金所), 은소(銀所), 동소(銅所), 철소(鐵所) 등의 구별이 있어서 각기 그 맡은 물건을 공납하였다." 하였다. 다인은 경상도 예천군의 속현으로 사철(沙鐵)의 주산지이고 연철(鍊鐵), 정철(正鐵)을 공납(貢納)하는데, 이곳이 다인에서 생산된 철을 공납하기 위해 작업하는 일종의 철공소인 듯하다.

인데, 고려 고종 때[33] 그 지역 사람들이 몽고 군사를 막아 낸 공이 있으므로 칭호를 승격하여 익안현(翼安縣)으로 삼았다.

대림산성(大林山城) 돌로 쌓았고 둘레가 9638자이다. 안에 우물이 하나 있었다. 지금은 없어졌다.

덕주산성(德周山城) 주 동쪽 45리, 월악산 남쪽에 있다. 돌로 쌓았고, 둘레가 3만 2670자이다. 안에 샘이 하나 있었다. 지금은 없어졌다.

동악성(桐嶽城) 주 동쪽 13리에 있다. 돌로 쌓았고, 둘레가 2280자이다. 안에 우물이 하나 있었다. 지금은 없어졌다.

봉황성(鳳凰城) 주 서쪽 28리에 있다. 돌로 쌓았고, 둘레가 6121자이다. 안에 우물이 하나 있었다. 지금은 없어졌다.

탄금대(彈琴臺) 견문산(犬門山)에 있다. 푸른 절벽이 깎아지른 듯이 험준한데 높이가 20여 길이요, 그 위로는 소나무와 참나무가 울창하게 우거지고 아래로는 한강을 굽어보고 있으니, 바로 신라 우륵(于勒)이 거문고를 타던 곳이다. 후대 사람이 이러한 연고로 그 지역을 탄금대라 이름하고, 물을 금휴포(琴休浦)라 하였다. ○ 본조 박상(朴祥)의 시[34]에,

맑은 장강 가에 단풍나무 있고	湛湛長江上有楓
홀로 남은 선대에 흰 구름 자욱하네	仙臺孤截白雲叢
거문고 타던 사람은 학 나는 달로 올라가고	彈琴人去鶴邊月
피리 부는 손은 솔 아래 바람을 타고 오네	吹笛客來松下風
세상만사 부질없으니 흐르는 물 슬퍼하고	萬事一回悲逝水

33 고려 고종 때 : 1255년(고종42)이다. 《新增東國輿地勝覽 卷14 忠淸道 忠州牧》

34 박상(朴祥)의 시 : 〈탄금대(彈琴臺)〉이다. 《訥齋集 卷5》

뜨내기 인생 장탄식하며 날리는 쑥 어루만지네	浮生三嘆撫飛蓬
누가 능히 호주의 시인[35]을 그려 낼 수 있겠는가	誰能寫出湖州牧
이리저리 거닐며 석양 아래서 하릴없이 읊조리네	散步狂吟夕照中

하였다. ○ 본조 노수신(盧守愼)의 시[36]에,

면면히 이어진 평야 끝까지 바라보다가	連延曠望縱平探
동쪽으로 경대를 만나 쪽빛 하늘에 오르네	東得瓊臺上蔚藍
먼 멧부리들은 높이 거호부[37]를 둘러쌌고	遠嶂高圍踞虎府
긴 강은 굽이굽이 와룡암[38]을 감싸며 흐르네	長江曲抱臥龍菴
맑고 흐림 두 가지 의절 원래 하나에서 나누어졌고	二儀清濁元分一
백대 내려온 흥망도 마침내 결국은 셋을 합했지	百代興亡竟合三
대장부로 태어난 몸 늙어 병들었으나	大丈夫身生老病
구름 기대 길게 휘파람 불어 부끄럼 없다네	倚雲長嘯不生慙

35 호주(湖州)의 시인 : 당(唐)나라 시인 두목(杜牧)을 지칭한 듯하다. 두목이 호주에서 노닐면서 세월의 무상함을 읊은 〈탄화시(歎花詩)〉를 남긴 고사가 있다. 《唐詩紀事 杜牧》

36 노수신(盧守愼)의 시 : 〈탄금대에서 눌재의 시에 차운하다〔彈琴臺用訥齋韻〕〉이다. 《穌齋集 卷5》 소주에 "강가에 탄수 선생 댁이 있다.〔江上有灘叟先生宅.〕" 하였으니, 탄수는 이연경(李延慶)의 호이며, 노수신의 장인이다. 이연경이 살던 곳이 충주 북촌인 용탄동으로 탄금대 바로 위이다. 노수신은 1547년(명종2) 양재역 벽서사건(良才驛壁書事件)에 연루되어 진도(珍島)로 유배된 후 19년간 귀양살이하였다. 선조 즉위 후 복관되어 1568년(선조1) 청주 목사(淸州牧使)를 거쳐 충청도 관찰사를 지냈다. 이 시는 문집에 편차된 순서로 보아 복관되기 전에 괴산(槐山)으로 양이(量移)된 뒤인 1566년경에 지은 것으로 보인다.

37 거호부(踞虎府) : 거호는 걸터앉아 있는 범으로, 웅장하고 위엄이 등등한 모습을 비유할 때 쓰이는데, 보통 지세(地勢)를 형용하는 말로 쓰인다. 거호부는 웅부(雄府)라는 뜻으로 충주 관아를 지칭하는 듯하다.

38 와룡암(臥龍菴) : 와룡은 바위의 형상을 지칭하는 말로 거호와 함께 지세를 형용할 때 많이 쓰이는데, 노수신의 장인인 이연경의 집이 있는 곳이 용탄동인 것으로 보아 와룡암은 이곳의 바위 이름인 듯하다.

하였다.

소잉림부곡(所仍林部曲) 주 동쪽 65리에 있다. 넘으면 청풍군(淸風郡) 남쪽 마을로 들어간다.

덕산향(德山鄕) 주 동쪽 55리에 있다. 넘으면 청풍군 남쪽 마을로 들어간다.

연탄처(淵呑處) 주 서쪽 90리에 있다.

대조곡처(大鳥谷處) 주 서쪽 90리에 있다.

명환名宦

신라

춘부(春賦) 진흥왕(眞興王) 26년(565)에 아찬(阿飡)인 춘부를 외직으로 국원(國原)의 수령에 제수하였다.

김양(金陽) 흥덕왕(興德王) 3년(828)에 중원 대윤(中原大尹)이 되었는데, 재지(才智)가 출중하고 실행하는 데 과단하여 정사에 탁월한 공적이 있었다.

고려

이지명(李知命) 의종(毅宗) 때 충주 판관이 되었다. 재직 중에 청렴하고 정직하였으며 진휼하여 굶주린 백성들을 살렸다. 훗날 정중부(鄭仲夫)의 난 때에 고을 사람들이 이지명이 은혜로운 정사를 베푼 데에 감사하여 힘써 보호해 주었으므로 홀로 화를 면하였다. 뒤에 명종(明宗)의 재상이 되었다.[39]

39 명종(明宗)의 재상이 되었다 : 이지명(李知命)은 1181년(명종11) 우간의대부를 거쳐 우

최유청(崔惟淸) 의종(毅宗) 때 평장사로서 폄척되어 충주 목사가 되었는데, 청렴하고 간소하여 덕정(德政)이 있었다. 비록 오래도록 낮은 관직에 머물러 있었지만 태연하게 처신하였다.

김윤후(金允侯) 산성방호별감(山城防護別監)이 되었다. 몽고 군사가 와서 성을 포위한 지 어언 70여 일이 되자 양식도 거의 바닥이 났다. 이에 김윤후가 사졸들을 타이르고 격려하기를 "만약 힘을 다해 싸운다면 귀천을 막론하고 모두에게 관작을 내리겠다." 하였다. 드디어 관노(官奴)의 부적(簿籍)을 가져다가 태우고 또 노획한 소와 말을 고루 나누어 주니, 사람들이 모두 죽기를 맹세하고 적진에 달려 나가 싸웠다. 이에 몽고 군사가 차츰 기세가 꺾여서 마침내 더 이상 남하하지 못하였다.

박항(朴恒) 판관으로 부임하여 정사에서 최상의 고과를 받았다. 이에 불러들여 우정언(右正言)에 제수하였다.

김륜(金倫) 충렬왕(忠烈王) 때 충주 목사가 되었다.[40] 직임을 맡아서는 강정(剛正)하여 애매한 송사(訟事)를 잘 결단하여 해결하였다. 당시 대대적으로 궁궐과 불묘(佛廟)를 수리하게 되어 백성들을 몰아 일을 시키느라 담당 관리들이 분주하게 다녔는데, 모두 공을 두려워하여 부득이한 사정이 아니면 고을 영역에 감히 들어오지 못하였으니, 고을 사람들이 그 덕택에 편안할 수 있었다.

정책(鄭憒) 충주 목사가 되어 정사를 하는 데 매우 분명하였으므로 아전들

산기상시(右散騎常侍)에 임명되고 그 뒤 정당문학(政堂文學)에 오르고 1190년에는 태자소부(太子少傅)를 겸하였다.

40 충렬왕(忠烈王)……되었다 : 《고려사절요》 권23 〈충선왕(忠宣王) 경술 2년〉 9월 기사에는 김륜이 검교평리 충주목사(檢校評理忠州牧使)에 제수된 기사가 있다.

이 감히 속이지 못하였다.

정도전(鄭道傳) 공민왕(恭愍王) 때에 충주 사록(忠州司錄)이 되었는데, 정사를 잘한다는 명성이 있었다.

최해운(崔海雲) 신우(辛禑) 때에 충주 병마사(忠州兵馬使)가 되어 왜구를 격퇴하여 노획하였다. 뒤에 왜구가 또 원주, 충주 등지를 침범하자 최해운이 누차 싸워 이겼으므로 충주 목사에 제수되었다. 최해운은 이르는 곳마다 백성을 자식처럼 위무하였다.

본조

심덕부(沈德符), 유구(柳玽), 김사형(金士衡), 하자종(河自宗) 모두 충주 목사가 되었다.

맹사성(孟思誠) 충주 목사가 되었다. 청렴하고 간소함이 물과 같았고 백성을 사랑하기를 성심으로 했으므로 온 경내에 일이 없었다.

권진(權軫) 충주 목사가 되었다.

김담(金淡) 세조(世祖) 때 충주 목사가 되었다.

정성근(鄭誠謹) 성종조(成宗朝)에 충주 목사가 되었다. 청백함을 스스로 지켰고 백성들의 질고를 물어서 알게 되면 조처하지 않음이 없었다.

최린(崔潾) 충주 목사가 되어 정사에서 최상의 고과를 받았으므로 품계가 통정대부에 올랐다.

박상(朴祥) 중종조(中宗朝)에 충주 목사가 되어 강명(剛明)하게 다스렸다. 재임한 3년 동안 청렴하고 유능했으므로 표리(表裏)를 하사받았다.

이현보(李賢輔) 중종조에 충주 목사가 되었다. 본주는 바로 사방에서 모여드는 곳인데, 백성들은 일하는 것이 게을렀다. 이현보는 농민들을 권면하고 독려하며, 선박과 상인의 세금 가운데 번잡하고 가혹한 것을 고치되 완급을 적절하게 하니, 만사가 다스려져서 백성들이 기뻐하였다.

유우流寓

우륵(于勒) 본래 성열현(省熱縣) 사람으로 가야국(伽倻國) 악사(樂師)가 되었다. 가야국의 가실왕(嘉悉王)이 당 악부(唐樂部)의 쟁(箏)을 본떠 십이현금(十二絃琴)을 만들고, 우륵에게 명하여 12곡(曲)을 만들게 하고 이름을 가야금(伽倻琴)이라고 하였다. 뒤에 우륵이 나라가 장차 어지러워질 것을 알고 악기를 가지고 신라에 망명하자 진흥왕이 악기를 국원(國原)에 두었다. 왕이 대내마(大奈麻) 법지(法知)[41]와 계고(階古), 대사(大舍)인 만덕(萬德) 등을 보내 그 악기를 배우게 하였다. 세 사람이 11곡을 전수받은 뒤 5곡으로 요약하였는데, 우륵이 그 음악을 듣고는 눈물을 흘리며 탄식하기를 "즐거우면서도 지나치지 않고 슬프면서도 비통하지 않으니[42] 바른 소리라 할 수 있다." 하고 왕 앞에서 연주하게 하였다.

김생(金生) 신라 사람이다. 부모가 한미하여 그 세계(世系)를 알지 못한다. 어려서부터 글씨를 잘 썼고 다른 기예는 배우지 않았다. 나이 80이 넘도록 여전히 쉬지 않고 붓을 잡으니 예서, 행서, 초서가 모두 신묘한 경지에 이

41 법지(法知) : 《삼국사기(三國史記)》 권32 〈잡지(雜志) 1 음악〉에는 '주지(注知)'로 되어 있다.

42 즐거우면서도……않으니 : 《논어》 〈팔일(八佾)〉에 공자가 《시경》 〈주남(周南) 관저(關雎)〉를 평론하여 "즐거워하되 넘치지 않고 슬퍼하되 손상하지 않는다.〔樂而不淫, 哀而不傷.〕"라고 한 말이 실려 있다. 대개 즐거움과 슬픔이 중도(中道)를 넘지 않았다는 뜻이다.

르렀다. 원성왕(元聖王) 때[43]에 은거하고 벼슬하지 않았으며, 불가를 기뻐하고 유람을 좋아하였는데, 일찍이 국원 강가에 암자를 지어 놓고 거주하였다. 이로 인해 뒷날 사람들이 그가 거처한 곳을 김생사(金生寺)라 불렀다. 그가 남긴 필적은 대대로 전하여 보배로 여긴다. 숭녕(崇寧) 연간[44]에 고려 학사 홍관(洪灌)이 송나라에 들어갔는데, 그때 한림 대조(翰林待詔) 양구(楊球)·이혁(李革)이 글씨로 세상에 이름이 났었다. 홍관이 김생의 행초(行草) 서첩 1권을 보여 주니 두 사람이 크게 놀라 말하기를 "오늘날 왕우군(王右軍)[45]의 친필을 보게 될 줄 몰랐다." 하였다. 홍관이 그제야 김생의 글씨라고 하니, 두 사람이 말하기를 "천하에 우군 말고 또 어떤 사람이 이처럼 신묘할 수 있단 말인가." 하였다. ○ 전기(傳記)[46]를 상고해 보면, 김생의 부모가 한미하여 그 세계를 알 수 없다. 당나라 경운(景雲) 2년(711)에 태어났으니 바로 신라 성덕왕 10년이다. 원성왕 때는 당나라 정원(貞元) 연간으로 나이가 이미 80인 때이다.

권근(權近) 고려 말에 일에 연좌되어 본주에 유배되었다. 주 남쪽 양촌(陽村)에 거주하였으므로 양촌이라고 자호하였다. 예경(禮經)을 고정(考定)하였고 또 오경(五經) 가운데 해석이 난해한 부분을 변론하고 제목을 《오경천견록(五經淺見錄)》이라 하였다. 또 〈주옹설(舟翁說)〉을 지었다. 우리

43 원성왕(元聖王) 때 : 원성왕의 재위 기간이 785년부터 798년까지이므로 이때는 김생이 74세에서 88세에 해당한다.

44 숭녕(崇寧) 연간 : 송 휘종(宋徽宗) 때의 연호(1102~1106)이다.

45 왕 우군(王右軍) : 진(晉)나라의 왕희지(王羲之)로, 우군 장군(右軍將軍)을 지냈기 때문에 이렇게 지칭한 것이다. 해서, 행서, 초서에 뛰어나 서성(書聖)이라고 불린다.

46 전기(傳記) : 《삼국사기》 권48 〈김생열전(金生列傳)〉을 말한다.

태조 2년(1393)에 계룡산(鷄龍山)에 행차하였을 때 소명을 받고 행재소로 나와 명을 받들어 정릉(定陵) 비문(碑文)을 찬진하고, 어가를 따라 서울로 돌아왔다. 이후에 벼슬이 찬성에 이르렀다. 개성부에 자세히 나온다.

손순효(孫舜孝) 그 선조는 평해(平海) 사람이고 후대에 충주에 거주하였다. 손순효는 어려서 효성이 지극했고 공부를 부지런히 했다. 성종조에 누차 헌관(憲官)이 되어 성실하고 곧음으로 이름을 날렸다. 강원도 관찰사, 경상도 관찰사에 부임하여 모두 혜택을 끼쳤다. 관직이 의정부 우찬성에 이르렀는데, 죽을 때에 집안에 남은 재물이 없었으므로 세상에서 그의 청백함을 일컬었다.

이연경(李延慶) 본조 한성 사람인데, 중종 때 우거하였다. 기묘 사류에 연좌되어[47] 홍문관 교리로 재임 중에 파직되어 돌아와 주(州)의 용못 가에 집을 짓고 탄수(灘叟)라고 자호하였다. 당시 이자(李耔)도 음성현(陰城縣)에 우거하고 있어서 서로 왕래하며 도의(道義)를 강마하고 물고기와 새들과 어울려 놀면서 여생을 보냈다. 이연경은 자질이 고상하고 식견이 밝아 어지러운 세상에서 스스로 입신하였고, 시종일관 변함이 없어 기묘사화에서 살아남았다. 노수신(盧守愼)과 강유선(康惟善)이 소싯적에 이연경에게 학문을 배웠고 모두 이연경의 딸을 아내로 삼았다.

47 기묘 사류에 연좌되어 : 기묘 사류는 1519년(중종14) 기묘사화(己卯士禍) 때 화를 입은 사림들을 말한다. 이연경은 홍문관 교리로서 조광조(趙光祖)를 천거하였고 조광조가 중용되자 청요직을 역임하는 등 신진 사림들과 친분이 두터웠으므로 이때 연좌된 것이다.

인물人物

신라

임강수(任强首) 어머니가 꿈에서 뿔이 있는 사람을 보고 임신하였는데, 태어나면서 머리 뒤에 골격이 위로 튀어나온 부분이 있었다. 자라나자 아버지 임석체(任昔諦)가 묻기를 "너는 불가를 배울 것이냐, 유가를 배울 것이냐?" 하니, 답하기를 "불가는 세상 밖의 가르침인데, 어찌 불가를 배우겠습니까. 유가를 배우고 싶습니다." 하고, 마침내 스승에게 나아가 《효경(孝經)》, 《곡례(曲禮)》, 《이아(爾雅)》, 《문선(文選)》을 읽어 우뚝 당대의 준걸이 되었다. 무열왕(武烈王)이 즉위하자, 당나라 사신이 와서 조서(詔書)를 전했는데 해득하기 어려운 곳이 있었다. 왕이 임강수를 불러 물으니 막힘없이 해설하여 풀어내었다. 이에 왕이 놀라고 기뻐하며 서로 늦게 만난 것을 한탄하고 회사 표문(回謝表文)을 짓게 하니, 문장이 정교하면서 뜻을 다 담아내었다. 왕이 더욱 기특하게 여겨 이름을 부르지 않고 항상 임생(任生)이라고 칭하였다. 집이 가난해도 태연하였는데, 왕이 명하여 해마다 신성(新城)에서 거두는 조미(租米) 100섬을 하사하였다. 문무왕(文武王) 때 사찬(沙飡)에 제수하고 녹봉으로 벼 200섬을 더 주었다. 신문왕(神文王) 때에 죽으니 관가에서 장사를 치러 주었다. 그의 아내가 먹고살기가 궁핍하여 시골로 돌아가기를 원한다는 말을 대신(大臣)이 듣고 왕께 청하여 벼 100섬을 내려 주니, 사양하기를 "미천한 첩이 남편을 따라 입고 먹었으니 나라에서 받은 은혜가 많습니다. 이제 과부가 되었으니, 어찌 감히 다시 후하게 주시는 것을 욕되게 받겠습니까." 하고 받지 않았다.

고려

유극달(劉克達) 태조조(太祖朝)에 태사 내사령(太史內史令)에 증직되었다. 딸이 태조의 왕비가 되어 정종(定宗)과 광종(光宗)을 낳았다.

유충기(劉冲祺) 아버지 유희(劉羲)는 과거에 장원 급제하여 바로 한림원에 제배되었는데, 명종 초에 무부(武夫)에게 죽음을 당하였다. 유충기는 학문에 힘써 과거에 급제하고 관직이 국자감 대사성에 이르렀으며, 문장이 넉넉하여 여유가 있었고 행실이 고상하고 깨끗하였으니, 부자가 모두 당시에 명성이 있었다.

유진(劉瑨) 사람됨이 청렴결백하고 풍채가 아름다웠다. 광종, 목종(穆宗), 현종(顯宗) 세 조정에서 벼슬하였고 관직이 문하시중에 이르렀다. 당시 유씨(劉氏) 성을 가진 후비(后妃)가 다 그 종문(宗門)에서 나왔다. 유진은 대를 이어 왕실과 인연을 맺었으나 권세와 지위로 남에게 교만을 부리지 않았다.

최홍사(崔弘嗣) 가문이 보잘것없었는데 어려서부터 힘써 배워서 과거에 급제하였으며, 문장과 행실로 이름이 났다. 일찍이 사명(使命)을 받들고 송나라에 갔는데, 홀연히 폭풍으로 인해 배가 표류하게 되었다. 사람들은 모두 가슴을 치며 울었는데, 최홍사는 신색(神色)이 태연하였다. 송나라에 이르자 황제가 후대하고 금과 폐백을 더 주어서 돌려보냈다. 예종 때 전전하여 문하시랑평장사(門下侍郎平章事)가 되고 누차 추성찬화 공신(推誠贊化功臣)의 호를 받았다. 향년은 80세이고 시호는 정경(貞敬)이다.

양원준(梁元俊) 서리(胥吏)에서 시작하여 광주 감무(光州監務)가 되었다. 인종(仁宗) 때 누차 옮겨서 시어사(侍御史)가 되고 외직으로 나가 상주 부사(尙州副使)가 되었다가 문하시랑평장사로 승진하였다. 청렴하고 검소하며 순박하고 솔직하며, 처음부터 끝까지 절개가 한결같았다. 생업을 일삼지 않고 접대나 선물을 받지 않아서 문 앞이 쓸쓸하였다.

양문형(梁文熒) 양원준의 아들로, 맑고 곧아서 아버지의 풍도가 있었다. 관직은 어사중승(御史中丞)에 이르렀다.

최우청(崔遇淸) 아전으로 과거에 급제하여 진례위(進禮尉)에 조용되었다. 명종(明宗)이 잠저(潛邸) 때의 옛 관속이라 하여 중외의 벼슬을 두루 거치게 하였는데, 명성과 공적이 있어서 등급을 뛰어넘어 추밀원사(樞密院事)에 제수되었다. 뒤에 사직을 청하자 수 사공(守司空)을 더 제수받고, 치사(致仕)하였다.

지용기(池湧奇) 공민왕조(恭愍王朝)에 누차 삼사 우윤(三司右尹)에 제수되었고, 신우(辛禑) 때에 전라도 원수가 되어 누차 왜구를 격파하였다. 우리 태조를 따라 공양왕(恭讓王)을 옹립하고 문하찬성사(門下贊成事)에 올랐다가 얼마 뒤에 폄척을 받아 죽었다.

본조

어유소(魚有沼) 아버지 어득해(魚得海)는 무관으로 현달하여 당대의 명장이 되었다. 유씨(劉氏) 딸과 혼인하여 어유소를 낳았다. 어유소는 활쏘기, 말타기가 또래 중에서 뛰어났다. 세조 2년(1456)에 무과에 장원 급제하였고, 13년에 이시애(李施愛)가 반란을 일으키자 힘써 싸워 크게 격파하였으므로 일등공신에 책훈되고 공조 판서에 초배(超拜)되었으며 예성군(蘂城君)에 책봉되었다. 명나라 헌종황제(憲宗皇帝)가 건주(建州) 오랑캐를 정벌할 때 협공할 것을 본국에 명하였다. 이에 어유소가 좌대장(左大將)이 되어 그 소굴을 소탕하고 나무를 깎아 글을 쓰기를 "조선의 대장 어유소가 건주를 멸하고 돌아간다." 하였다. 황제가 그 말을 듣고 조서(詔書)를 내려 상을 하사하였다. 성종(成宗) 때에 오래도록 북쪽 변방 지역을 진무하여 우리 백성과 오랑캐가 모두 감복하였다. 조정에 들어와 병조 판서가 되었다. 이후 북쪽 변방의 야인(野人)이 자기네 부락민을 데리고 몰래 다른 곳으로 옮겨 가니, 왕이 어유소에게 가서 위무하도록 명하였다. 야인이 어유소를 보고 말하기를 "이분은 우리 아버지이시다." 하면서 모두 나란히 서서 절하였다. 관직이 판중추부사에 이르렀다. 시호는 정장(貞莊)이다. 사람됨이 너그럽고 온화하며 누구나 공평하게 사랑하였고 용모는 공손하고 진지하여 선비의 기풍이 있었으며, 군진(軍陣)에 나아가 적과 상대할 때에도 생각이 편안하고 여유가 있었다.

임계번(林季蕃) 어버이를 모심에 효성이 지극하여 어려서부터 정성(定省)을 거르지 않았고 처와 함께 직접 음식을 마련하였으니, 비록 밤에라도 반드시 나아가 하루라도 해이한 적이 없다. 어머니가 돌아가시자 예를 극진히 하여 장사를 치렀고 상을 마친 뒤에는 제사 지내기를 생전에 모실 때처럼 하였다. 조정에서 그 행의(行義)를 듣고 특별히 관직을 제수하였다.

말산(末山) 시노(寺奴)[48]이다. 어버이를 효성스럽게 모셨으니, 집이 가난하여 남에게 빌리고 꾸어서 살림을 꾸려 나갔는데 한 번도 어버이의 뜻을 어긴 적이 없다. 아버지가 병에 걸리자 약물과 미음을 반드시 맛보고 올렸으며 밤낮으로 곁을 떠나지 않았다. 돌아가시자 슬퍼하며 장례를 극진히 치렀다. 초상 치르고 장례 지내는 제반 일을 형들을 번거롭게 하지 않고 혼

48 시노(寺奴) : 《해동잡록(海東雜錄)》 권5 〈효자(孝子)〉 박말산(朴末山)에, 군기시(軍器寺) 노비라 하였다.

자 맡아서 처리하였다. 이어 여묘하게 되어서는 어머니도 다른 아들과 같이 있는 것이 편치 않다고 하여 묘막에 와서 지냈다. 아버지를 제사 지내고 어머니를 봉양함에 한결같이 정성스럽게 하였는데, 어머니가 돌아가시자 아내에게 말하기를 "처자 때문에 상을 치르는 일에 방해가 되어서는 안 되니, 그대는 우선 그대 집에 돌아가서 내가 상을 마칠 때까지 기다리시오." 하고는 마침내 아내를 보냈다. 이 일이 보고되자 정문(旌門)을 내리고 노역을 면제해 주었다.

이수일(李守一) 무과에 급제하여 누차 여러 도의 절도사를 지냈는데 청렴하고 신중하다는 평이 있었다. 인조(仁祖) 초에 이괄(李适)이 반란을 일으키자 부원수(副元帥)로서 장면(張晩)을 수종하여 이괄을 토벌하였다. 관직이 형조 판서에 이르고 계림부원군(鷄林府院君)에 봉해졌으며, 충무(忠武)의 시호를 받았다. 아들은 이완(李浣)이다.

임경업(林慶業) 무과에 급제하고, 인조조에 누차 변방 수령에 부임하였는데, 백성과 사졸을 위무하여 동고동락하니 백성들이 아버지처럼 사랑하였다. 평안도 절도사가 되어 오랫동안 서쪽 지방에 있으니 중국의 장리(將吏) 및 오랑캐들도 모두 이름을 알았다. 병자호란 뒤에 청나라 오랑캐가 우리나라를 협박하여 군사를 내어 명나라를 공격하도록 하자 임경업은 영병관(領兵官)이 되어 중국과 몰래 약속하고 화살촉을 빼고 싸웠다. 항상 분개심을 품고 국치(國恥)를 풀고자 하여 배를 타고 중국에 들어가 오랑캐를 멸망시키고자 하였다. 명나라 황제가 평로장군(平虜將軍)에 제수하였다. 그때 이자성(李自成)이 북경(北京)을 함락하여 청나라 오랑캐가 잇따라 들어오니, 반장(叛將)이 임경업을 잡아 항복하게 하였다.[49] 임경업이 굴복하지 않자 오랑캐가 우리나라로 돌려보내 죽이게 하니, 백성들이 듣고 비통해하였다.

열녀 列女

경씨(慶氏) 도사(都事) 윤준(尹晙)의 처이다. 지아비가 죽고 장사 지낼 때가 되자 스스로 목을 매어 거의 죽게 되었는데 친척이 구해 주어 소생하였다. 장사 지낸 뒤에 무덤을 어루만지며 슬프게 울부짖으니 봉분이 두어 자 떨어져 나갔다. 상례가 끝난 뒤에도 여전히 조석(朝夕) 차례를 폐하지 않았으며 종신토록 잘 때 옷을 벗지 않았다. 본조 중종 14년(1519)에 정려(旌閭)하였다.

권씨(權氏) 성품이 단정하고 엄숙하여 부행(婦行)이 있었다. 일찍이 강도가 갑자기 방에 들어와 지아비를 죽이려 하자 권씨가 몸으로 지아비를 막았다. 강도가 머리와 어깨를 내리쳐서 유혈이 얼굴을 덮었는데도 권씨는 여전히 움직이지 않고 애원하였다. 이에 강도가 그 의리에 감동하여 포기하고 가 버리니 온 고을 사람들이 탄복하였다. 본조 소경왕(昭敬王 선조) 때에 정문을 세웠다.

49 반장(叛將)이……하였다 : 반장은 명나라의 항장(降將) 마홍주(馬弘周)를 가리킨다. 임경업은 1645년(인조23) 마홍주에게 속아서 붙잡혀 북경으로 압송되었다.

청풍군清風郡

동쪽으로 단양군(丹陽郡) 경계까지 39리이고, 남쪽으로 경상도 문경현(聞慶縣) 경계까지 60리이고, 서쪽으로 충주(忠州) 경계까지 40리이고, 북쪽으로 제천현(堤川縣) 경계까지 17리이다. 서울과의 거리는 355리이다.

한전旱田

수전水田

건치연혁建置沿革

본래 고구려의 사열이현(沙熱伊縣)인데, 신라 경덕왕(景德王) 때 청풍으로 이름을 고쳐 내제군(奈堤郡) 영현(領縣)으로 삼았다. 고려 현종(顯宗) 때[50]에 충주(忠州)에 편입시켰다가 뒤에 다시 청풍현을 설치하였다. 충숙왕(忠肅王) 때[51]에 승격하여 군(郡)으로 삼았다. 현(縣)의 승(僧) 청공

50 고려 현종(顯宗) 때 : 1018년(현종9)이다. 《新增東國輿地勝覽 卷14 忠淸道 淸風郡》

51 충숙왕(忠肅王) 때 : 1317년(충숙왕4)이다. 《新增東國輿地勝覽 卷14 忠淸道 淸風郡》

(淸恭)이 왕사(王師)가 되었으므로 승격한 것이다. 본조에서 그대로 따랐다. 관장하는 면(面)은 □개이고, 관원은 군수와 훈도이다. 각 1인이다. 지금 증보하건대 금상 1년(1660, 현종1)에 승격하여 도호부로 삼았다. 왕비 김씨(金氏)[52]의 본관이므로 승격시킨 것이다.

군명郡名

사열이(沙熱伊)

형승形勝

산천이 기이하고 빼어나다. 본조 송처관(宋處寬)의 〈한벽루기(寒碧樓記)〉에 나온다.

한 줄기 맑은 강이 흐른다. 고려 정추(鄭樞)의 시[53]에 "한 줄기 맑은 강이 한 고을을 다 흐르네.〔一道澄江一邑傳〕"라고 하였다.

풍속風俗

화경(火耕)을 좋아한다. 정추의 시[54]에 "풍속은 화경 좋아해 곡식 많이 심

52 왕비 김씨(金氏) : 현종(顯宗)의 비(妃)인 명성왕후(明聖王后)이다. 명성왕후는 김우명(金佑明)의 딸이다.

53 정추(鄭樞)의 시 : 〈청풍즉사(淸風卽事)〉이다.《圓齋文稿 卷中》

54 정추의 시 : 위 시이다.

고〔俗尙火耕多種粟〕"라고 하였다.

산천山川

인지산(因地山) 군 남쪽 1리에 있다. 진산(鎭山)이다.

무암산(茂巖山) 군 동쪽 10리에 있다. 창고 터가 남아 있는데, 고려 때 경상도의 전부(田賦)를 이곳에서 실어 보냈다.

삼방산(三方山) 군 북쪽 3리에 있다.

금곡산(金谷山) 군 서쪽 26리에 있다.

저성산(猪城山) 군 동쪽 5리에 있다. 석성(石城)이 있다.

병풍산(屛風山)[55] 군 북쪽 1리에 있다. 한강을 굽어보고 있으며, 산에 풍혈(風穴)이 있다.

부산(婦山) 군 서쪽 15리에 있다.

성황산(城隍山) 군 동쪽 3리에 있다.

월악산(月嶽山) 군 남쪽 50리에 있다. 신라 때에는 월형산(月兄山)이라 하였다. 소사(小祀)를 지낸다.

전산(箭山) 군 북쪽 17리에 있다.

백야산(白夜山) 군 남쪽 33리에 있다.

쌍암산(雙巖山) 군 동쪽 5리에 있다.

취산(鷲山) 군 남쪽 2리에 있다. 군창(軍倉)이 있다.

장선현(長善峴) 군 서쪽 16리에 있다. 지극히 험하다.

55 병풍산(屛風山) : 금병산(錦屛山)이라고 일컫기도 한다.

북진(北津) 병풍산 아래에 있다. 수원(水源)은 강릉부(江陵府) 오대산(五臺山)에서 나와 충주 경계로 흘러 들어간다.

고교천(高橋川) 군 북쪽 8리에 있다. 수원은 제천현(堤川縣) 경계에서 나와 한강으로 들어간다.

월천(月川) 군 서쪽 40리에 있다. 수원은 부덕산(夫德山)에서 나와 서쪽으로 흘러 충주 경계에 이르러 한강에 들어간다.

엄성협(嚴城峽) 군 서쪽 20리에 있다. ○ 본조 최숙생(崔淑生)의 시에,

산허리에 험한 돌길 나 있어	山腰開犖确
말도 조심조심 밟고 가네	馬足踏凌兢
포개진 바위가 천 길 뻗어서	累石千臨丈
구름 뚫고 위로 일만 층 솟았네	穿雲上萬層
응당 오정[56]을 불러 뚫었을 테지	應煩五丁鑿
바로 높디높은 하늘 오르는 듯하네	正似九天登
눈에 가득 보이는 것 모두 청량한 경치	滿眼皆淸景
시를 지어 내 이전 회포를 기억하노라	題詩記我曾

하였다.

56 오정(五丁) : 전국(戰國) 시대 촉(蜀)나라의 뛰어난 역사(力士) 다섯 사람을 말한다. 한(漢)나라 양웅(揚雄)의 《촉왕본기(蜀王本紀)》에 의하면, 하늘이 촉왕을 위해 오정 역사를 보내 주어 촉산을 옮길 수 있게 하였다 한다.

토산土産

명주실〔絲〕, 무쇠〔水鐵〕, 군 동쪽 평등산(平登山)에서 생산된다. 석유황(石硫黃), 전산, 백야산, 쌍암산, 논양리(論陽里) 등지에서 난다. 석종유(石鍾乳), 군 북쪽 풍혈(風穴) 및 군 남쪽 저전리(苧田里) 석혈(石穴)에서 생산된다. 청옥(靑玉), 군 동쪽 목동(木洞)에서 난다. 녹반(綠礬), 군 북쪽 전산에서 난다. 먹〔墨〕, 대추〔棗〕, 영양(羚羊), 꿀〔蜂蜜〕, 황랍(黃蠟), 인삼(人蔘), 복령(茯苓), 시호(柴胡), 산무애뱀〔白花蛇〕, 지치〔紫草〕, 송이버섯〔松蕈〕, 석이버섯〔石蕈〕

학교學校

향교(鄕校) 군 남쪽 1리에 있다.

궁실宮室

객관(客館) 본조 김정(金淨)의 시[57]에,

가을 지나니 산속 집 고요하고	秋盡山居靜
한가한 구름 고을 누각에 걸려 있네	閑雲淡郡樓
평평한 모래사장은 나무 빛 띠고	平沙帶樹色
텅 빈 산골에 강물 소리 울리네	空峽響江流
흥은 멀리 푸른 모래톱에 맡기고	興托滄洲遠

57 김정(金淨)의 시 : 〈청풍을 노래하다〔詠淸風〕〉이다. 《冲庵集 卷2》

정은 깊숙한 계수나무 떨기에 남기네　　情留叢桂幽
뜬구름이 이제 산골을 빠져나가니　　浮雲今出洞
물고기 새들 절로 유유자적하네　　魚鳥自悠悠

하였다.

향사당(鄕射堂)

한벽루(寒碧樓) 객관 동쪽에 있다. 강물을 바로 굽어보고 있으며 그 옆에 응청각(凝淸閣)이 있다. ○ 고려 주열(朱悅)의 시[58]에,

물빛은 너무 맑아 거울인가 거울 아닌가　　水光澄澄鏡非鏡
산기운은 곱게 서려 연기인가 연기 아닌가　　山氣藹藹煙非煙
찬 물 푸른 산이 서로 엉겨 한 고을 이루었는데　　寒碧相凝作一縣
맑은 바람은 만고에 전하는 사람 없네　　淸風萬古無人傳

하였다. ○ 본조 유운(柳雲)의 시에,

골짜기 쪼개고 강물 흘러가는 것 거령[59] 덕분이고　　擘峽奔江賴巨靈
지치면 와서 의지하니 나그네 정신 일깨우네　　困來從倚客魂醒
여울물 소리 귀를 건드리니 한기가 베개에서 일고　　灘聲撼耳寒生枕
산기운 창에 들어오니 푸른빛으로 병풍 둘렀네　　山氣籠窓翠作屛
물새 노는 모래사장은 비에 씻겨 밝기가 눈과 같고　　雨洗鷗沙明似雪
달에 잠긴 고기잡이 불 어지럽기 반딧불 같네　　月沈漁火亂如螢
만 리 길 끝도 없어 외로운 배에서 피리 부는데　　無端萬里孤舟笛

58 주열(朱悅)의 시 : 〈청풍 객사 한벽헌(淸風客舍寒碧軒)〉이다. 《東文選 卷20》

59 거령(巨靈) : 고대 신화에 나오는 신장(神將)의 이름이다. 그는 큰 도끼를 가지고 대화산(大華山)과 용문(龍門)을 찍어서 열어 놓았다고 한다.

돌아가고픈 마음뿐인데 동정호 아득하기만 하네　　一片歸心杳洞庭

하였다. ○ 본조 김정의 시[60]에,

절벽에 자리잡아 산천이 장엄하니　　盤壁山川壯
천지간에 이 자리 그윽하구나　　乾坤玆境幽
바람은 만고의 굴혈에서 나오고[61]　　風生萬古穴
강물은 오경에 누각을 흔드네　　江撼五更樓
누워 있기론 맑은 여름이 알맞고　　虛枕宜淸夏
시 쓸 때는 깊은 가을이 상쾌하지　　詩魂爽九秋
어찌하면 속세를 벗어던지고　　何因脫身累
푸른 물가 곁에 높이 누우려나　　高臥寄滄洲

하였다.

명월정(明月亭) 한벽루 동쪽에 있다.

봉수烽燧

오현 봉수(吾峴烽燧) 군 남쪽에 있다. 동쪽으로 단양군(丹陽郡) 소이산(所伊山)에 응하고 서쪽으로 충주 심항산(心項山)에 응한다.

60 김정의 시 : 〈청풍의 한벽루(淸風寒碧樓)〉이다. 《冲庵集 卷1》

61 바람은……나오고 : 〈청풍의 한벽루〉 소주(小註)에 "군에 풍혈이라는 이름의 굴이 있다.(郡有風穴得名)"라고 하였다. 《冲庵集 卷1》

우역郵驛

황강역(黃江驛) 군 서쪽 35리에 있다.

수산역(壽山驛) 군 남쪽 26리에 있다.

안음역(安陰驛) 옛 이름은 안성(安城)이다. 군 북쪽 5리에 있다.

권일원(權一院) 군 남쪽 26리에 있다.

논양원(論陽院) 군 서쪽 33리에 있다.

주병원(酒餠院) 군 서쪽 25리에 있다.

관량關梁

북진나루〔北津渡〕 군 북쪽 1리에 있으니, 바로 한강진 나루이다.

사묘祠廟

사직단(社稷壇) 군 서쪽에 있다.

문묘(文廟) 향교(鄕校)에 있다.

성황사(城隍祠) 군 남쪽에 있다.

여단(厲壇) 군 북쪽에 있다.

사찰寺刹

월악사(月嶽寺) 월악산에 있다.

산방사(山房寺), 무암사(霧巖寺) 모두 백야산(白夜山)에 있다.

고적古蹟

명환名宦

고려

안종원(安宗源) 공민왕조(恭愍王朝)에 지청풍군사(知淸風郡事)가 되었다.

본조

송처관(宋處寬) 지청풍군사를 지냈다.

김연수(金延壽) 청풍 군수가 되어 정사를 하는 데 청렴하고 간소함을 숭상하였다. 처음에 고을 사람이 목우(木偶)를 얻었는데, 사람들이 신(神)이라고 여겨 매년 여름마다 객헌(客軒)에 모셔 두고 제사를 크게 벌였다. 온 경내 사람들이 모여들어 폐단을 끼친 지가 오래되었다. 김연수가 고을에 부임하자 곧바로 무격(巫覡) 및 일에 앞장선 자를 잡아들여 장을 치고 마침내 그 목우를 태워 버렸다. 이에 요사(妖祀)가 마침내 근절되었다.

송담(宋譚) 청풍 군수가 되어 은혜로운 정사를 폈다.

민순(閔純) 소경왕(昭敬王 선조) 때에 청풍 군수가 되어 지극한 정성으로 백성을 어루만지되 한결같이 진실하게 하였으므로 백성들이 모두 사랑하며 받들었다.

인물人物

본조

김길통(金吉通) 장헌왕(莊憲王 세종) 때에 갑과(甲科) 1등으로 등제하였고, 강정왕(康靖王 성종) 때에 좌리 공신(佐理功臣)에 참여하여 월천군(月川君)에 봉해지고 관직이 호조 판서에 이르렀다. 시호는 문평(文平)이다. 아들 김순명(金順命)은 등제하여 혜장왕(惠莊王 세조) 때에 적개 공신(敵愾功臣)에 참여하여 청릉군(淸陵君)에 봉해졌다.

열녀列女

안씨(安氏) 고을 사람 윤림(尹霦)의 처로, 일찍 지아비를 잃고 시어머니를 온 정성을 다해 봉양하였다. 집에 불이 났는데, 안씨가 불길 속으로 몸을 던져 들어가 지아비의 신주를 안고 시어머니를 등에 업고서 나오다가 미처 빠져나오지 못하고 모두 불에 타서 죽었다. 본조 선조(宣祖) 때에 정문(旌門)을 세워 주었다.

단양군丹陽郡

동쪽으로 경상도 풍기군(豐基郡) 경계까지 29리이고, 남쪽으로 같은 도 예천군(醴泉郡) 경계까지 36리이고, 서쪽으로 청풍군(淸風郡) 경계까지 22리이고, 북쪽으로 제천현(堤川縣) 경계까지 52리, 영춘현(永春縣) 경계까지 43리이다. 서울과의 거리는 357리이다.

한전旱田

수전水田

건치연혁建置沿革

본래 고구려 적산현(赤山縣)인데, 혹은 적성(赤城)이라고도 한다. 신라 때 내제군(奈堤郡) 영현(領縣)으로 삼았다가 고려 초에 단산현(丹山縣)으로 고쳤다. 현종(顯宗) 때 원주(原州)에 편입시켰고 뒤에 충주(忠州)로 옮겨 편입시켰다. 고종(高宗) 때 다시 단산현을 설치하고 합단(哈丹)

의 난리[62] 때에 이 현 사람이 적을 잘 막아 냈으므로 그 공을 포상하여 승격해서 감무(監務)[63]를 두었다. 충숙왕(忠肅王) 때에 승격하여 단양군으로 삼았으며, 본조에서 그대로 따랐다. 관장하는 면은 □개이고, 관원은 군수와 훈도이다. 각 1인이다.

군명郡名

적성(赤城), 단산(丹山)

형승形勝

산수가 기이하고 빼어나다. 본조 이작(李作)의 기문(記文)에 "단양은 오래된 고을로서 산수가 기이하고 빼어나니, 그 맑고 깨끗한 기운이 반드시 거저 쌓였을 리가 없다." 하였다.

일천 바위와 일만 골짜기가 있다. 신개(申槩)의 시에 "일천 바위와 일만 구학에 강줄기 하나가 감아 돌아 흐르고, 깎아지른 바위 벼랑을 따라 작은 길이 나 있다.〔千巖萬壑一江回 斷石緣崖小徑行〕"라고 하였다.

62 합단(哈丹)의 난리 : 합단은 원 태조(元太祖)의 아우인 합적온(哈赤溫)의 5세손으로, 내안(乃顔)과 함께 반란을 일으켰다가 원나라 관군에게 패하였다. 1290년(충렬왕16) 압록강을 건너 고려로 침입해 이듬해 관동(關東) 지방으로 난입하여 화주(和州)와 등주(登州) 서쪽의 여러 고을에서 노략질을 자행하였다.《高麗史節要 卷21 忠烈王3》

63 감무(監務) : 고려 시대에 중앙의 관원을 파견하지 못한 지방의 작은 현(縣)을 다스리기 위하여 두었던 지방관이다. 1413년(태종13) 현감(縣監)으로 이름이 바뀌었다.

긴 강이 옷깃처럼 감싸고 있다. 노숙동(盧叔仝)의 시에 "긴 강이 옷깃처럼 감싸고 일만 산이 빙 둘러 있다.〔長江襟抱萬山回〕"라고 하였다.

호서(湖西)의 산수 가운데 은밀한 곳이다. 본조 허목(許穆)의 〈단양산수기(丹陽山水記)〉[64]에 "이곳은 대개 호서의 산수 가운데 은밀한 곳이다. 강은 온통 산으로 둘러싸여 물이 서리어 감돌며 굽이졌다 곧아졌다 하는데, 얕게 흐르다가 바위를 만난 곳은 여울이 되고 깊이 고여 있는 곳은 못이 되었다. 맑은 물결이 찰랑대며 끝없이 이어지고, 바위 벼랑 사이에 있는 돌다리와 모래사장은 모두 깨끗하고 고와서 사랑스러웠다." 하였다.

산천山川

올산(兀山) 군 서쪽 2리에 있다. 혹 소유올산(所由兀山)이라고도 칭한다.

가은암산(可隱巖山) 옛날 이름은 가은암산(加隱巖山)이다. 군 서쪽 17리에 있다.

죽령(竹嶺) 군 동쪽 30리 경상도 풍기군(豐基郡) 경계에 있다.

건지산(乾止山) 군 남쪽 15리에 있다.

상악산(上嶽山) 군 서쪽 13리에 있다. 가은암산과 서로 이어져 있으며 매우 험하고 막혀 있다. 산꼭대기에는 돌우물이 2개 있는데, 가물면 이곳에서 비를 빈다.

여물진산(餘勿眞山) 군 동쪽 10리에 있다.

성산(城山) 군 북쪽 3리에 있다. 위에 옛 성이 있는데 둘레가 1760자이고 안

64 허목(許穆)의 단양산수기(丹陽山水記) : 《기언(記言)》 별집 권9에 있다.

에 큰 우물이 있다.

계두산(鷄頭山) 군 남쪽 20리에 있다.

소백산(小白山) 군 동쪽 35리에 있다. 경상도 풍기군에도 보인다.

두혈산(頭穴山) 군 남쪽 8리에 있다.

객산(客山) 군 북쪽 30리에 있다.

갑산(甲山) 군 북쪽 40리에 있다.

연비산(鳶飛山) 군 서쪽 10리에 있다. 높고 크고 몹시 험하며 상악산(上嶽山)과 마주 보고 있다. 가운데로 큰 내가 흘러 지나가는데, 바로 상진(上津)의 큰 물줄기이다.

금수산(錦繡山) 군 북쪽 20리에 있다.

가문현(加文峴) 매포현(買浦縣) 동북쪽 10리에 있다. 길이 몹시 험하고 막혀 있다. 영춘현(永春縣)에도 보인다.

오로봉(五老峯) 군 서쪽 20리에 있다. 세 개의 석봉(石峯)이 있는데, 물가에 임하여 우뚝 서 있어서 형세가 매우 빼어나다. 그 위 동쪽 봉우리를 오로봉이라 하고 가운데 봉우리를 현학봉(玄鶴峯)이라 하고 서쪽 아래 봉우리를 채운봉(彩雲峯)이라 한다. 옛날에는 모두 이름이 없었다가 가정(嘉靖) 연간에 이황(李滉)이 군수로 재직할 때[65] 이름을 붙였다.

단구협(丹丘峽) 군 서쪽 20리에 있다. 양쪽에 벼랑이 마주 보고 우뚝 솟아 있는 형국이 10여 리 이어지고 그 가운데 한 줄기 강물이 흘러가는데, 험준한 바위가 층층이 쌓여 있고 맑디맑은 물이 넘실대며 흐르니 기이한 승

65 가정(嘉靖)……때 : 가정 연간은 가정 27년으로 1548년(명종3)이다. 퇴계(退溪) 이황은 이해 1월 단양 군수(丹陽郡守)로 부임하였다.

경이 극에 달하였다. 예전에는 이름이 없었다가 성화(成化) 연간에 김일손(金馹孫)이 단구라고 이름 지었다.[66] 고려 이색(李墻)의 시[67]에 "새벽에 단양 쪽으로 길 가노라니, 자석병[68]에 구름이 활짝 걷히었네.〔曉向丹陽路 雲開紫石屛〕" 하였으니, 바로 이곳이다.

선암(仙巖) 군 서쪽 20리에 있다. 옛 이름은 불암(佛巖)이고 본조의 이황이 선암으로 고쳤다. 또 기문을 지었으니[69] 이르기를 "남천(南川) 가에 선암이 있으니 가장 기이하다. 옛 이름은 불암이다. 이 바위는 양쪽 산 사이의 붉은 절벽 아래에 있는데, 시냇가에 100여 보에 걸쳐 평퍼짐하게 자리 잡고 있어 마치 흰 눈이 편평하게 덮이고 흰 방석이 겹겹이 쌓여 있는 것 같다. 모두 세 층이 되는데 그 사이로 물이 흘러 굽이돌며 세차게 흐르다가 아래층 아래로 폭포가 되어 떨어진다. 그 물이 합하여 하나의 못이 되었는데 초록빛의 맑은 물이 감상할 만하다. 못 위에는 석대(石臺)가 천연적으로 이루어져 평탄하고 반들반들하여 앉아서 고기가 노니는 것을 구경할 만하다. 그 동쪽에 여러 바위가 서로 기대서 있는 것이 마치 보기 좋게 담아 놓은 음식과 같고, 그 아래에 공간이 있어 집이 되었으니 비를 피할 만하다.

66 성화(成化)……지었다 : 이 기록은 《탁영집(濯纓集)》 권3 〈이요루기(二樂樓記)〉에 있다. 그 기문에 나오는 군수 황린(黃璘)은 홍치(弘治) 4년(1491, 성종22) 단양 군수에 제수되었고, 김일손도 이해 충청 도사에 제수된 것으로 보아 성화 연간이 아닌 홍치 연간의 사실인 듯하나 분명하지 않다.

67 이색(李穡)의 시 : 〈신축년 겨울 단산 가는 길에 있었던 일을 기록하다〔記辛丑冬丹山途中〕〉이다. 《牧隱藁 牧隱詩藁 卷7》

68 자석병(紫石屛) : 자색 암석이 병풍처럼 둘러친 절벽의 경치를 가리킨다.

69 기문을 지었으니 : 〈유람할 만한 단양의 산수에 대한 속기〔丹陽山水可遊者續記〕〉이다. 《退溪集 卷42》

바위의 사방 가에는 봄이면 철쭉꽃이 타는 노을 같고 가을이면 단풍이 찬란한 비단 같으니, 이 바위는 참으로 진풍경 중에서도 진풍경이다." 하였다. ○ 이황의 시[70]에,

층층의 하얀 돌이 흰 방석 포개 놓은 듯　　白石層層疊素氈
귀신의 솜씨라 기교의 손질 부질없네　　神工不待巧磨鐫
요란하게 떨어지는 운문의 물[71] 가져다가　　從教吼落雲門水
대 아래 거울 만들어 찬 하늘 비추는구나　　臺下寒開一鑑天

하였다.

상진(上津) 군 북쪽 13리에 있다. 혹 마진(馬津)이라고도 칭한다. 그 수원은 강릉부(江陵府) 오대산(五臺山)에서 나오는데 여기에서 청풍군(淸風郡) 경계를 거쳐 충주(忠州) 경계로 흘러 들어간다.

하진(下津) 군 서쪽 4리에 있으니, 바로 상진의 하류이다.

소요항탄(所要項灘) 군 서쪽 5리에 있으니, 바로 하진의 하류이다.

남천(南川) 일명 선암천(仙巖川)이다. 수원은 경상도 예천군(醴泉郡) 작성산(鵲城山)에서 나와서 군 남쪽 20리에 이르고 선암(仙巖) 아래를 지나 군 서쪽으로 흘러 들어가 이요루(二樂樓) 앞을 경유하여 하진에 합류한다.

북평천(北坪川) 군 북쪽 5리에 있다. 그 수원은 둘인데, 하나는 죽령(竹嶺)에서 나오고 하나는 풍기군(豐基郡) 유재(杻岾)에서 나오며, 장림역(長林驛) 앞에서 합류하여 상진으로 들어간다.

70 이황의 시 : 〈선암(仙巖)〉이다. 《退溪集 卷1》

71 운문(雲門)의 물 : 운문은 급류의 출구라는 뜻으로, 물기운이 운무처럼 자욱한 형상을 비유한 것이다. 운문의 물은 곧 선암 아래로 떨어지는 폭포수를 말한다.

도담(島潭) 군 북쪽 24리에 있다. 한수(漢水)가 여기에 이르러 멈추어 모여서 못을 이루었다. 세 바위가 우뚝 서 있고 못 가운데는 절로 깊다. 물길을 거슬러 수백 보쯤 가면 푸른 절벽이 만 길이나 되고 황양목(黃楊木)과 측백나무가 거꾸로 자라고 있으며 돌이 갈라져 생긴 동굴이 문과 같아서 바라보면 마치 별천지의 한 고을 같다. ○ 본조 이황의 기문[72]에 "한강의 상류인 도담의 물굽이"라고 한 것이 바로 이곳이다. 만력(萬曆) 연간에 이지함(李之菡)이 유람하다가 이곳에 이르러 내처 초가를 짓고 오래도록 살았다. 지금 터가 남아 있다.[73] ○ 본조 이황의 시[74]에,

어느 해 무슨 신물 운근[75]을 옮겨다가	何年神物動雲根
절경의 한 중간에 큰 돌을 벌여 놓았나	絶境中間巨石開
만년이라 긴 세월에 물결 따라 아니 가고	萬古不隨波浪去
우뚝 서서 사군 오길 기다린 것 같네그려	巍然如待使君來

72 이황의 기문 : 〈소백산을 유람한 기록〔遊小白山錄〕〉이다. 《退溪集 卷41》

73 만력(萬曆)……있다 : 《아계유고(鵝溪遺稿)》 〈연보(年譜)〉 가정(嘉靖) 23년에 "당시에 성암공(省庵公) 및 토정공(土亭公)이 단양(丹陽)의 구담(龜潭)에 은거하고 있었는데, 퇴계 선생이 소명(召命)을 받들고 서울로 가는 길이면 반드시 찾아가서 즐거운 시간을 보내곤 하였다."라는 내용이 있다. 토정은 이지함의 호이고, 아계는 이산해(李山海)로 이지함의 형인 이지번(李之蕃)의 아들이다. 이지함의 행력에, 이 시기에 조카를 가르친 기록이 있는 것으로 보아 이지함이 이 무렵인 가정 연간에 구담에 은거한 것으로 추정된다. 만력 연간에 도담에 은거한 사실은 미상이다.

74 이황의 시 : 〈도담(島潭)〉이다. 《退溪集 卷1》

75 운근(雲根) : 벼랑이나 바윗돌을 뜻하는 시어(詩語)이다. 당(唐)나라 시인 두보(杜甫)의 시에 "충주 고을은 삼협의 안에 있는지라, 마을 인가가 운근 아래 모여 있네.〔忠州三峽內, 井邑聚雲根.〕"라는 표현이 나오는데, 그 주(註)에 "오악의 구름이 바위에 부딪쳐 일어나기 때문에, 구름의 뿌리라고 한 것이다.〔五嶽之雲觸石出者, 雲之根也.〕" 하였다. 《杜少陵詩集 卷14 題忠州龍興寺所居院壁》

노 하나인 조각배를 물결에 맡기노라니 一棹扁舟放碧瀾
차가운 맑은 강 세 섬을 가로질러 가누나 橫穿三島鏡光寒
거슬러 올라 서쪽 벼랑 경치를 다 보자면 泝洄欲盡西厓勝
동편의 백옥 물굽이 끼고 가야겠는걸 須傍東邊白玉灣

하였다. ○ 본조 이안눌(李安訥)의 시[76]에,

단양군 북쪽에 천 자 되는 못이 있고 丹陽郡北千尺潭
못 안에 바위 있으니 도암이라 하네 潭中有石名島巖
나란히 선 세 봉우리 푸른 옥 같으니 三峯駢立碧琬琰
신령의 도끼로 다듬은 듯 정교하다 如以神斧工鐫劖
그 가운데 한 봉우리 제일 기묘하니 其中一峯最奇絶
큰 자라가 이고 나온 듯 높고 험준하다 巨鰲戴出高巉巉
영묘한 못 맑디맑아도 바닥 보이지 않고 靈湫澄澈不見底
백번 닦은 능경[77]이 옥함을 열고 나온 듯 百煉菱鏡開玉函
아마도 조화옹이 이름난 이곳 감추느라 意者造化閟名區
깊은 골짜기로 빗장 삼고 안개로 봉하였나 보다 洞壑作扃煙霧緘
솔숲 사이 오두막집 그 누가 사는지 松間矮屋誰氏居
마당 풀이 길을 덮어도 베는 사람 없구나 庭草沒蹊無人芟
내가 와서 묵으며 그윽한 흥취 실컷 푸노라니 我來投宿縱幽討
마음이 마치 고삐 재갈 벗은 준마 같구려 心若逸驥遺轡銜

76 이안눌(李安訥)의 시 : 〈도담을 유람하다〔遊島潭〕〉이다. 《東岳集 卷4 湖西錄》 이안눌은 1602년(선조35) 8월 충청 좌도 경시관(忠淸左道京試官)으로 청풍군(淸風郡)에 나갔는데, 이 시를 비롯하여 호서 지방에서 지은 작품은 대부분 이 시기에 지은 것으로 보인다.

77 능경(菱鏡) : 마름꽃 무늬를 새긴 거울인 능화경(菱花鏡)을 말한다.

짧은 노 저어 언덕까지 급한 물살 거슬러 오르면서　短棹捞岸泝奔湍
벼랑 문과 바위 구멍으로 움푹 들어간 곳 엿보네　門崖穴壁窺峌嵌
물길 따라다니다 어느덧 서산에 해 저무는데　沿洄不覺西日晏
시원한 바람 솔솔 돌아가는 돛배에 불어오네　涼風嫋嫋吹歸帆
계곡을 굽이돌아 산 입구를 나서니　溪回谷轉出山口
천지가 지척에서 선계 속계로 나뉘누나　乾坤咫尺分仙凡

하였다.

구담(龜潭) 강 안에 석봉(石峯)이 물에 잠겨 있는데 모양이 거북 같아서 이름이 붙여졌다. 깊고 넓은 못이 푸르고 맑기가 거울 같아서, 완연히 허공에 별개의 신선 세계가 있는 듯하다. 군 서쪽 20리에 있다. ○ 이황의 시[78]에,

뭇 골짜기 동에서 나와 서쪽으로 내달리고　衆壑趨西出自東
협문의 성낸 기세 가로질러 뚫렸구려　峽門餘怒始橫通
격한 물결 붕운[79] 위에서 얼마를 다투었던가　幾爭激浪崩雲上
거울 같은 맑은 못에 이제 겨우 들어가네　纔入淸潭拭鏡中
귀신이 갖가지 모양 새겨 산이 골격 드러내고　鬼刻千形山露骨
신선이 만 길에 노니니 학이 바람 타고 맴도네　仙游萬仞鶴盤風
은암이라 남녘 두둑 이끼 낀 저 낚시터는　隱巖南畔苔磯石
신령한 경지 흡사 무이구곡 같구려[80]　靈境依然九曲同

78 이황의 시 : 〈구담(龜潭)〉이다. 《退溪集 卷1》

79 붕운(崩雲) : 서체의 하나이다. 남조(南朝) 송(宋)나라 포조(鮑照)의 〈비백서세명(飛白書勢銘)〉에 "가볍기는 날리는 안개와 같고, 무겁기는 무너지는 구름과 같다.〔輕如遊霧, 重似崩雲.〕"라는 말이 나온다. 《鮑明遠集 卷10》 여기서는 위로 튀는 물보라를 비유한 말이다.

80 은암(隱巖)이라……같구려 : 주희(朱熹)가 학문을 수행하며 살던 곳이 무이산(武夷山)

하였다. ○ 이안눌의 시[81]에,

사군[82]은 산수가 좋은 고을인데	四郡山水鄕
구담 경치가 그중 제일이라	龜潭境最勝
우뚝 솟은 옥순봉에	矗立玉筍峯
가파른 산세 연이어 뻗어 나가네	奔峭相連亘
소리 내는 물줄기 그 아래에 모여들고	淙流匯其底
세찬 여울물 맑고 또 영롱하다	激湍淸且瑩
거룻배는 소용돌이 물살 따르며	鳴艚逐盤渦
넘실넘실 높은 흥을 돋운다	蕩漾發高興
서리 맞은 단풍이 층층의 벼랑 사이 끼어 있고	霜楓夾層巘
비 개니 가을 모습은 검푸른 빛을 띤다	雨霽秋容艴
고요한 산속이라 사람 소리도 끊어지고	地閴人語絶
바람 부는 물가에 그윽한 소리 가득하다	風灘滿幽聽
번잡한 속세 마음 가만히 씻다 보니	煩襟坐滌澣
세속에 물든 귀 그 또한 깨어났다네	俗耳亦云醒
석양이 푸른 벼랑을 내리비치니	返照下蒼壁
흰 물결 빛이 한없이 일렁이네	素浪光不定
뱃전 두드리고 노래하며 혼자 즐기는데	鼓舷歌自逸

인데, 무이산의 시내가 아홉 굽이이므로 무이구곡(武夷九曲)이라 한다. 이곳에도 대은병(大隱屛)이 있기 때문에 이렇게 말한 듯하다.

81 이안눌의 시 : 〈구담에서 노닐다〔遊龜潭〕〉이다. 《東岳集 卷4》

82 사군(四郡) : 조선 시대에 경치가 뛰어나서 유람할 만한 지역으로 꼽혔던 충청도의 네 고을을 일컫는다. 영춘(永春) 즉 지금의 영동(永同) 및 단양(丹陽), 제천(堤川), 청풍(淸風)이다.

메아리도 빈 계곡에 걸쳐 울려 퍼진다 響徹空谷應
절벽 따라 소나무 선 물가를 지나고 緣崖歷松澗
골짜기에서 쉬고 덩굴 숲길 찾아가네 憩壑訪蘿逕
어느 곳에서 신선을 배울거나 何處學仙子
가파른 비탈에 의지해 띳집 지었다 結茅依絶磴
신선의 책을 강하는 곳 멀리서도 아나니 遙知講玉書
달 뜨는 저녁 차가운 경쇠 두드리는 소리로다 月夕叩寒磬
구름 속 숲에선 향기로운 지초가 빼어난데 雲林秀芳芝
캐고 또 캔들 누구에게 주려는가 采采欲誰贈
서글피 바라보다 홀로 노 저어 돌아오니 悵望獨回棹
학 우는 시냇가 길은 이미 어두워졌네 鶴唳川路暝

하였다. ○ 이황의 〈단양산수기(丹陽山水記)〉[83]는 다음과 같다.

"고을의 서쪽에 단구협(丹丘峽)이 있다. 협곡이 끝나는 곳에서 남쪽으로 들어가서 설마동(雪馬洞)에 당도하니, 골짜기 입구가 깊숙하고 길다. 동서의 돌벼랑에 붉은빛, 푸른빛이 마주 비치는 가운데 맑은 샘이 솟아나고 흰 돌이 가지런히 늘어서 있다. 시내를 따라 몇 리가량 가다가 옥이 구르는 듯한 물소리가 다하면 벼랑이 끝나고 넓은 골짜기가 나타나는데, 깊숙하고 그윽하여 살기도 좋고 밭을 갈 수도 있으니, 은거하여 유유자적하게 지낼 만한 곳이다. 동쪽으로 장림역(長林驛)을 나와서 오

83 이황의 단양산수기(丹陽山水記) : 〈유람할 만한 단양 산수에 대한 속기(丹陽山水可遊者續記)〉이다. 《退溪集 卷42》 이황은 1548년(명종3) 1월 외직을 구하여 단양 군수로 부임하였고, 5월 구담(龜潭) 등을 유람한 기록이 남아 있다.

른쪽으로 구부러져 시내를 따라 들어가 10리쯤 가면 사인암(舍人巖)이란 것이 있으니 천석(泉石)이 매우 아름답다. 또 여기에서 남쪽으로 8, 9리를 가는데, 시내와 골짜기가 아름다워서 구경할 만한 곳이 많다. 북으로 매포(買浦)로 가는 중에 나루가 있으니 상진(上津)이라 한다. 그 아래에 석벽이 하늘에 닿고 그림자가 푸른 못에 거꾸로 비치는 곳은 이른바 서골암(棲鶻巖)이라는 곳이다. 나루를 건너 북쪽으로 가다가 동쪽으로 빙 둘러 들어가면, 큰 바위 세 봉우리가 물 가운데 높이 솟아 있는데, 이것이 이른바 도담(島潭)이요, 또 서쪽 벼랑의 승경과 돌문〔石門〕의 기이함이 있다. 남천(南川) 가에 선암(仙巖)이라는 것이 있어 가장 기이하니, 옛 이름은 불암(佛巖)이다. 내가 전에도 찾아가 본 적이 있는데, 바위가 참으로 이경(異境) 중에 이경이다.

무신년(1548, 명종3) 여름에 내가 이첩(移牒)하는 일로 청풍군(清風郡)에 가려고 하진(下津)에서 배를 타서 단구협을 나가 구담(龜潭)을 지나 화탄(花灘)에서 내렸다. 구름과 안개가 토하고 삼키매 언덕과 골짜기가 나타났다 없어졌다 하고, 불어난 물이 세차게 흘러 배가 너무 빨리 가므로 중요한 광경을 제대로 구경할 수가 없었다. 그날 밤 나는 청풍의 응청각(凝清閣)에 유숙(留宿)하고 이튿날 새벽을 틈타서 배를 끌어 물길을 거슬러 올라가 삼지탄(三智灘)을 지났다. 내매담(迺邁潭) 가에 이르러 덤불을 걷어 내며 바라보니, 물이 두 골짜기 사이에서 나와 높은 데서 바로 쏟아지는데, 뭇 돌들을 부딪쳐 강타하며 성난 기세로 거침없이 퍼져 나가 구름 같은 파도가 일고 눈 같은 물보라가 치며 용솟음치니, 이곳이 화탄이다. 산봉우리는 그림같이 솟아 있고 골짜기는 서로 마주 보고 벌어져 있는데 물이 그 가운데에 괴어 있어서 너르고 짙푸르기가 마치 새로 닦은 거울 같고 마치 허공에 떠 있는 것 같으니, 여기가 구담이다.

화탄을 거슬러 나아가 남쪽 산 절벽 아래를 따라가면, 그 위에 여러 봉우리가 뾰족하게 죽순처럼 서 있는데 높이가 천 길 백 길이나 되며 우뚝하게 기둥처럼 버티고 서 있으니, 그 빛은 푸르기도 하고 희기도 하다. 등덩굴이며 고목(古木)들이 우거져 아득하고 침침한데 올려다볼 수는 있어도 오를 수는 없으니, 옥순봉(玉筍峯)이라 이름 지은 것은 그 형상으로 인한 것이다. 구담의 북쪽은 바로 적성산(赤城山) 한 줄기가 남으로 달리다가 갑자기 끊어진 곳이다. 거기에 큰 봉우리가 세 개 있는데 모두 물에 임해서 가파르게 솟아 있으며 가운데 봉우리가 가장 높다. 층층으로 된 바위가 다투어 빼어나고 우뚝우뚝한 돌이 서로 치받고 있어 마치 귀신이 새기고 깎아 낸 듯하니, 기기하고 괴괴함을 이루 다 형언할 수 없다. 이때에 산에 비가 갓 개어서 골짜기의 기운이 새롭고 경색(景色)이 맑고 고왔다. 마침 현학(玄鶴)이 가운데 봉우리에서 날아와 몇 바퀴 빙빙 돌다가 저 멀리 구름 낀 하늘로 들어갔다. 이에 나는 배 안에서 초연히 서늘한 바람을 타고 한만(汗漫)을 따라 노니는[84] 기분이 들었다. 인하여 아래쪽에 있는 봉우리를 채운(彩雲)이라 이름하고 그 가운데 봉우리를 현학이라 하였으니, 그 보이는 대로 지은 것이고, 그 위쪽에 있

84 한만(汗漫)을 따라 노니는 : 한만은 《회남자(淮南子)》 〈도응훈(道應訓)〉에 "약사(若士)가 노오(盧敖)에게 이르기를 '나는 한만과 함께 구해(九垓) 밖에서 노닌 사람이다.' 하였다."라고 한 구절에서 나오는 신선 이름으로, 천상의 놀이를 즐기는 자를 일컫는다. 천상에서 노니는 것을 한만유(汗漫遊)라고 하며, 세상 밖의 유람을 비유하는 말로도 쓰인다.

는 봉우리를 오로(五老)라 하였으니 이는 그 형상에 따라 지은 것이다.[85] 배를 저어 조금 올라가다가 방향을 꺾어 북쪽으로 가니 이미 가운데 봉우리를 지나 오로봉 아래에 배가 닿았다.

그 봉우리의 동쪽에 또 큰 봉우리가 하나 있는데, 단구협과 서로 접하고 있으니, 이른바 가은암산(加隱巖山)이며 가은성(可隱城)이 그곳에 있다. 물이 장회탄(長會灘)으로 흘러 서쪽으로 구봉(龜峯) 절벽에 부딪친 다음 모여서 구담의 머리가 되고, 또 북쪽으로 돌아서 서쪽으로 꺾여서 구담의 허리가 되고, 구담의 꼬리는 채운봉의 발치에서 다하였다. 가은봉(可隱峯)은 물이 북으로 돌아 서로 꺾어지는 굽이에 있고, 서쪽으로는 오로봉과 서로 마주하고 있다. 그 두 봉우리 사이에 골짜기가 있으니, 널찍하게 남쪽을 향해 뻗어 있는데 깊고 고요하여 사람의 자취가 사방 어디에도 없다. 동문(洞門) 밖에 큰 바위가 있는데 물에 닿아 있고 마치 집의 섬돌 같아서 낚시하며 놀 수가 있다. 오직 이 한 굽이에 여러 훌륭한 경관이 다 모여 있으니, 옛사람이 가은(可隱)이라 이름 지은 뜻이 여기에 있는가 보다. 그 구봉이라는 것은 동쪽으로 못의 파도를 받아 주고 북쪽으로 못의 굽이를 내려다보는데, 붉은 벼랑 푸른 절벽이 더욱 절경이다. 특히 이로 말미암아 이 못이 조성되었으므로 구봉이라 이름을 지은 것이다. 여기를 지나서 단구협으로 들어가는데, 단구협의 승경은 탁영공(濯纓公)의 〈이요루기(二樂樓記)〉[86]에 다 기록되어 있다."

85 오로(五老)라……것이다 : 중국 강서성(江西省) 성자현(星子縣)에 있는 여산(廬山)의 봉우리가 오로봉인데, 산들이 뼈대같이 서서 하늘로 치솟은 것이 노인 다섯이 어깨를 나란히 한 모양이라 하여 붙여진 이름이다. 이 봉우리도 그와 같은 형상을 하고 있다는 말이다.

86 탁영공(濯纓公)의 이요루기(二樂樓記) : 탁영공은 김일손(金馹孫)으로, 탁영은 호이다.

토산土産

옥석(玉石), 고을 동쪽 덕상동(德上洞)에서 난다. 청석(靑石), 고을 북쪽 약야촌(若也村)에서 나는데, 청금석(靑金石)과 비슷하나 금이 없다. 녹반(綠礬), 고을 북쪽 35리 평동(坪洞)에서 난다. 먹〔墨〕, 품질이 가장 좋아서 단산오옥(丹山烏玉)이라 칭한다.[87] 옻〔漆〕, 잣〔海松子〕, 대추〔棗〕, 꿀〔蜂蜜〕, 황랍(黃蠟), 오미자(五味子), 인삼(人蔘), 지치〔紫草〕, 복령(茯苓), 시호(柴胡), 당귀(當歸), 안식향(安息香), 산무애뱀〔白花蛇〕, 황양(黃楊), 송이버섯〔松蕈〕, 누치〔訥魚〕

학교學校

향교(鄕校) 고을 남쪽 1리에 있다. 풍화루(風化樓)가 있는데, 영락(永樂) 14년(1416, 태종16) 지군사(知郡事) 이작(李作)[88]이 세웠고 기문이 있다.

김일손은 1491년(성종22) 충청 도사(忠淸都事)로 나갔는데, 이 시기에 지은 것으로 보인다.

87 품질이……칭한다 : 품질이 좋은 먹을 오옥(烏玉)이라 한다. 오옥은 먹의 별칭인 오옥결(烏玉玦)의 약칭으로, 소식(蘇軾)의 〈손신로가 먹을 보내다〔孫莘老寄墨〕〉에 "근자에 당 부자께서, 멀리 오옥결을 보내 주셨네.〔近者唐夫子, 遠致烏玉玦.〕"라고 한 데서 온 말이다. 《蘇東坡詩集 卷25》

88 지군사(知郡事) 이작(李作) : 이작은 1380년(우왕6) 문과에 급제하고 조선조에 들어와 성균관 직강 등을 역임하였다. 지군사는 고려와 조선 초기의 관직명으로 군(郡)을 맡아 다스리는 장관이다. 3품 이상의 관원이 맡은 경우 판군사라 하고 3품 이하 관원인 경우 지군사라 하였으며, 1466년(세조12) 군수(郡守)로 고쳤다.

궁실宮室

객관(客館)

향사당(鄕射堂)

이요루(二樂樓) 군 서쪽으로 30보 거리의 남천(南川) 가 언덕 위에 있다. 안평대군(安平大君)이 누각 편액을 썼다. ○ 본조 김일손(金馹孫)의 기문은 다음과 같다.

"중원(中原 충주)에서 동쪽으로 가서 죽령(竹嶺) 쪽으로 향하노라면 그 사이에 즐길 만한 산수가 한두 곳이 아니다. 청풍 경계까지 다 가서 고개 하나를 넘어 단양 경계에 들어가면 장회원(長會院)에 이르는데, 들어갈수록 경치가 더 아름답다. 홀연 우뚝 솟아난 겹겹의 바위와 첩첩한 푸른 산봉우리가 나타나는데, 좌우가 구분되지 않고 동서가 헷갈려 비록 비상한 역상가(曆象家)라도 분간하기 어려울 정도이다. 벼랑이 열리고 골짜기가 열리면서 강물 한 줄기가 가운데로 흐르는데, 쪽빛 푸른빛 물결이 넘실댄다. 강 북쪽의 매우 험준한 언덕 위로 수백 보 가면 성(城)이 있어 숨을 만하므로 옛 이름이 가은암(加隱巖)이다. 내가 그 앞에서 말을 멈추자 연무(煙霧)가 자욱하여 아련히 난가(爛柯)의 생각[89]에 빠지는 듯하였다. 이러한 절경이 아무 이름이 없는 것을 애석하게 여겨 비로소 이름을 지었으니 단구협(丹丘峽)이라 하였다. 단구협에서 동쪽으로 가면 산은 더욱 기묘하고 물은 더욱 맑다. 10리를 가면 계곡이 끝나는

89 난가(爛柯)의 생각 : 신선 세계에 들어온 듯하였다는 말이다. 옛날에 왕질(王質)이란 사람이 나무하러 산에 가서 신선이 바둑 두는 것을 구경하다가, 배가 고프매 신선이 먹을 것을 주므로 받아먹고 바둑이 파하자 일어나 보니, 처음에 옆에 두었던 도끼 자루가 썩어 있고, 집에 돌아오니 벌써 수백 년이 되었다고 한다. 《述異記 卷上》

데, 마치 아름다운 아가씨와 헤어지는 듯이 열 걸음에 아홉 차례나 돌아보게 된다. 거기서 곧장 동쪽을 바라보면 적성(赤城)이 지척의 거리도 안 되고 강가에는 나루가 있는데, 작은 배로 가로질러 건너면 이곳이 바로 하진(下津)이다. 그 나루를 거슬러 올라가 10여 리쯤 가면 또 관도(官渡)가 있으니, 이곳이 바로 상진(上津)이다.

철벽 천 길이 나루의 물길을 누르며 버티고 있는데 혼이 떨려서 도저히 기어오를 수 없을 정도이니, 내가 서골암(棲鶻巖)이라 이름 지었다. 나루의 물은 강릉부 오대산에서 발원하여 산골을 굽이굽이 돌아 서쪽으로 멀리 5, 6백 리를 흘러왔으니, 비록 가벼운 배라도 그 원류를 끝까지 찾아내지 못할 것이다. 되돌아 물길을 따라 내려오다가 하진 못 미쳐서 한 시내가 남쪽으로부터 들어오니 옛 이름은 남천(南川)이다. 남천의 왼쪽 언덕에 누각이 나는 듯이 서 있는데 날이 이미 어두워져서 오르지 못하고 마침내 군의 객관에 투숙하였다.

다음 날 군수 황린(黃璘)[90]이 누에 오르기를 청하므로, 드디어 함께 난간을 붙잡고 올라가 바라보니, 고갯마루의 구름이 상악산(上嶽山)에 연하여 있고, 가을빛이 금수산(錦繡山)을 덮고 있었다. 그리고 층층이 쌓인 첩첩 산봉우리가 한 누각을 에워싸고 있는데, 남천 물이 난간 밑에 콸콸 흐르고 상진의 물결이 숲속에 요란하게 모여들었다. 어제 말 타고 노 저으며 보던 것이 모두 술잔이나 궤석(几席) 사이에 들어와 있었다.

벽 사이를 보니, 비해당(匪懈堂)[91]이 편액에 쓴 '이요루'라는 커다란

90 황린(黃璘) : 1491년(성종22) 2월 단양 군수로 부임하였다. 《成宗實錄 22年 2月 21日》

91 비해당(匪懈堂) : 세종의 셋째 아들인 안평대군(安平大君) 이용(李瑢)의 호이다.

세 글자가 있는데, 명월주(明月珠)와 야광벽(夜光璧)처럼 찬란하게 빛나서 그 광채를 범접할 수가 없었다. 내가 마음이 흡족하고 즐거워서 황군수를 돌아보며 말하기를 '오직 인자(仁者)라야 산을 좋아할 수 있고, 오직 지자(智者)라야 물을 좋아할 수 있습니다. 여기에 미치지 못하고 한갓 마음만 산수에 달려가면 스스로 속이는 일에 가깝지 않겠습니까. 대체 사람으로서 인(仁)과 지(智)의 천성을 갖추지 못한 이는 없겠지마는, 인과 지의 단서를 충실히 하는 이는 드뭅니다. 인과 지를 충실히 하는 것은 내 분수 밖의 일이 아닙니다. 산의 고요함을 체득하여 옮겨 가지 않고 물의 흐름을 체득하여 막힘이 없게 하여 한마음의 덕(德)을 편안히 하고 만물의 변화를 두루 살핀다면, 인과 지가 충실해져서 산과 물이 두 가지를 참으로 좋아함을 내가 겸비하게 될 것입니다. 후(侯 황 군수)는 타고난 성품이 안온하고 조용한 데다 또한 이치에 통달하였습니다. 어버이 봉양을 위해 이 고을을 맡았으니, 이는 이미 어버이에게 인(仁)을 하여 그 효(孝)의 도로 백성을 가르쳐서 한 지역을 다스리는 것입니다. 얼마 되지 않는 백성을 부리며 척박한 토지에서 세금을 거두되 그 조치를 알맞게 하여, 장부 문서를 잘 따라 부세(賦稅)를 지공(支供)하였습니다. 또 남은 힘을 누대(樓臺)에까지 써서 무너지고 낡은 것만 수리하고 옛것을 그대로 두었으니,[92] 후의 인과 지를 또한 볼 수 있습니다. 후가 여기에서 미루어 한층 곡진하게 하여 그 학문이 이치의 유행하

92 옛것을 그대로 두었으니 : 《논어》 〈선진(先進)〉에 "노(魯)나라 사람이 장부(長府)라는 창고를 만들자, 민자건(閔子騫)이 말하기를 '예전대로 그대로 둠이 어떻겠는가? 하필 고쳐지어야 하는가.〔仍舊貫如之何? 何必改作?〕' 하였다."라고 한 데서 온 말로, 백성의 수고도 덜고 비용도 아낄 수 있으므로 어질고 현명한 처사임을 뜻한 것이다.

는 극치에 다다름으로써 일삼는 바가 없음을 행한다면,[93] 높은 산과 흐르는 물이 바로 나의 인·지와 한 몸이 될 것이니, 후는 힘쓰십시오.' 하였다.

만일 술잔을 들고 악기나 타며 이곳에 올라 바라보는 것을 낙으로 삼아 다만 그 은연히 솟은 것은 산이요 묘연히 흐르는 것은 물인 줄만 알아서 그 빼어나고 맑은 것만을 기뻐할 뿐이라면, 또 장차 사 강락(謝康樂)[94]같이 나막신을 만들어 신고 산을 깊이 찾고 맹동야(孟東野)[95]같이 투금뢰(投金瀨)를 찾아 노니느라 공무를 폐기하여 두 가지를 좋아하는 뜻에 도리어 누가 될 것이다. 함께 오른 우리들도 어찌 서로 힘쓰지 않으리오."

○ 본조 김내문(金乃文)[96]의 시에,

93 일삼는……행한다면 : 맹자가 "지혜를 미워하는 것은 천착하기 때문이니, 만일 지혜로운 자가 우 임금이 물을 흘러가게 하듯이 한다면 지혜를 미워하는 일이 없을 것이다. 우 임금이 물을 흘러가게 한 것은 일삼는 바가 없이 자연의 형세에 따른 것이니, 만일 지혜로운 자가 또한 일삼는 바가 없음을 행한다면 지혜가 또한 클 것이다.〔所惡於智者, 爲其鑿也, 如智者若禹之行水也, 則無惡於智矣. 禹之行水也, 行其所無事也, 如智者亦行其所無事, 則智亦大矣.〕" 한 데서 온 말이다.《孟子 離婁下》 천리를 터득하여 모든 일을 순리대로 행하는 경지를 뜻한다.

94 사 강락(謝康樂) : 강락공(康樂公)에 봉해진 남조(南朝) 송(宋)나라 때의 문장가 사영운(謝靈運)을 가리킨다. 산수 유람을 좋아하고 특히 험준한 산을 즐겨 올랐는데, 산에 오를 때는 늘 본인이 특별히 제작한 나막신을 신고 갔다고 한다.《宋書 謝靈運列傳》

95 맹동야(孟東野) : 당(唐)나라 호주(湖州) 사람인 맹교(孟郊)로, 동야는 그의 자이다. 나이 50에 평양현(平陽縣)에 조용(調用)되었는데, 평양현에 투금뢰(投金瀨)라는 못이 있었다. 맹교는 틈만 나면 그곳을 찾아가 물가에 앉아 배회하며 시를 짓느라 관청의 직무를 전폐하였다고 한다.《新唐書 韓愈列傳》

96 김내문(金乃文) : 김내문은 1504년(연산군10) 4월 홍문관 저작으로서 연산군의 생모인 윤씨(尹氏) 즉 제헌왕후(齊獻王后)의 추숭에 대한 일로 청안(淸安)에 유배되었으며, 중종 즉위 후 홍문관, 사헌부, 사간원의 관직을 역임하였다.

고을은 깊디깊어라 푸른 강물이 안고 흐르고	洞府深深抱碧流
협 안에서 다시 보니 높은 누각 우뚝 서 있네	峽中還見起高樓
산봉우리 아스라이 세 섬을 둘러싸고	峯巒縹緲環三島
생학[97]은 어렴풋이 십주[98]로 내려온다	笙鶴依俙下十洲
물이 빠진 시내 굽이에 생선 가게 적고	水落溪灣漁店少
구름 피는 골짝 어귀엔 돌 숲이 그윽하다	雲生谷口石林幽
가을 깊어져 못 떠나는 강남의 나그네	深秋留滯江南客
오늘 아침 다 가도록 옛 수심 푸노라	盡向今朝洗舊愁

하였다.

봉수烽燧

소이산 봉수(所伊山烽燧) 동쪽으로 경상도 풍기군(豐基郡) 죽령(竹嶺)에 응하고, 서쪽으로 청풍군 오현(吾峴)에 응한다.

97 생학(笙鶴) : 신선이 타고 다니는 학을 일컫는다. 주 영왕(周靈王)의 태자(太子) 왕자교(王子喬)가 학을 타고 젓대를 불며 하늘로 올라가 신선이 되었다는 고사에서 나온 말이다. 《列仙傳》 선학(仙鶴)이라고도 한다.

98 십주(十洲) : 바닷속에 선인(仙人)이 산다는 섬으로, 곧 조주(祖洲), 영주(瀛洲), 현주(玄洲), 염주(炎洲), 장주(長洲), 원주(元洲), 유주(流洲), 생주(生洲), 봉린주(鳳麟洲), 취굴주(聚窟洲)를 말한다. 《海內十洲記》

우역郵驛

영천역(靈泉驛) 고을 북쪽 40리에 있다.

장림역(長林驛) 고을 동쪽 10리에 있다. 인조(仁祖) 무인년(1638, 인조16)에 장림역의 땅이 함몰되었다. 처음에는 그 소리가 우레 치는 것처럼 요란하게 땅속에서 나더니, 갑자기 크게 함몰되었다. 살펴보니 마치 커다란 움 같았고 물이 그 안에서 솟구쳐 나왔다. 그 깊이를 끈으로 재어 본 결과 지상에서 수면까지가 5장(丈)이고, 물속은 바닥을 알 수 없이 깊었다. 그 땅을 보니 흙과 돌이 섞여서 백황색(白黃色)을 띠고 있었다.

보통원(普通院) 군 동쪽 2리에 있다.

앵원(鶯院) 군 동쪽 10리에 있다.

용부원(用富院) 군 동쪽 20리에 있다.

장회원(長會院) 군 서쪽 20리에 있다.

유덕원(有德院) 군 서쪽 2리에 있다.

관량關梁

상진나루〔上津渡〕 군 북쪽 13리에 있으니 바로 지금의 나루이다.

사묘祠廟

사직단(社稷壇) 군 서쪽에 있다.

문묘(文廟) 향교에 있다.

성황사(城隍祠) 올산(兀山)에 있다.

여단(厲壇) 군 북쪽에 있다.

죽령사(竹嶺祠) 사전(祀典)에 소사(小祀)로 기록되어 있다. 봄가을로 향축(香祝)을 내려 제사 지낸다.

사찰 寺刹

원당사(原堂寺), 개원사(開原寺), 자복사(資福寺) 모두 금수산(錦繡山)에 있다.

법호사(法護寺) 건지산(乾止山)에 있다.

고적 古蹟

가은암 산성(可隱巖山城) 돌로 쌓았고 둘레가 3018자이다. 지금은 모두 무너지고 떨어져 나갔다. 안에 3개의 샘물이 있었다. 험준하므로 고려 말에 제천(堤川), 청풍(淸風) 및 이 군 사람들이 여기에서 왜적을 피하였다.

매질포(買叱浦) 군 북쪽 25리에 있다. 관사(館舍)가 있다.

명환 名宦

본조

이황(李滉) 명종조(明宗朝)에 단양 군수가 되었다. 청렴하고 신중하게 정사를 하고 자신이 솔선수범하여 성의가 간곡하였으므로 백성들이 스스로 사랑하고 복종하였다. 매양 공무를 마친 여가 때면 구담(龜潭), 도담(島潭) 등지에 가서 소요하며 시간을 보냈는데 초연한 모습이 속세를 벗어날 뜻이 있어 보였다. 그때 머물며 기록하고 읊은 글을 후인이 전하여 보배롭게 여겼다.

황준량(黃俊良) 명종 말기에 단양이 쇠잔하자 군수로 선발되었다. 황준량이 고을에 이르러 사방을 살펴보니 민호가 겨우 약간만 남아 있는데 그마저도 모두 병들고 지쳐서 쓰러질 지경이었다. 이에 쌓인 폐단을 순문(詢問)하여 찾아내고는 개탄하며 말하기를 "관(官)은 백성을 근본으로 삼는데, 이런 폐단이 제거되지 않으면 우리 백성이 살 수가 없으니, 그런즉 어찌 관이라 하겠는가." 하고, 곧장 상소를 올려 사정을 힘껏 설명하였다. 이에 상이 특명을 내려 10년간 세공(稅貢)을 견감하도록 하니, 백성들이 모두 고무되어 흩어져 떠났던 백성들이 사방에서 모여들었다. 학교를 새로 지어 정비하였고,[99] 전대의 현인(賢人)을 사표(師表)로서 표식하였다.[100] 임기가 만료되어 떠나매 사민(士民)들이 추모하였다.

99 학교를……정비하였고 : 《퇴계집》 권48 〈성주 목사 황공 행장(星州牧使黃公行狀)〉에 "향교가 계곡물에 가까워 종종 침수될 염려가 있자, 공이 옮겨서 세울 것을 명하였다. 고을 읍내 동편에 땅을 얻어서 옮겨 세웠는데, 재목이 좋고 시설이 잘 되어 온 고을의 면목이 변모했다."라고 하였다.

100 전대의……표식하였다 : 전대의 현인은 고려 말의 문신 우탁(禹倬)을 말한다. 《퇴계집》 권48 〈성주 목사 황공 행장〉에 "고을의 현인인 좨주(祭酒) 우탁은 경학과 충절이 모두 충분히 세상의 사표가 되므로 문묘 서편에 따로 한 칸 집을 지어서 제사하였다."라고 하였다.

유우流寓

인물人物

고려

이공로(李公老) 명종(明宗) 때 과거에 장원 급제하였다. 문장이 넉넉하고 사륙문(四六文)에 더욱 능하였다. 고종(高宗) 때에 외직으로 나가서 경상도 안찰사(慶尙道按察使)가 되었는데, 명령하면 행해지고 금하면 그쳐서 부내(部內)가 크게 다스려졌다. 우부승선(右副承宣)으로 승진하여, 임금이 의지하여 복심(腹心)으로 삼았다. 죽은 뒤에 집에는 한 섬 곡식도 쌓아 둔 것이 없었다.

우탁(禹倬) 부(父) 우천규(禹天珪)는 향공 진사(鄕貢進士)이다. 우탁은 과거에 등제하여 여러 번 옮겨 감찰규정(監察糾正)이 되었다. 그때에 충선왕(忠宣王)이 안으로 음행이 있으매 우탁이 흰옷을 입고 도끼를 가지고 거적자리를 메고 대궐에 나아가서 직간하였는데, 근신(近臣)이 상소를 펴들고 감히 읽지 못하자 우탁이 큰소리로 말하기를 "경이 근신이 되어 임금의 그릇됨을 바로잡지 못하고 악을 인도하여 이 지경에 이르렀으니, 경이 그 죄를 아는가?" 하였다. 이에 좌우의 신하들이 벌벌 떨고 임금은 부끄러운 기색이 있었다. 뒤에 물러나 예안현(禮安縣)에 살았는데, 충숙왕(忠肅王)이 그 충의를 가상하게 여겨 두 번 불렀으나 나가지 않았다. 우탁은 경서(經書)와 사서(史書)에 통달하고 《주역》에 더욱 조예가 깊어서 점을 치면 맞지 않는 것이 없었다. 정전(程傳)[101]이 처음 들어왔을 때 우리나라에서는 아는 사람이 없었다. 우탁이 문을 닫아걸고 한 달이 넘도록 연구하여 마침내 터득하고서 생도들에게 가르쳐 주니, 이학(理學)이 비로소 행해졌다. 벼슬이 성균관 좨주(成均館祭酒)에 이르렀다.

우인열(禹仁烈) 공민왕조(恭愍王朝)에 여러 벼슬을 거쳐 판선공시사(判繕工寺事)가 되었다. 벼슬이 경상도 상원수(慶尙道上元帥)에 이르러서는 누차 왜를 쳐서 공을 세웠다.

우현보(禹玄寶) 공민왕조에 과거에 급제하여 벼슬이 우시중(右侍中)에 이르고, 단산부원군(丹山府院君)에 봉해지고 뒤에 단양백(丹陽伯)에 봉해졌다. 청렴결백한 것으로 세상에 알려졌다. 충정(忠靖)의 시호를 받았다.

본조

황계옥(黃啓沃) 성종조(成宗朝)에 과거에 급제하고 벼슬이 홍문관 응교에 이르렀으며, 큰 명성이 있었다.

101 정전(程傳) : 송(宋)나라 유학자 정이(程頤)가 《주역》을 해설한 것이다.

괴산군槐山郡

동쪽으로 연풍현(延豐縣) 경계까지 22리이고, 남쪽으로 청안현(淸安縣) 경계까지 38리이고, 서쪽으로 음성현(陰城縣) 경계까지 29리이고, 북쪽으로 충주(忠州) 경계까지 17리이다. 서울과의 거리는 294리이다.

한전旱田

수전水田

건치연혁建置沿革

본래 고구려 잉근내군(仍斤內郡)이다. 신라 경덕왕(景德王) 때에 괴양군(槐壤郡)으로 고치고, 고려 초기에 괴주(槐州)로 고쳤다. 현종(顯宗) 때[102] 충주에 편입시켰다가 뒤에 다시 괴주를 설치하였다. 본조에서 그대로 따르다가 태종(太宗) 때[103] 괴산군으로 고쳤다. 관장하는 면(面)은

102 현종(顯宗) 때 : 1018년(현종9)이다.《新增東國輿地勝覽 卷14 忠淸道 槐山郡》

103 태종(太宗) 때 : 1403년(태종3)이다.《新增東國輿地勝覽 卷14 忠淸道 槐山郡》

8개이고, 관원은 군수(郡守)와 훈도(訓導)이다. 각 1인이다.

군명郡名

괴양(槐壤), 괴주(槐州)

산천山川

금산(錦山) 군 서쪽 2리에 있다. 진산(鎭山)이다.

대원산(大原山) 군 동쪽 1리에 있다. 작은 산이 둥글둥글하다.

원성산(元城山) 군 동쪽 21리에 있다. 일명 빙각산(氷角山)으로, 산세가 울창하고 험준하다. 산 남쪽은 곧 경상도 경계이다.

송명산(松明山) 군 동쪽 12리에 있다.

보광산(普光山) 군 남쪽 26리에 있다. 산 정상에는 작은 우물이 있는데 큰 가뭄에도 마르지 않는다.

남산(南山) 군 남쪽 3리에 있다.

군대산(軍岱山) 군 동쪽 13리에 있다.

봉학산(鳳鶴山) 군 서쪽 25리에 있다. 일명 소마산(小馬山)으로, 보광산과 서로 이어져 있다.

목소산(目所山) 군 북쪽 10리에 있다.

송현(松峴) 군 서쪽 20리에 있다.

모현(茅峴) 군 동쪽 20리에 있다.

굴현(屈峴) 군 남쪽 13리에 있다.

밀암동(蜜巖洞) 군 남쪽 22리에 있다. 암석이 기승(奇勝)하고, 천수(川水)가 청결하며, 지세가 그윽하고 깊숙하여 노닐며 감상할 만한 곳이다.

달수(達水) 수원이 보은현(報恩縣) 속리산(俗離山)에서 발원하여 청주 청천현(青川縣)에서 북쪽으로 흘러 군 동쪽을 지나간다. 괴진(槐津)이라고도 부른다. 물이 그 아래로 흘러가 충주(忠州) 서쪽에 이르러 한강에 들어간다.

남천(南川) 군 남쪽 2리에 있다. 수원이 둘이니, 하나는 굴을현(屈乙峴)에서 나오고, 하나는 송현에서 나온다. 둘이 합류하여 대원산 아래에 이르러 북천(北川)으로 들어간다.

북천(北川) 군 북쪽 1리에 있다. 수원은 군 북쪽 25리 되는 산골에서 나와 대원산 아래를 지나서 남천과 합류하여 달수에 들어간다.

괴탄(槐灘) 군 동쪽 7리에 있으니, 바로 달수 여울로서 건너다니는 곳이다.

순지(蓴池) 군 6리에 있다. 둘레가 200보이며, 순채가 생산된다.

토산土産

옻〔漆〕, **지치**〔紫草〕, **인삼**(人蔘), **꿀**〔蜂蜜〕, **황랍**(黃蠟), **안식향**(安息香), **복령**(茯苓), **작약**(芍藥), **시호**(柴胡), **산무애뱀**〔白花蛇〕, **대추**〔棗〕, **누치**〔訥魚〕

학교學校

향교(鄉校) 군 북쪽 2리에 있다.

고산서원(孤山書院) 군 동쪽 10리에 있다. 인조(仁祖) 때에 고을 사람이 건립하여 이황(李滉)을 향사하였고 노수신(盧守愼), 김제갑(金悌甲), 유근(柳根)을 배향하였다.

궁실 宮室

객관(客館)

향사당(鄕射堂) 객관 남쪽에 있다.

존빈루(尊賓樓) 객관 북쪽에 있다. 군수 안효경(安堯卿)이 중수하였고, 관찰사 이숙감(李叔瑊)이 누(樓)의 편액을 고쳐 읍취(挹翠)라 하였다.

피서정(避暑亭) 객관 서쪽에 있다.

침탄정(枕灘亭) 군 동쪽 6리 괴탄 북쪽 언덕에 있다. 고을 사람 임씨(林氏)의 별서(別墅)로, 강산의 풍경이 뛰어나다.

우역 郵驛

인산역(仁山驛) 군 동북쪽 2리에 있다.

탄제원(灘濟院) 군 동쪽 7리 괴탄 언덕에 있다.

풍정원(楓井院) 군 남쪽 12리에 있다.

북암원(北巖院) 군 북쪽 5리에 있다.

반상원(伴相院) 군 동쪽 7리에 있다.

익철원(嗌哲院) 군 서쪽 34리에 있다.

관량關梁

괴탄교(槐灘橋) 군 동쪽 7리에 있다.

사묘祠廟

사직단(社稷壇) 군 동쪽 2리에 있다.

문묘(文廟) 향교에 있다.

성황사(城隍祠) 군 동쪽 2리에 있다.

여단(厲壇) 군 북쪽에 있다.

능묘陵墓

유근(柳根) 묘 군 북쪽 20리 몽촌리(夢村里)에 있다.

사찰寺刹

의상암(義相庵) 원성산(元城山)에 있다.

성불사(成佛寺) 송명산(松明山)에 있다.

보광사(普光寺) 보광산(普光山)에 있다.

소마사(小馬寺) 봉학산(鳳鶴山)에 있다.

쌍계사(雙溪寺) 원성산에 있다.

고적古蹟

유창(柳倉) 예전에는 세이창(世伊倉)이라 칭하였다. 군 동쪽 21리에 있다. 예전에 공세(貢稅)를 거두던 곳이다.

유우流寓

권우(權遇) 본조에서 성균관 사성을 지냈다. 일찍이 이 지역에서 우거하였으며, 경학(經學)에 정밀하고 박식하였다. 호가 매헌(梅軒)이다.

인물人物

본조

김제갑(金悌甲) 고려 상락공(上洛公) 김방경(金方慶)의 후손이다. 어려서 부모를 여의고 학문에 힘써 과거에 급제하였다. 소경왕조(昭敬王朝 선조)에 누차 승진하여 관찰사에 이르고, 선조(宣祖) 24년(1591)에 원주 목사(原州牧使)가 되었다. 왜구가 대거 이르러 세력이 점점 확산되자 근처 고을 수령들이 모두 도망가 숨었는데, 김제갑만 혼자 움직이지 않고 고을 사람들에게 말하기를 "백성들이 입는 옷이며 먹는 음식이 모두가 임금이 하사한 것이다. 지금 난리를 만난 때에 오직 한번 죽음이 있을 뿐이다." 하고 바로 영원산성(鴒原山城)을 보수하고 민중들을 격려하여 막아 지켰다. 힘이 다해 성이 함락되자 왜적을 꾸짖으며 굴복하지 않고 죽었다. 아들 김시백(金時伯)이 말하기를 "아버지가 돌아가셨으니 떠날 수 없다." 하고 끝까지 부친 시체 옆에서 떠나지 않았는데, 그 역시 왜구에게 살해되었다. 아들 김시헌(金時獻)은 과거에 급제하고 관직이 판서에 이르렀다.

유근(柳根) 박학하고 문장을 잘 지었다. 소경왕조에 과거에 급제하고 누차 대각(臺閣)의 관직을 역임하였으며, 관직이 예조 판서와 양관 대제학에 이르렀다. 왜구의 변란 때 임금을 호종하여 서쪽 변방에 간 공으로 녹훈(錄勳)되어 진원부원군(晉原府院君)에 봉해졌다.

김시양(金時讓) 김제갑의 아우인 김인갑(金仁甲)의 아들이다. 소경왕조에 과거에 급제하여 누차 대각의 관직을 역임하였다. 인조조에 관직이 병조 판서에 이르고 외직으로 나가 도원수가 되었다. 관직에 있을 때 청렴하고 간소하였으며 당시 장수(將帥)의 재질이 있다고 일컬어졌다.

연풍현延豐縣

동쪽으로 경상도 문경현(聞慶縣) 경계까지 11리이고, 남쪽으로 같은 현 경계까지 13리이고, 서쪽으로 괴산군(槐山郡) 경계까지 33리이고, 북쪽으로 충주(忠州) 경계까지 50리이다. 서울과의 거리는 362리이다.

한전旱田

수전水田

건치연혁建置沿革

본래 고구려 상모현(上芼縣)이다. 고려 현종(顯宗) 때 장연(長延)으로 이름을 고쳤다가, 이윽고 충주에 편입되었다. 본조 초에 다시 현을 두고 장풍(長豐)을 병합하여 연풍현으로 삼았다. 세종(世宗) 11년(1429)에 충주의 동촌(東村)을 떼어 보태 주고, 성종(成宗) 7년(1476)에 또 충주의 수회촌(水回村)을 떼어 보태 주었다. **관장하는 면은 □개이고, 관원은 현감과 훈도이다.** 각 1인이다.

군명郡名

장연(長延)

산천山川

주정산(周井山) 현 북쪽 38리에 있다.

조령(鳥嶺) 일명 초재(草岾)라고 한다. 현 동북쪽 15리 경상도 문경현 경계에 있는데, 웅대하게 수백 리를 뻗쳐 남북의 경계를 가른다.

계립령(鷄立嶺) 민간에서 마골재(麻骨岾)라고 한다. 현 북쪽 43리에 있다. 고구려의 온달(溫達)이 이르기를 "계립현(鷄立峴)과 죽령(竹嶺) 서쪽이 우리에게 귀속되지 않으면 나도 돌아오지 않겠다." 한 곳이 이 땅이다.

이화현(伊火峴) 현 동쪽 7리 문경현 경계에 있다.

희양산(曦陽山) 현 동남쪽 20리에 있다. 문경현에도 보인다.

공정산(公正山) 현 동쪽 5리에 있다.

박달산(朴達山) 현 서북쪽 34리에 있다.

정자산(亭子山) 장풍현(長豐縣)에 있다.

경항산(景項山) 현 동북쪽 20리에 있다.

마본산(馬本山) 현 서쪽 22리에 있다.

만수산(萬壽山) 현 동북쪽 35리에 있다.

장항산(場項山) 현 북쪽 17리에 있다.

송현(松峴) 현 서북쪽 20리에 있다.

우재(牛岾) 현 북쪽 10리에 있다.

이화천(伊火川) 현 서쪽 5리에 있다. 수원이 둘인데, 하나는 이화현에서 나오고, 하나는 조령에서 나온다. 두 물이 합류하여 괴산군 달천수(達川水)로 들어간다.

온정(溫井) 현 북쪽 30리 안부역(安富驛) 서쪽에 있다.

토산土産

송이버섯〔松蕈〕, 석이버섯〔石蕈〕, 당귀(當歸), 잣〔海松子〕, 꿀〔蜂蜜〕, 황랍(黃蠟)

학교學校

향교(鄕校) 현 동쪽 1리에 있다.

궁실宮室

객관(客館)

향사당(鄕射堂)

우역郵驛

안부역(安富驛) 현 북쪽 18리에 있다.

신풍역(新豐驛) 현 북쪽 9리에 있다.

신혜원(新惠院) 현 북쪽 20리에 있다.

온정원(溫井院) 온정(溫井) 옆에 있다.

연경원(延慶院) 현 서쪽 2리에 있다.

봉수烽燧

마골재 봉수(麻骨岾烽燧) 동쪽으로 문경현 탄항산(炭項山)에 응하고, 서쪽으로 주정산(周井山)에 응한다.

주정산 봉수(周井山烽燧) 북쪽으로 충주 대림산(大林山)에 응하고, 동쪽으로 마골재에 응한다.

관량關梁

조령관(鳥嶺關) 조령 위에 있다. 옛날에 관을 설치하여 방수(防戍)하였는데, 지금 성문 기지(基址)가 남아 있다. 바로 영남으로 가는 통로이고 요해지로서 험하기가 백이함관(百二函關)[104]에 비견된다. 경상도 문경현에도 보인다. ○ 만력 임진년(1592, 선조25)에 왜(倭)가 대거 침입하자 선조(宣祖)가 순변사(巡邊使) 신립(申砬)에게 가서 방어하도록 명하였다. 신립이 여기에 이르렀으나 지키지 않고 물러나 충주 달천(達川)에 진을 쳤다. 왜적이 우리 군사가 험지를 지키지 않는 것을 알고 마침내 조령을 넘어 핍박

104 백이함관(百二函關) : 지대가 험고하여 적을 방어하기에 매우 적합한 지역이라는 뜻이다. 《사기(史記)》〈고조본기(高祖本紀)〉에 "진(秦)은 형승의 나라로 산하가 험고하므로 제후국 100만 명이 쳐들어오면 진나라는 2만 명으로 당해 낼 수 있다." 하였다. 함관은 함곡관(函谷關)을 말하는데, 중요한 관문을 통칭한다.

하니, 우리 군사가 왜적에게 패하였다. 다음 해 명나라 총병 유정(劉珽)이 군대를 거느리고 남하하다가 이 영을 지나며 탄식하기를 "이곳은 천험의 요새이니, 신 총병은 무모하였다고 할 만하다." 하였다.

사묘祠廟

사직단(社稷壇) 현 서쪽에 있다.

문묘(文廟) 향교에 있다.

성황사(城隍祠) 현 북쪽 1리에 있다.

여단(厲壇) 현 북쪽에 있다.

사찰寺刹

각연사(覺淵寺) 정자산(亭子山)에 있다.

원통사(元通寺) 장항산(場項山)에 있다.

선정사(禪頂寺) 박달산(朴達山)에 있다.

심곡사(深谷寺) 공정산(公正山)에 있다.

고적古蹟

장풍폐현(長豐廢縣) 현 서쪽 20리에 있다. 고구려 때의 칭호는 미상이다.

고려 현종(顯宗) 때 충주에 편입되었고,[105] 본조 초기에 현에 편입되어 합해졌다.[106]

105 고려……편입되었고 : 1018년(현종9) 연풍현과 함께 충주에 예속되었다. 《新增東國輿地勝覽 卷14 忠淸道 延豐縣》

106 본조……합해졌다 : 1394년(태조3) 연풍현과 합하여 감무(監務)를 두고 장풍현이라 일컬었고, 1403년(태종3) 연풍현으로 개칭되었다. 《新增東國輿地勝覽 卷14 忠淸道 延豐縣》

음성현陰城縣

동쪽으로 충주(忠州) 경계까지 8리이고, 북쪽으로 같은 주 경계까지 25리이고, 남쪽으로 괴산군(槐山郡) 경계까지 18리, 청안현(淸安縣) 경계까지 35리이고, 서쪽으로 진천현(鎭川縣) 경계까지 40리이다. 서울과의 거리는 248리이다.

한전旱田

수전水田

건치연혁建置沿革

본래 고구려 잉홀현(仍忽縣)인데, 신라 경덕왕(景德王) 때에 음성(陰城)으로 이름을 고치고 흑양군(黑壤郡)[107] 영현(領縣)으로 삼았다. 고려 때 충주에 편입시키고 뒤에 다시 음성현(陰城縣)을 설치하였다. 본조에서 그대로 따랐다. 관장하는 면(面)은 3개이고, 관원은 현감과 훈도이다. 각 1인이다.

107 흑양군(黑壤郡) : 진천(鎭川)의 신라 때 이름이다.

군명郡名

잉홀(仍忽)

산천山川

가섭산(迦葉山) 현 북쪽 8리에 있다. 진산(鎭山)이다.

정자산(亭子山) 현 동남쪽 10리에 있다.

품현(品峴) 현 서쪽 10리에 있다.

사장산(沙將山) 현 서북쪽 10리에 있다.

수정산(水精山) 현 동쪽 3리에 있다.

보현산(普賢山) 현 서쪽 19리에 있다.

밀암(蜜巖) 산성 아래에 있다.

웅암(熊巖) 현 서남쪽 10리에 있다.

옥천산(玉川山) 현 남쪽 5리에 있다.

토산土産

대추〔棗〕, 꿀〔蜂蜜〕, 황랍(黃蠟), 송이버섯〔松蕈〕

학교學校

향교(鄕校) 현 동쪽 1리에 있다.

궁실宮室

객관(客館)

봉수烽燧

가섭산 봉수(迦葉山烽燧) 동쪽으로 충주 마산(馬山)에 응하고, 북쪽으로 충주 망이산(望爾山)에 응한다.

우역郵驛

감원역(坎原驛) 현 서쪽 1리에 있다.

양혜원(楊惠院) 현 남쪽 9리에 있다.

장신원(長信院) 현 서쪽 19리에 있다.

사묘祠廟

사직단(社稷壇) 현 서쪽에 있다.

문묘(文廟) 향교에 있다.

성황사(城隍祠) 현 동쪽 2리에 있다.

여단(厲壇) 현 북쪽에 있다.

사찰寺刹

서가섭사(西迦葉寺), 상봉악사(上鳳嶽寺) 모두 가섭산(迦葉山)에 있다.

성주사(聖住寺) 보현산(普賢山)에 있다.

고적古蹟

옛 산성〔古山城〕 수정산(水精山) 위에 있다. 돌로 쌓았고, 둘레가 1271자이다. 안에 우물이 하나 있었다. 지금은 없어졌다. 성 남쪽에 옛 읍의 유지(遺址)가 있는데 관평(官坪)이라 부른다.

유우流寓

이자(李耔) 본조 공희왕(恭僖王 중종) 때 관직이 우참찬에 이르렀다. 기묘사화(己卯士禍) 뒤에 음성에 우거하여 자호를 음애(陰崖)라 하였다. 방 안에 서책만 가득하고 집종도 그 얼굴을 보기 힘들었다. 뒤에 또 옮겨 충주의 토계(兎溪)에 살았는데 정사(精舍)를 지어 몽암(夢菴)이라 이름을 붙였다. 탄수(灘叟) 이연경(李延慶)과 배 타고 서로 방문하여 도의를 강마하면서 여생을 보냈다. 한성부(漢城府)에 자세히 나온다.

인물人物

고려

채정(蔡靖) 처음에는 현리(縣吏)였는데, 학문에 힘써 경서를 통달하였고, 과거에 급제하여 동도(東都 경주)의 서기(書記)를 맡았을 때 청렴한 덕망이 있었다. 임기를 마친 뒤에 국학 학정(國學學正)에 보임되었는데 유생들이 공경하고 어려워하였다. 고종(高宗) 때에 동도와 영주(永州 영천)에 난이 일어나자 안무사(安撫使) 파견에 대해서 의논하였는데, 마땅한 사람을 물색하지 못하다가 동도 사람들이 채정을 못내 그리워한다는 말을 듣고 마침내 채정을 임명하여 유수부사(留守副使)로 삼았다.[108] 채정이 단기(單騎)로 동도에 부임하러 가자 사람들이 그가 온다는 말을 듣고 반측(反側)하던 민심이 다 안정되었다. 추밀원 부사로 치사(致仕)하고, 졸하였다.

본조

박숙진(朴叔蓁) 과거에 급제하고 관직이 사헌부 대사헌에 이르렀다.

108 고종(高宗)……삼았다 : 《동사강목(東史綱目)》 제10상 〈임술년 신종 5년〉 12월 기사에 경주와 영주 지역에 반란이 일어나 토벌군을 보내는 내용과 채정(蔡靖)을 동경 유수부사(東京留守副使)로 임명하는 내용이 실려 있다. 고종 때라는 기록은 오기인 듯하다.

영춘현永春縣

동쪽으로 경상도 풍기군(豐基郡) 경계까지 36리이고, 남쪽으로 단양군(丹陽郡) 경계까지 58리이고, 서쪽으로 제천현(堤川縣) 경계까지 55리이고, 북쪽으로 강원도 영월군(寧越郡) 경계까지 21리이다. 서울과의 거리는 464리이다.

한전旱田

수전水田

건치연혁建置沿革

본래 고구려의 을아단현(乙阿旦縣)이다. 신라 경덕왕(景德王) 때에 자춘(子春)으로 고치고 내성군(奈城郡) 영현(領縣)으로 삼았다. 고려 때에 영춘현(永春縣)으로 고쳐 그대로 원주(原州)에 편입시켰다. 본조 공정왕(恭靖王 정종) 1년(1399)에 다시 영춘현을 설치하고 옮겨서 본도에 예속시켰다. 관장하는 면은 □개이고, 관원은 현감과 훈도이다. 각 1인이다.

군명郡名

아단(阿旦), 자춘(子春)

산천山川

북우이산(北于爾山) 현 동쪽 1리에 있다.

성산(城山) 현 남쪽 3리에 있다. 진산(鎭山)이다. 아래에 석굴이 있어 높이가 1장(丈) 남짓이고, 너비가 10여 자쯤 되며, 깊숙이 들어가서 끝이 없다. 동굴 벽에서 물이 콸콸 흘러나와 깊이가 무릎을 넘는데, 맑고 차갑기가 얼음과 같다. 고을 사람이 횃불 10자루를 가지고 들어갔는데, 굴이 아직 끝나기 전에 횃불이 다 되어 돌아왔다.

소백산(小白山) 현 동남쪽 40리에 있다. 경상도 풍기군에도 보인다.

화산(華山) 현 서쪽 3리에 있다.

어라산(於羅山) 현 서쪽 58리에 있다.

가라산(加羅山) 현 서쪽 33리에 있다.

삼타산(三朶山) 현 서쪽 38리 제천현 경계에 있다.

백아곡산(白阿谷山) 현 남쪽 30리에 있다.

병북산(兵北山) 현 동쪽 7리에 있다.

별퇴산(別退山) 현 동쪽 15리에 있다.

성동산(城洞山) 현 남쪽 7리에 있다.

적고지산(笛古之山) 현 남쪽 3리에 있다.

비마라산(毗摩羅山) 현 서쪽 8리에 있다. 아래에 큰 강이 있고 낭떠러지를 따라 석벽을 파서 길을 냈으니, 길이 매우 위험하다.

중현(重峴) 현 서쪽 45리 제천현 경계에 있다.

적현(赤峴) 현 서쪽 25리에 있다.

마아현(馬兒峴) 현 동쪽 30리 경상도 영천군(榮川郡) 경계에 있다.

가문현(迦文峴) 현 서남쪽 48리 단양군 경계에 있다.

한강(漢江) 현 남쪽 2리에 있다. 그 원류는 강릉부(江陵府) 오대산(五臺山)에서 나와 정선(旌善)과 영월을 지나 현 경계로 들어오고, 북쪽에서 또 단양(丹陽)과 청풍(淸風)을 지나 충주(忠州) 경계로 들어간다.

눌어탄(訥魚灘) 현 북쪽 2리에 있으니, 바로 한강탄(漢江灘)이다.

토산土産

백옥(白玉), 현 서쪽 우구리산(牛仇里山) 및 창전산(昌田山), 사현산(沙峴山) 등지에서 생산된다. 석종유(石鍾乳), 현 남쪽 3리 암반 사이에서 난다. 영양각(羚羊角), 대추〔棗〕, 잣〔海松子〕, 석이버섯〔石蕈〕, 지치〔紫草〕, 인삼(人蔘), 복령(茯苓), 시호(柴胡), 안식향(安息香), 황양(黃楊), 꿀〔蜂蜜〕, 황랍(黃蠟)

학교學校

향교(鄕校) 현 북쪽 2리에 있다.

궁실宮室

객관(客館)

온진정(蘊眞亭) 객관 북쪽에 있다.

우역郵驛

오사역(吾賜驛) 현 북쪽 48리에 있다.

사원(斜院) 현 서쪽 48리에 있다.

의통원(義通院) 현 서쪽 51리에 있다.

덕통원(德通院) 현 남쪽 54리에 있다.

사묘祠廟

사직단(社稷壇) 현 서쪽에 있다.

문묘(文廟) 향교에 있다.

성황사(城隍祠) 성산(城山)에 있다.

여단(厲壇) 현 북쪽에 있다.

고적古蹟

어상천고현(於上川古縣) 현 서쪽 37리에 있으며, 관우(館宇)와 군창(軍倉)이 있다.

입석부곡(立石部曲) 현 북쪽 45리에 있으며, 지금은 가개전촌(駕介田村)이라 칭한다.

소치곡부곡(所恥谷部曲) 현 서쪽 56리에 있으며, 지금은 수출지촌(水出只村)이라 칭한다.

성산고성(城山古城) 돌로 쌓았고, 둘레가 1523자이다. 안에 우물이 하나 있었다. 지금은 절반이 허물어졌다.

제천현堤川縣

동쪽으로 강원도 영월군(寧越郡) 경계까지 17리, 영춘현(永春縣) 경계까지 18리이고, 남쪽으로 청풍군(淸風郡) 경계까지 20리, 단양군(丹陽郡) 경계까지 20리이고, 서쪽으로 충주(忠州) 경계까지 43리이고, 북쪽으로 강원도 원주(原州) 경계까지 36리이다. 서울과의 거리는 391리이다.

한전旱田

수전水田

건치연혁建置沿革

본래 고구려 내토군(奈吐郡)인데, 신라 경덕왕(景德王) 때에 내제군(奈堤郡)으로 고쳤다. 고려 초에 제주(堤州)로 삼았다가 현종(顯宗) 때[109] 원주에 편입시켰다. 예종(睿宗) 초기에 다시 제주를 설치하였다. 본조 태종(太宗) 13년(1413)에 제천현으로 고쳤다. 관장하는 면은 8개이고,

109 현종(顯宗) 때 : 1018년(현종9)이다.《新增東國輿地勝覽 卷14 忠淸道 堤川縣》

관원은 현감과 훈도이다. 각 1인이다.

군명郡名

내제(奈堤), 제주(堤州) 별호는 의천(義川)이다.

형승形勝

물과 산이 중첩되어 있다. 신개(申槩)의 시에 "갈수록 물은 겹겹이요 산도 거듭되는데, 약간의 민가는 그림 속이로다.〔行行水複又山重 多少民居圖畫中〕" 하였다.

풍속風俗

땅은 궁벽하고 백성들은 소박하다. 권근(權近)의 〈향교기(鄕校記)〉

산천山川

용두산(龍頭山) 현 북쪽 12리에 있다. 진산(鎭山)이다.

대덕산(大德山) 현 북쪽 21리에 있다.

박달산(朴達山) 현 서쪽 35리에 있다.

감암산(紺巖山) 현 북쪽 40리에 있다.

부곡산(釜谷山) 현 동쪽 12리 영춘현 경계에 있다.

주유산(舟遊山) 현 서쪽 15리에 있다.

두모곡산(豆毛谷山) 현 서쪽 15리에 있다. 주유산과 서로 마주 보고 있다.

각흘산(角屹山) 혹 가질문산(加叱文山)이라고도 한다. 현 서쪽 61리 강원도 원주 경계에 있다.

호명산(虎鳴山) 현 동남쪽 17리에 있다.

말응달산(末應達山) 현 남쪽 10리에 있다.

벌을산(伐乙山) 현 동쪽 2리에 있다.

제비랑산(齊非郎山) 현 서쪽 15리에 있다.

광탄천(廣灘川) 현 서쪽 21리에 있다. 수원이 원주 치악산(雉嶽山)에서 나와서 남쪽으로 흘러 청풍군 경계에 이르고 한강(漢江)으로 들어간다.

사계(沙溪) 현 남쪽 5리에 있다. 부곡산에서 나와서 또 서쪽으로 흘러 광탄천으로 들어간다.

둔지천(屯池川) 현 서쪽 43리에 있다. 각흘산에서 나와서 남쪽으로 흘러 청풍군 경계에 이르고 한강으로 들어간다.

의림지(義林池) 현 북쪽 10리에 있다. 그 깊이를 헤아릴 수 없고, 관개(灌漑)하는 지역이 대단히 넓다.

토산土産

철(鐵), 현 북쪽 미현(未峴)에서 난다. 대추〔棗〕, 꿀〔蜂蜜〕, 황랍(黃蠟), 송이버섯〔松蕈〕, 지치〔紫草〕, 영양각(羚羊角), 안식향(安息香), 복령(茯苓), 당귀(當歸), 방풍(防風), 시호(柴胡), 순채〔蓴〕, 의림지(義林池)에서 난다. 산무애뱀〔白花蛇〕

학교學校

향교(鄕校) 현 동쪽 2리에 있다.

궁실宮室

객관(客館)

치헌(癡軒) 객관 서쪽에 있다. 김일손(金馹孫)이 이름을 지었다.

우역郵驛

천남역(泉南驛) 현 서쪽 6리에 있다.

보통원(寶通院) 현내(縣內)에 있다.

유원(楡院) 현 동쪽 15리에 있다.

박달원(朴達院) 박달현(朴達峴) 아래에 있다.

황간원(黃澗院) 현 서북쪽 27리에 있다.

둔지원(屯池院) 현 서쪽 42리에 있다.

사묘祠廟

사직단(社稷壇) 현 서쪽에 있다.

문묘(文廟) 향교에 있다.

성황사(城隍祠) 용두산(龍頭山)에 있다.

여단(厲壇) 현 북쪽에 있다.

사찰寺刹

소악사(小嶽寺) 대덕산(大德山)에 있다.

공전사(公田寺) 박달산(朴達山)에 있다.

의암사(義巖寺) 대덕산(大德山)에 있다.

감암사(紺巖寺) 감암산에 있다.

고적古蹟

의천루(義泉樓) 예전에는 객관 동쪽에 있었다.

청주목清州牧

동쪽으로 청안현(清安縣) 경계까지 42리, 같은 현 시화역(時化驛) 경계까지 44리이고, 남쪽으로 문의현(文義縣) 경계까지 20리, 회인현(懷仁縣) 경계까지 24리, 보은현(報恩縣) 경계까지 22리이고, 서쪽으로 전의현(全義縣) 경계까지 54리, 목천현(木川縣) 경계까지 55리, 연기현(燕岐縣) 경계까지 38리이고, 북쪽으로 진천현(鎭川縣) 경계까지 32리이다. 서울과의 거리는 292리[110]이다.

한전旱田

수전水田

건치연혁建置沿革

본래 백제의 상당현(上黨縣)이다. 일명 낭비성(娘臂城)이라고 하고, 일명 낭자곡(娘子谷)이라고 한다. 신라 신문왕(神文王) 때[111]에 처음 서원소경

110 292리 : 《신증동국여지승람》 권15 〈충청도 청주목〉에는 '293리'로 되어 있다.
111 신라 신문왕(神文王) 때 : 685년(신문왕5)이다. 《新增東國輿地勝覽 卷15 忠清道 清州牧》

(西原小京)을 설치하였고, 경덕왕(景德王) 때에 서원경(西原京)으로 승격하였다. 고려 태조(太祖) 23년(940)에 청주(淸州)로 고치고, 성종(成宗) 2년(983)에 목(牧)을 설치하고, 이윽고 주(州)에 전절군(全節軍)을 설치하였다.[112] 현종(顯宗) 때에 군(軍)을 폐지하고 다시 청주목으로 삼았다.[113] 본조에서 그대로 따르다가 혜장왕(惠莊王 세조) 때에 진(鎭)을 설치하고, 광해군(光海君) 때에 서원현(西原縣)으로 강등시켰다가 이윽고 다시 청주로 삼았다. 관장하는 면은 25개이고, 진관(鎭管)은 군(郡) 2개, 천안(天安), 옥천(沃川) 현 10개이다. 직산(稷山), 목천(木川), 문의(文義), 회인(懷仁), 청안(淸安), 진천(鎭川), 보은(報恩), 영동(永同), 황간(黃澗), 청산(靑山) 관원은 목사, 판관, 교수이다. 각 1인이다.

군명郡名

상당(上黨), 서원(西原), 청주(靑州)

형승形勝

상당산(上黨山)이 동쪽에서 웅장하게 솟아 있고, 작수(鵲水)가 서쪽에서 감돌아 흐르며, 사람과 물산이 집결하는 동남 고을이다. 고려 이숭

112 주(州)에 전절군(全節軍)을 설치하였다 : 995년(성종14)에 설치하였다.《高麗史 卷56 地理志1》《世宗實錄 卷149 地理志 忠淸道 淸州牧》

113 현종(顯宗)……삼았다 : 1012년(현종3) 전절군을 폐지하고, 1018년 목(牧)을 설치하였다.《新增東國輿地勝覽 卷15 忠淸道 淸州牧》

인(李崇仁)의 서(序)[114]에 "청주는 실로 사람과 물산이 집결하는 동남 고을로, 땅이 넓고 백성이 많으며 일이 번잡하다." 하였다.

지대가 평평하고 물이 맑다. 주기(州記)에 "청주는 고을이 평탄한 곳에 자리 잡고 있으며, 그 동쪽은 상당산이 우뚝 치솟고 서남쪽으로 문의(文義)와 연기(燕岐)의 여러 산이 빙 둘러 감고 있다. 지대가 평평하고 물이 맑으며, 경계가 이어지고 땅이 넓다." 하였다.

평야가 남쪽으로 연이어 있고 두 내가 북쪽에서 만난다. 정이오(鄭以吾)의 시[115]

풍속風俗

호걸(豪傑)이 많다. 고려 태조가 말하기를 "청주는 토지가 비옥하고 풍요로워서 호걸이 많다." 하였다.

선비들은 경서(經書)와 사서(史書)를 익히고 백성들은 농사와 잠상(蠶桑)에 힘쓴다.

114 이숭인(李崇仁)의 서(序) : 〈청주목으로 부임하는 이모지를 전송하는 시의 서문〔送李慕之赴清州牧詩序〕〉이다. 《陶隱集 卷4》

115 정이오(鄭以吾)의 시 : 《교은집(郊隱集)》 권상 〈청주의 형승〔清州形勝〕〉에 "큰 들판이 남쪽으로 문의군까지 이어져 가고, 두 내가 서쪽으로 금강으로 흘러 들어간다.〔大野南連文郡去, 二川西入錦江流.〕"라고 하였다.

산천山川

당선산(唐羨山) 주(州) 동쪽 1리에 있다. 진산(鎭山)이다. 토성(土城) 터가 있다.

낙가산(洛迦山) 주 동쪽 7리에 있다.

선도산(仙到山) 주 동쪽 20리에 있다.

검단산(儉丹山) 청천현(淸川縣)에 있다. 주와의 거리는 동쪽으로 64리이다. 백제의 승(僧) 검단(儉丹)이 살던 곳이므로 그렇게 이름이 붙여졌다.

저산(猪山) 주 서쪽 30리에 있다.

용자산(龍子山) 주 서쪽 36리에 있다. 전의현(全義縣)에도 보인다.

미륵산(彌勒山) 청천현에 있다.

구라산(謳羅山) 주 동쪽 41리에 있다.

상령산(上嶺山) 주 동쪽 15리에 있다.

기곡산(箕谷山) 청천현에 있다.

파곶산(葩串山) 청천현에 있다.

불야동(不夜洞) 파곶산 아래에 있다. 깊은 골짜기가 맑고 상쾌하며 반석이 편평하게 펼쳐져 있는데, 깨끗하고 희기가 옥 같다. 긴 내가 그 위로 흐르는데 마치 펼쳐진 비단 위에 옥구슬이 굴러가는 것 같아서 정경(情景)이 매우 기이하며 밤에도 대낮처럼 환하고 명랑하다. ○ 본조 정경세(鄭經世)의 시[116]에,

한 줄기 은하수가 인간 세상 내려와서	天潢一派下人寰
구름 속 몇 첩 산을 주름 지워 쪼개었나	襞破雲中幾疊山

116 정경세(鄭經世)의 시 : 〈파곶에서 노닐다(遊巴串)〉이다. 《愚伏集 卷2》

산 뼈대는 도리어 은빛 바다 이루었고　　山骨却成銀海窟
물빛은 상제 베틀의 하얀 비단 펼친 듯　　水光仍展帝機紈
긴긴 시간 환히 빛나 하늘에는 밤이 없고　　長時晃朗天無夜
만고토록 울퉁불퉁 땅은 아니 깎이었네　　萬古盤陀地不刓
어찌하면 태계[117]를 이 돌과 같이 하여　　安得泰階如此石
화서국[118] 침상 위에 삼한 올려놓으려나　　華胥枕上奠三韓

하였다.

작천(鵲川) 청안현(淸安縣) 경계에서 남쪽으로 흘러 주 북쪽 20리에 이르러 오근탄(吳根灘)이 되고 주 서쪽 35리에 이르러 진목탄(眞木灘)이 된다. 또 남쪽으로 흘러 전의현 동진(東津)을 지나 공주(公州) 경계에 이르러 금강(錦江)에 들어간다.

청천(青川) 청천현(青川縣)에 있다. 그 원류가 셋이 있는데, 하나는 보은현(報恩縣) 속리산(俗離山)에서 나오고, 하나는 청안현 좌구산(坐龜山)에서 나오고, 하나는 같은 현의 구자은현(仇自隱峴)에서 나와 합류하여 하나가 된다. 그 물이 맑고 깨끗하므로 그렇게 이름이 붙여졌고, 현 이름을 청천현이라고 한 것도 이 때문이다. 북쪽으로 흘러 괴산군(槐山郡)을 경유하여 달수(達水)가 된다.

117 태계(泰階) : 성좌(星座)의 이름으로 삼태(三台)를 말한다. 삼태는 상태(上台), 중태(中台), 하태(下台)인데, 이 별들이 위치를 잃지 않고 평평하게 되면 음양(陰陽)이 조화롭고 풍우(風雨)가 제때에 내려 천하가 태평해진다고 한다.

118 화서국(華胥國) : 전설에 나오는 이상국(理想國)으로, 엄주(弇州)의 서쪽, 태주(台州)의 북쪽에 있다는 나라이다. 이 나라에는 군장(君長)이 없이 저절로 다스려지며 요절하여 일찍 죽는 사람도 없으며 다른 사람을 미워하는 일도 없는데, 일찍이 황제(黃帝)가 꿈속에서 여기에 갔다고 한다.《列子 黃帝》

대교천(大橋川) 주의 적현(赤峴)에서 발원하여 주 남쪽 1리에 이르러 성을 빙 두른 다음 북쪽으로 흘러 작천에 들어간다.

초천(椒泉) 주 동쪽 39리에 있다. 그 맛이 후추 같으면서 차고, 그 물에 목욕을 하면 병이 낫는다. 우리 세종과 세조가 일찍이 이곳에 행차하였다.

토산土産

청옥(青玉), 구라산(謳羅山)에서 난다. **청옥석**(青玉石), 주 동쪽 20리 소음리(召音里)에서 난다. **석회**(石灰), **녹반**(綠礬), 청천현 반석천(磻石遷)에서 난다. **주옥**(朱玉), 주안향(周岸鄕)의 소흘곶리(所訖串里)에서 난다. **자기**(磁器), **도기**(陶器), **꿀**〔蜂蜜〕, **황랍**(黃蠟), **송이버섯**〔松蕈〕, **석이버섯**〔石蕈〕, **지치**〔紫草〕, **인삼**(人蔘), **복령**(茯苓), **안식향**(安息香), **지황**(地黃), **황련**(黃連), **산무애뱀**〔白花蛇〕, **쏘가리**〔錦鱗魚〕

성곽城郭

주성(州城) 돌로 쌓았고, 둘레가 3648자이다. 네 개의 문을 세웠으니, 동문은 □□이고, 남문은 □□이고, 서문은 □□이고, 북문은 □□이다. 성안에 우물이 13개 있다.

공서公署

병마절도사영(兵馬節度使營) 주성 안에 있다. 효종 4년(1653)에 보령(保

寧)에서 이곳으로 옮겼다.

율봉도찰방사(栗峯道察訪司) 주 북쪽 7리에 있다. 율봉(栗峯), 장양(長楊), 태랑(台郎), 쌍수(雙樹), 저산(猪山), 시화(時化), 덕역(德驛), 증약(增若), 가화(嘉和), 토파(土坡), 순양(順陽), 화인(化仁), 회동(會同), 신흥(新興), 원암(元巖), 함림(含林), 전민(田民) 17개 역을 관할한다. ○ 찰방(察訪) 1인이 있다.

학교學校

향교(鄕校) 주 동쪽 2리에 있다. 정통(正統) 갑자년(1444, 세종26) 봄에 우리 장헌왕(莊憲王 세종)이 초수(椒水)에 행차하면서 서적을 하사하였다.

유정서원(有定書院) 주 동남쪽 15리에 있다. 사당을 세워 경연(慶延), 김정(金淨), 송인수(宋麟壽)를 향사하였고, 선조조(宣祖朝)에 사액(賜額)하였다.

궁실宮室

객관(客館)

향사당(鄕射堂) 성안 북쪽에 있다.

공북루(拱北樓) 주 북쪽 3리에 있다. 고려 공민왕(恭愍王)이 남쪽으로 행차하여 안동(安東)으로부터 돌아오다가 청주에 가서 머물렀다. 임인년(1362, 공민왕11) 9월에 청주 교외에서 하정표(賀正表)에 절하고[119] 이어 공북루에

119 하정표(賀正表)에 절하고 : 상국(上國)에 신정(新正)을 축하하는 표문(表文)을 지어 사

나아가 권한공(權漢功)[120]이 남긴 시를 보고, 군신들에게 그 시에 차운하도록 명하였다. 이에 화운하여 올린 경대부가 수백 인이었다.[121] 지금은 누각이 허물어졌는데 아직 재건되지 않았다. ○ 고려 권한공의 시에,

공북루를 새로 지은 것은	拱北樓新構
경신년[122] 시월 초순인데	庚申十月初
시는 권 찬선[123]이 처음 지었고	詩從權贊善
세운 것은 윤 상서[124]의 공이다	功自尹尙書
옛길은 단풍 든 나무 사이로 뻗었고	古道依紅樹
맑은 못에 푸른 하늘 거꾸로 비치네	靑池倒碧虛
뉘엿뉘엿 해 저물어 가니	留連日將暮
산빛이 나의 시름을 자아내누나	山色正愁予

하였다. ○ 고려 원송수(元松壽)[125]의 시에,

신을 통해 올리는데, 왕이 사신에게 표문을 전할 때 상국에 하는 예로 절을 하였다. 《고려사》 권40 〈공민왕세가〉 11년 8월 기사에 "신유일에 첨의상의 강지연을 원나라에 보내어 신정을 축하케 하고 전리 판서 이서룡은 천추절을 축하케 할 때 북정에 행차하여 표문을 배송하였다.〔辛酉, 遣僉議商議姜之衍如元賀正, 典理判書李瑞龍賀千秋節, 幸北亭拜表.〕"라는 기록이 있다.

120 권한공(權漢功) : 고려 후기의 문신으로 예천부원군(醴泉府院君)에 봉해졌다.

121 고려……인이었다 : 《담암일집(淡庵逸集)》 권1 〈삼가 공북루 응제시에 차운하다〔伏次拱北樓應製詩韻〕〉에 의하면, 1361년(공민왕10) 홍건적의 침입으로 공민왕이 안동으로 몽진했다가 개경이 수복되자 이듬해 환도하였다. 1362년 8월 원암역(元巖驛)에 이르러 시회(詩會)를 열었고, 9월 청주(淸州) 공북루에 올라 현판의 시에 차운하는 행사를 벌였다.

122 경신년(庚申年) : 1320년(충숙왕7)으로 보인다.

123 권 찬선(權贊善) : 권한공 자신을 지칭한다. 권한공은 원나라의 명을 받아 태자좌찬선(太子左贊善)이 되었다.

124 윤 상서(尹尙書) : 윤신걸(尹莘傑)인 듯하나 분명하지 않다. 윤신걸은 충숙왕 때 밀직부사 선부전서(密直副使選部典書)를 지냈다. 전서는 상서의 이칭이다.

125 원송수(元松壽) : 공민왕이 홍건적의 난을 피해 내려갈 때 호종하고, 1363년(공민왕12)

좋은 풍광에 자리한 누각에 올라　絶景登樓處
맑은 때에 왕명으로 글 지어 보네　清辰應製初
오늘의 총애 기쁘게 받으나　喜承今日寵
옛사람 글 이으려니 부끄럽구나　慙繼古人書
길은 남쪽에서 곧게 트이었는데　路豁南來直
산은 북쪽으로 아득하게 보이네　山遙北眺虛
예천은 다니며 즐거움이 많았겠지만[126]　醴泉行樂好
영광과 행운은 나만 한 이 없도다　榮幸莫如予

하였다. ○ 고려 이색(李穡)의 시[127]에,

임금님 수레 맑은 새벽에 움직이니　鑾輿清曉動
문물이 태평할 시초로다　文物太平初
누각 높아 하늘 보기 가깝고　樓迥瞻天近
시를 지어 분부 받들어 올리네　詩成奉勅書
산 빛에 기쁨이 생기고　光山生悅懌
가을 기운에 마음이 담박해지도다　秋氣集沖虛
훗날 남쪽으로 순행하실 때에　他日南巡紀
내가 또한 향 물고 따르리라[128]　含香亦有予

홍건적의 난이 평정된 뒤 호종한 공으로 일등공신에 책봉되었다.

126 예천(醴泉)은……많았겠지만 : 예천은 원운 시의 작자인 예천부원군 권한공을 지칭하는 듯하다. 샘 혹은 지명으로 보면 "예천에서 행락하기 좋으니"로 번역되는데, 예천이 특정한 곳을 지칭한 것인지는 미상이다.

127 이색(李穡)의 시 : 〈삼가 공북루 응제시에 차운하다〔伏次拱北樓應製詩韻〕〉이다. 《淡庵逸集 卷1》

128 향 물고 따르리라 : 향을 문다는 표현은 고대에 상서랑이 임금에게 아뢰고 답할 때 계설

하였다.

망선루(望僊樓) 객관 동쪽에 있다. 옛 이름은 취경(驟景)이다. 세조 7년(1461)에 목사 이백상(李伯常)이 중건하고, 한명회(韓命澮)가 편액을 고쳐 망선(望仙)이라 하였다. 본조 이의무(李宜茂)가 부(賦)를 지었다.[129]

청연당(淸讌堂) 동헌(東軒) 북쪽에 있다.

읍청당(挹淸堂) 남문 밖에 있으니, 바로 무학당(武學堂)이다.

봉수烽燧

거대산 봉수(巨大山烽燧) 주 동쪽 11리에 있다. 남쪽으로 문의현(文義縣) 소이산(所伊山)에 응하고, 북쪽으로 진천현(鎭川縣) 송산(松山)에 응한다.

우역郵驛

율봉역(栗峯驛) 주 북쪽 7리에 있다. 찰방사(察訪司) 본역이다.

쌍수역(雙樹驛) 주 남쪽 16리에 있다.

저산역(猪山驛) 저산(猪山) 아래에 있다.

장명역(長命驛) 주 서쪽 56리에 있으니, 바로 폐기된 장지역(長池驛)이 있던 자리인데, 우리 태조 5년(1396)에 새로 설치하였다.

향(鷄舌香)을 입에 물어 향기로운 냄새가 나도록 한 데서 나온 말이다. 《通典 職官4》 후에는 임금을 가까이에서 모시는 일을 뜻하였다.

129 이의무(李宜茂)가 부(賦)를 지었다 : 〈청주 망선루부(淸州望仙樓賦)〉이다. 《蓮軒雜稿 卷1》

율병원(栗餠院) 주 동쪽 44리에 있다.

판교원(板橋院) 주 동쪽 45리에 있다.

미원(米院) 주 동쪽 38리에 있다.

덕산원(德山院) 주 남쪽 20리에 있다.

정진원(情盡院) 주성(州城) 남쪽 2리에 있다.

포원(蒲院) 주 북쪽 37리에 있다.

북원(北院) 주 북쪽 7리에 있다.

장명원(長命院) 장명역 동쪽 5리에 있다.

금원(金院) 주 북쪽 15리에 있다.

조풍원(調風院) 주 북쪽 40리에 있다.

인제원(仁濟院) 주 남쪽 6리에 있다.

작원(鵲院) 주 서쪽 20리에 있다.

장원(場院) 주 서쪽 39리에 있다.

오근원(吳根院) 주 북쪽 30리, 오근부곡(吳根部曲)에 있었다. 옛 기지(基址)가 남아 있다.

초정원(椒井院) 초천(椒泉) 옆에 있다.

관량關梁

대교(大橋) 바로 정진원의 앞에 있는 다리이다.

신교(新橋) 주 서쪽 1리에 있다.

사묘祠廟

사직단(社稷壇) 주 서쪽에 있다.

문묘(文廟) 향교에 있다.

성황사(城隍祠) 당선산(唐羨山)에 있다.

여단(厲壇) 주 북쪽에 있다.

능묘陵墓

한명회(韓命澮) 묘 주 서쪽 39리에 있다.

김정(金淨) 묘 주 남쪽 60리, 주안향(周岸鄕)에 있다. 김정이 제주(濟州)에 유배 가서 죽었는데 이곳에 반장(返葬)하였다.

송상현(宋象賢) 묘 주 -원문 4, 5자 결락- 가포곡(加布谷)에 있다. 송상현은 소경왕(昭敬王 선조) 때에 동래(東萊)에서 절의를 지키다 죽었는데, 왜적이 표지하여 묻어 주고 그 시신을 운송하도록 허락하였다. 뒤에 집안사람이 상소를 올려 왕명을 받아 적진에 들어가 운구하여 이곳에 반장하였다.

신경진(申景禛) 묘 청천현(淸川縣) 북쪽 대전리(大田里)에 있다.

사찰寺刹

공림사(空林寺) 속리산(俗離山)에 있다.

응천사(應天寺), 동림사(桐林寺) 모두 용자산(龍子山)에 있다.

송천사(松泉寺) 용자산에 있다. 이색(李穡)이 지은 〈나옹진당기(懶翁眞堂記)〉가 있다.

동환희사(東歡喜寺), **보살사**(菩薩寺), **화림사**(化林寺), **영천사**(靈泉寺) 모두 낙가산(洛迦山)에 있다.

안심사(安心寺) 용자산에 있다.

고적古蹟

청천폐현(青川廢縣) 고을 동쪽 60리에 있다. 옛 살매현(薩買縣)이고, 일명 청천(青川)이라고 한다. 고려 때에 청천으로 고치고 이후 청주에 편입되었다. 본조에서 그대로 따랐다.

주안향(周岸鄕) 예전에는 주애(朱崖)라고 하였으며, 주의 동남쪽 60리에 있다. 주 경계를 넘어 문의(文義)·회인(懷仁) 두 현에 들어가서 그 땅에 이른다.

고상당성(古上黨城) 율봉역(栗峯驛) 북쪽 산에 있다. 돌로 쌓았고, 둘레가 7773자이며, 안에 우물이 12개 있었다. 지금은 없어졌다.

부모성(父母城) 주 서쪽 15리에 있다. 돌로 쌓았고, 둘레가 2427자이며, 안에 큰 못이 있었다. 지금은 없어졌다.

산성(山城) 주 동쪽 2리에 있다. 흙으로 쌓았고, 둘레가 5022자이며, 안에 우물이 4개 있었다. 지금은 없어졌다.

저산성(猪山城) 돌로 쌓았고, 둘레가 545자이며, 안에 우물이 하나 있었다. 지금은 없어졌다.

미륵산성(彌勒山城) 돌로 쌓았고, 둘레가 5779자이며, 안에 우물이 2개 있었다. 지금은 없어졌다.

구라산성(謳羅山城) 돌로 쌓았고, 둘레가 2790자이며, 안에 우물이 2개 있었다. 지금은 없어졌다.

상령산성(上嶺山城) 돌로 쌓았고, 유지(遺址)가 남아 있다. 안에 큰 우물이 있는데 가물 때 비를 빌면 효험이 있다.

오근부곡(吳根部曲) 주 북쪽 30리에 있다.

덕평향(德平鄕) 주 경계를 넘어 전의현(全義縣) 서쪽으로 들어가는데, 본주와의 거리가 서쪽으로 80리이다.

조풍부곡(調風部曲) 주 경계를 넘어 청안현(淸安縣)으로 들어간다.

영모정(永慕亭) 주 북쪽 30리에 있다. 지금은 유지만 남아 있다. ○ 이색(李穡)의 기문[130]에 "청주의 추동(楸洞)에는 곽씨(郭氏)의 밭이 있었다. 곽씨가 밭 가운데 초막을 짓고 살면서 농사를 지어서 손님 접대나 혼례, 상제(喪祭)의 비용을 마련하고 평소 생활하는 데 필요한 비용을 조금 마련할 뿐 넉넉하기를 바라지 않았다. 조정에 벼슬할 때에는 혹 일을 그만두어 황무지로 버려두어 마치 두 번 다시 돌아보지 않을 듯이 하다가 벼슬을 그만두면 처자를 이끌고 와서 경작하면서 독서하고 시를 읊으며 나무꾼, 늙은 농부들과 어울려 담소하여 권세나 이익에 대해서는 아득히 멀리하였다. 곽씨의 대부(大父)인 장원공(壯元公 곽린(郭麟))은 지원(至元) 연간의 인물로 충직하고 문장이 있었다. 원나라 세조황제(世祖皇帝)가 천하를 통일하였는데, 오직 일본(日本)만 조정에 조회하러 오지 않자 마침내 이르기를 '먼 변방의 사람을 덕으로 어루만져 회유(懷柔)하려면[131] 직접 불러 위무하는 것보다 더 좋은 것이 없다. 그러니 고려로 하여금 사신을 급히 보

130 이색(李穡)의 기문 : 〈영모정기(永慕亭記)〉이다. 《牧隱藁 牧隱文藁 卷4》

131 먼……회유(懷柔)하려면 : 《춘추좌씨전》 희공(僖公) 7년 기사에, 관중(管仲)이 제 환공(齊桓公)에게 건의한 말에서 나온다.

내 짐의 뜻을 분명히 유시하라.' 하였다. 이에 고려가 황명을 받들어 사신 보낼 만한 자를 신중히 물색하였는데, 서장관(書狀官)으로 마땅한 사람이 없었다. 사람들이 갖은 계책으로 피하였는데, 유독 장원공만이 가고자 한다는 말을 하였다. 어떤 이가 재상에게 알리자 재상이 크게 기뻐하면서 궐에 들어가 왕에게 고하였다. 이에 장원공을 보내라는 명이 내려졌다. 부옹(婦翁)인 최양(崔諹)이 재상을 찾아가서 왕에게 다시 아뢰게 하고자 하였는데, 장원공이 성을 내며 말하기를 '죽는 것은 한 번인데, 나라를 위해 죽는 것이 처자의 손에서 죽는 것보다 낫지 않겠습니까.' 하였다. 그리고 떠난 뒤에 돌아오지 못하였으므로 임금과 신하들이 슬퍼하고 그에게 관작과 전토를 주었으니, 지금 추동 땅이 이것이다. 그 아들인 정랑공(正郎公 곽지태(郭之泰))은 종신토록 비통해하며 호읍(號泣)하면서 벼슬길에 나아가려 하지 않았는데, 70여 세가 되어도 사모하는 마음은 더욱 깊어만 갔다. 그 손자인 통헌공(通憲公 곽충수(郭忠秀))이 동네에 정자를 세우고 물을 끌어다 연을 심는 등 부친의 뜻을 봉양하기 위해서라면 하지 않는 일이 없었다. 정랑공이 일찍이 말하기를 '어려서 부친을 잃었으니 나의 슬픔을 어찌 말로 할 수 있겠는가. 네가 다행히 벼슬길에 올라 현달하였으니 내 기쁨을 잘 알 것이다. 그런데 나는 탈이 없고 너 또한 내 곁에 있으니, 바로 내 운수가 너만 못한 것이다. 당세에 글 잘 쓰는 자를 찾아뵙고 내가 동쪽을 바라보는 마음을 기록하여 자손에게 보이라.' 하였다. 이에 이름을 '영모'라고 붙이게 되었다." 하였다.

동장(銅檣 구리 돛대) 주성 안 용두사(龍頭寺)에 있었는데, 절은 없어지고 돛대만 남아 있다. 높이가 10여 장이다. 세상에서 전하기를 "처음 주(州)를 설치할 때에 술사(術士)의 말을 써서 이것을 세워 배가 가는 형국을 표시하였다." 하였다.

한란(韓蘭)의 옛집 주 남쪽 10리 방정리(方井里)에 있다. 고려 초에 한란이 집안을 일으키고, 태조를 따라 관직이 태위에 이르렀다. 그 자손이 심히 번성하여 대대로 고관대작이 이어졌으니, 청주의 한씨가 모두 그 후예이다. 고려 말 한수(韓脩)의 시[132]에,

청주의 방정리	淸州方井里
십여 년간 찾지 못했지	不見十年餘
이웃에는 새로운 얼굴 많아지고	隣曲多新面
잡목 우거져 옛집 흔적 없어졌네	芋茨敝古居
밤나무 숲은 요즘 심은 것이고	栗林今所植
소나무만 홀로 처음 그대로이네	松木獨如初

라고 한 것이 이것이다. 그 뒤에 세월이 오래 지나서 그 유지(遺址)를 잃었는데, 본조 소경왕(昭敬王 선조) 때에 후손 한백겸(韓百謙)이 주의 목사가 되자 탐문하여 유지를 찾아서는 단을 쌓고 비를 세웠다. 그리고 근처에 사는 자손으로 하여금 매년 중춘에 함께 모여서 제사를 올림으로써 동종(同宗)의 의리를 도모하고 길이 정식(定式)으로 삼도록 하였다. 그 아우인 부원군 한준겸(韓浚謙)이 그 비문을 지었다.

132 한수(韓脩)의 시 : 〈부금 집에 묵으며 그 벽에 쓰다(宿夫金家書其壁)〉이다. 《柳巷詩集》

명환名宦

신라

원태(元泰) 신문왕 5년(685)에 서원소경(西原小京)을 설치하고 아찬(阿飡) 원태를 사신(仕臣)으로 삼았다.

고려

이세화(李世華) 간의대부(諫議大夫)로서 외직으로 나가 청주를 다스렸는데, 방어를 잘하여 몽고 군대가 감히 침범하지 못하였다.

유신(柳伸) 기거사인(起居舍人)을 거쳐 외직으로 나가 청주를 다스렸다. 관직에 재임하면서 청렴하고 신중하여 백성들이 두려워하며 공경하였다.

김진(金縝) 예종(睿宗) 때 청주 부사(淸州副使)가 되었다. 청렴하고 정직하여 선정(善政)을 폈다. 조정에 들어가 비서소감(秘書少監)이 되었다.

최기우(崔奇遇) 예종 때 청주 판관이 되었다. 정사를 하는 데 아전을 엄하게 다스리고, 백성들을 불쌍히 여겨 잘 보살폈다. 일찍이 관할 고을을 순행하는 도중에 폭우를 만나 시골집에서 비를 피하고 있었는데, 신기(神氣) 있는 이가 말하기를 "앞에 맹호가 있으니 잠시 쉬시지요." 하였다. 비가 갠 뒤에 가다 보니, 호랑이가 과연 길에서 사람을 해쳤다. 임기가 만료되기 전에 부름을 받아 우정언(右正言)이 되었다.

이행검(李行儉) 원종(元宗) 때 청주 목사가 되었는데 청렴하고 간소하다고 일컬어졌다.

김주정(金周鼎) 충렬왕(忠烈王) 때 지도첨의사(知都僉議事)로 있으면서 윗 사람의 뜻을 거슬려 청주 목사로 좌천되었다.[133] 얼마 뒤에 소환되어 돌아갔다.

권화(權和) 목사가 되었는데, 고성(固城)의 요망한 백성 이금(伊金)이 미륵불(彌勒佛)이라고 칭하고 사람들을 미혹하여 말하기를 "나는 석가(釋迦)를 강림하게 할 수 있다. 무릇 다른 귀신에 기도하고 제사 지내는 자, 마소의 고기를 먹는 자, 재물을 남에게 나누어 주지 않는 자는 모두 죽을 것이다. 만일 내 말을 믿지 않으면 석 달 뒤에 해와 달이 모두 빛을 잃을 것이다." 하였다. 또 말하기를 "나는 풀에 푸른 꽃이 피게 하고, 나무에 곡식이 열리게도 하며, 혹 한 번 심어서 두 번 수확하게도 할 수 있다." 하니, 우매한 백성들이 믿고서 쌀, 비단, 금은을 앞다투어 시주하고, 소와 말이 죽으면 먹지 않고 버리며, 재물이 있는 자는 모두 남에게 주었다. 이금이 또 말하기를 "내가 명령을 내려 산천 귀신을 보내면 왜적을 잡을 수 있다." 하였다. 이에 무당, 박수들이 더욱 공경하고 믿어서 성황(城隍)과 사묘(祠廟)를 철거하고 이금을 부처처럼 모시며 복리(福利)를 빌었다. 무뢰배도 따라서 한패가 되어 제자라 자칭하면서 서로 기망하였는데, 그들이 간 고을 중에는 수령이 혹 나와 영접하여 객관에 유숙시키는 경우도 있었다. 마침내 청주에 이르자 권화가 그 일당을 유인하여 괴수 5명을 잡아 가두고서 조정에 치보(馳報)하니, 도당에서 여러 도에 이첩(移牒)하여 모두 잡아서 베었다.

이모지(李慕之) 청주 목사가 되어 혜정을 베풀었다. 재용(財用)을 아끼고

133 충렬왕(忠烈王)……좌천되었다 : 《고려사절요》 권21 〈충렬왕(忠烈王) 3 정해 13년〉 2월 기사에, 지도첨의사 김주정(金周鼎)이 왕이 베푼 연회에서 공주를 노하게 한 기사가 실려 있다. 공주는 충렬왕의 비인 장목왕후(莊穆王后)로 원 세조(元世祖)의 딸 제국대장공주(齊國大長公主)이다. 김주정은 이 일로 파직되고 청주 목사에 제수되었다.

절제하여 미곡 200섬과 베 1000필을 얻어 본주의 의재(義財)[134]로 만들어서 본 물품은 그대로 놔두고 이자만 취하였다. 이것을 가지고 나라에 바치거나 빈객을 접대하는 등 불시의 수요에 대비하였으니, 이 규정을 제도로 삼아 오랫동안 시행하도록 하였다. 이색(李穡)이 그에 대한 기문을 지었다.[135]

본조

정인지(鄭麟趾) 세종조(世宗朝)에 이조 참판을 거쳐 외직으로 나가 충청도 관찰사가 되었는데, 재임 1년간 정사가 통창하고 사람들이 화목하였다.

이원증(李元增) 청주 목사가 되어 법을 지키고 백성을 사랑하는 데에 전심하였다. 이르는 곳마다 청렴하고 공평하다는 소문이 났다.

이영구(李英耉) 청주 목사가 되었는데, 청렴하고 간소하며 직무를 부지런히 하였으니, 은혜로운 정사가 행해져서 백성에게 혜택이 미쳤다.

박효성(朴孝誠) 청주 목사가 되었다.

김휘(金暉) 목사가 되었는데, 선정(善政)으로 소문이 자자하였다.

박팽년(朴彭年) 노산군(魯山君 단종) 때에 충청도 관찰사가 되었는데, 청렴하고 정직하였으며 솔선수범하여 터럭만큼도 사사로이 하는 바가 없었으므로 온 도가 그 정사에 감복하였다. 1년간 재임하고 조정에 들어가 형조 판서가 되었다.

이증영(李增榮) 청주 목사가 되었는데, 재임 기간 동안 은혜로운 정사를 행

134 의재(義財) : 공익을 위하여 내놓은 돈이나 물품을 말한다.

135 이색(李穡)이……지었다 : 〈청주목 제용재의 기문(淸州牧濟用財記)〉이다. 《牧隱藁 牧隱文藁 卷6》

하였다. 고을 부로(父老)들과 함께 향약(鄕約)을 세워 백성들을 선도하고 풍속을 아름답게 하였다.

이정(李楨) 명종(明宗) 때에 청주 목사가 되었는데, 덕정(德政)이 매우 많아 읍리가 편안하고 조용해졌으며 선비들이 학문에 흥기하니, 상이 어질게 여겼다. 또 의로운 행실이 있었으므로 상이 듣고 책을 내려 포상하고 발탁하여 통정대부로 승진시켰다. 조정에 들어가 승지가 되었다.

노수신(盧守愼) 선조조(宣祖朝)에 청주 목사가 되었는데, 정사를 잘하여 다스린 효험이 크게 있었다. 마침내 본도 관찰사에 올랐다.

이이(李珥) 선조조에 청주 목사가 되었는데, 정사에서 백성을 기르고 풍속을 교화함을 우선으로 삼았다. 향약을 거듭 밝히고 솔선수범하였으므로 온 경내가 화응하여 따랐다. 오래지 않아 병으로 체직되었다.

한백겸(韓百謙) 청주 목사가 되었는데, 정사에서 요역을 공평히 하고 징렴을 박하게 하고 학문을 흥기시키고 무예를 강마하는 것을 급선무로 삼았으며, 백성을 다스리고 아전을 거느리는 데에 한결같이 은혜와 신의로써 하였다. 무릇 시행하고 설치하는 일은 멀리 내다보고 도모하기에 힘썼고 당장 눈앞의 성과를 구하지 않았으니, 비록 나라가 다사다난하여 사람들이 앞다투어 독촉하고 서두르는 때에도 능히 체통을 유지하니, 사람들이 미더워하고 일이 이루어졌다.[136] 관찰사가 그 치적을 올리니, 선조가 서책을 하사하여 포상하고 통정대부로 품계를 올려 주었다. 임기를 마치고 조정에 들어가 판결사가 되었다.

136 일이 이루어졌다 : 《우복집(愚伏集)》 권18 〈통정대부 호조 참의 한공 묘갈명(通政大夫戶曹參議韓公墓碣銘)〉에는 뒤에 "백성들이 원망하지 않았다.〔而民不怨〕"라는 내용이 있다.

이명준(李命俊) 광해군(光海君) 초기에 서원 현감(西原縣監)이 되었는데, 전부(田賦)를 균등히 하고 학정(學政)을 정비하였으며 폐지되었던 많은 일을 모두 일으켰다. 그리고 송사(訟事)를 재판할 때 들어오는 금시(金矢)[137]의 수입금을 하나도 취하지 않고 모조리 백성의 요역에 보태 주었다. 고을 근처에 큰 내가 있어 평소 수환(水患)이 있었다. 하루는 물새가 와서 관아 뜰에 모여들자 이명준이 말하기를 "이는 홍수의 조짐이다." 하고 이민(吏民)을 경계하여 수재를 대비하게 하였다. 과연 얼마 뒤에 큰물이 져서 성안까지 들어와 가옥들을 쓸어 갔는데, 백성들은 미리 대비한 덕에 온전히 살아남을 수 있었다.[138] 뒤에 또 본도 관찰사가 되었다.

유우流寓

송인수(宋麟壽) 본조 회덕(懷德) 사람인데 청주로 옮겨 살았다. 공헌왕(恭憲王 명종) 때에 유신(儒臣)으로서 대사헌에 제수되었다가 윤원형(尹元衡)의 미움을 받아 고향으로 물러가서 문을 닫고 손님을 사절하였으며 좌우에 책만 두었다. 후일에 참소로 인해 사사(賜死)의 처벌을 받았는데, 사신이 집에 도착하자 송인수는 신색(神色)을 차분히 하고 그 아들에게 글을 써서 보냈다. 편지에는 "나의 일을 경계로 삼지 말라. 독서를 부지런히 하고 주색을 경계하라. 구천의 혼이 되더라도 부끄러움을 지고 사는 것은 부

137 금시(金矢) : 옥송(獄訟) 때 관청에 납부하는 돈을 말한다.
138 광해군(光海君)……있었다 : 이 내용은 《계곡집(谿谷集)》 권10 〈유명 조선국 가선대부 병조 참판 이공 묘지명(有明朝鮮國嘉善大夫兵曹參判李公墓誌銘)〉에 나온다.

끄러움 없이 죽느니만 못하다." 하였다.[139]

인물人物

고려

총일(聰逸) 태조(太祖) 때에 한찬(韓粲)이 되었다.

한란(韓蘭) 농작에 힘을 써서 집안이 매우 부유하였다. 태조가 견훤(甄萱)을 정벌할 때 군사가 집 앞을 지나가게 되자, 한란이 영접하여 그 군사들의 식량을 대 주고 검을 들고 따랐다. 이후 삼한 공신(三韓功臣)이 되었으며 관직이 태위(太尉)에 이르렀다.

왕가도(王可道) 본성(本姓)은 이(李)이다. 성종(成宗) 때에 장원 급제로 발탁되고, 권신 김훈(金訓) 등을 주벌하여 공을 세웠다. 여러 관직을 역임하여 이부상서 참지정사 상주국 개성현개국백(吏部尚書參知政事上柱國開城縣開國伯)에 이르고, 왕씨의 성을 하사받았다. 덕종(德宗)이 그의 딸을 왕비로 삼았다. 시호는 영숙(英肅)이고, 현종(顯宗)의 묘정에 배향(配享)되었다.

139 편지에는……하였다 : 《동각잡기(東閣雜記)》〈본조선원보록(本朝璿源寶錄) 2〉에는 이 부분이 "그 아들을 경계한 글에 이르기를 '내가 화를 입었다고 해서 기죽지 말고, 독서를 부지런히 하고 주색을 경계하라. 나의 상사는 검소하게 하고 예에 어긋나지 않도록 하라. 부끄러움을 가지고 사느니 부끄럼 없이 죽는 것이 낫다.' 하였다.〔其戒子書曰: "毋以余之被禍沮抑, 勤讀書戒酒色, 喪事從儉無違禮, 負愧而生, 不如無愧而死."〕"라고 되어 있다. 대본에는 연문(衍文)이나 탈자 등이 있는 듯하나 분명하지 않아 대본대로 번역하였다.

곽원(郭元) 성종(成宗) 때 갑과(甲科)에 등제하고 누차 승진하여 기거사인(起居舍人)이 되었다. 현종 12년(1021)에 중추원 직학사에 제수되고 사명을 받들고 송나라에 갔다. 성품이 청렴하며 문사(文詞)를 잘하였으며, 대성(臺省)의 관직을 역임하여 행정에 유능한 관리로 칭송되었다.

곽상(郭尙) 소리(小吏)로 시작하였는데, 선종조(宣宗朝)에 발탁되어 감찰어사(監察御使)에 임명되었고, 형부 상서(刑部尙書), 참지정사(參知政事)를 역임하였다. 시호는 순현(順顯)이다.

곽여(郭輿) 곽상의 아들이다. 어려서부터 학문이 넓었고 문장을 잘하였으며, 도교와 불교, 의약, 음양, 말타기, 활쏘기, 거문고와 바둑 등 못하는 것이 없었다. 과거에 급제하여 예부 원외랑이 되었는데, 금주(金州)[140]로 돌아가 은거하였다. 예종(睿宗)이 사신을 보내 불러와서 궐내에 기거하게 하고 담소하며 시를 주고받았으며 선생이라고 불렀다. 이에 당시 사람들이 금문우객(金門羽客)[141]이라 일컬었다. 이윽고 굳이 물러나기를 청하자 왕이 성 동쪽 약두산(若頭山)의 한 봉우리를 하사하였다. 그곳에 집을 짓고 동산거사(東山居士)라고 자호하였다.

이공승(李公升) 어려서부터 총명하여 글을 잘 지었다. 인종조(仁宗朝)에 과거로 발탁되어 직한림원(直翰林院)이 되었다. 의종조(毅宗朝)에 사명을 받들어 금(金)나라에 갔다. 당시 금나라에 사신 가는 자는 으레 관할하는 명목으로 은(銀) 1근을 거두었는데 이공승은 취하지 않았으므로 사람들이

140 금주(金州) : 지금의 경남 김해(金海)이다.

141 금문우객(金門羽客) : 대궐의 도사라는 뜻이다. 송(宋)나라 때에 도사 임영소(林靈素)가 궁중에 출입하였는데, 황제가 그에게 금문우객이란 칭호를 준 데서 나온 말로, 금문(金門)은 한(漢)나라 궁전인 금마문(金馬門)이고, 우객(羽客)은 도사를 지칭한다.

그의 청렴함에 감복하였다. 뒤에 중서시랑평장사(中書侍郎平章事)에 이르렀다. 아들 이춘로(李椿老)는 참지정사를 지냈고, 이계장(李桂長)은 태부 평장사(太傅平章事)를 지냈다.

경대승(慶大升) 힘이 남보다 뛰어났고 일찍부터 큰 뜻을 품었으며 집안일은 돌보지 않았다. 음보(蔭補)로 교위(校尉)에 임명되었고 여러 번 승진하여 장군이 되었다. 아버지 경진(慶珍)은 탐욕스럽고 비루하여 남의 토지를 많이 빼앗았는데, 아버지가 죽자 경대승이 전안(田案)을 모조리 선군(選軍)에 바치고 하나도 취하지 않았으니, 사람들이 그 청렴함에 감복하였다. 경대승은 일찍이 정중부(鄭仲夫)가 강포하게 세력을 휘두르는 것을 통분히 여겨 그를 치고자 하였으나 드러내지 않고 꾹 눌러 참고 있었다. 마침 정중부의 아들 정균(鄭筠)이 공주(公主)를 아내로 삼으려고 암암리에 도모하여 명종(明宗)이 근심하고 있었는데, 경대승이 마침내 허승(許升)과 함께 정균을 직려(直廬)[142]에서 죽이니 궁궐 안이 술렁대며 떠들썩해졌다. 경대승이 침전(寢殿) 밖에 이르러 큰 소리로 말하기를 "신들은 사직을 호위하니 임금께서는 두려워하지 마십시오." 하자, 왕이 궁문에 거둥하여 경대승을 불러 술을 내리며 위로하였다. 경대승은 이를 기회로 금군(禁軍)을 출동시켜 정중부를 체포하여 목을 베기를 청하였다. 30세에 죽었는데, 장사 지낼 때에 길에서 슬피 울지 않는 이가 없었다.

이궤(李軌) 초명은 재(載)이다. 문장으로 이름이 나고, 벼슬은 수사공 참지정사(守司空參知政事)에 이르렀다.

142 직려(直廬) : 관청의 숙직처이다. 정균(鄭筠)이 당시 승선(承宣)이었으므로 승정원의 숙직처로 보인다.

정의(鄭顗) 평양(平壤) 명환조(名宦條)와 성천(成川) 유우조(流寓條)에 자세히 보인다.

곽예(郭預) 고종조(高宗朝)에 갑과(甲科) 제일인(第一人)으로 뽑혀 벼슬이 감찰대부(監察大夫)에 이르렀다. 사람됨이 평담하고 강직하였는데, 높은 지위에 올라 귀하고 현달해진 뒤에도 벼슬하기 전과 같았다. 글을 잘 지었으며, 서법(書法)이 가늘면서도 굳세어[143] 이 서체로 일가를 이루었다. 그가 한림원에 있을 때에 비 오는 날이면 맨발에 우산을 들고 혼자서 용화지(龍化池)에 가서 연꽃을 감상하곤 하였는데, 훗날 사람들이 그 풍치(風致)를 고상하게 여겨 그 일을 가지고 시를 짓는 이가 많았다고 한다.

한강(韓康) 한란(韓蘭)의 후손이다. 고종조에 과거에 급제하여 국자감 대사성, 한림학사를 역임하고, 충렬왕조(忠烈王朝)에 지밀직사사(知密直司事)가 되었다가 얼마 뒤에 찬성사(贊成事)에 임명되었고, 또 중찬(中贊)에 오르고 치사(致仕)하였다. 왕이 한강을 불러 시행할 만한 시사(時事)를 조목조목 진술하게 하니, 한강이 종묘를 보수하고 악기를 갖추어 시사(時祀)를 엄숙히 지낼 것과 사냥 등의 오락을 중지하고 맛있는 음식을 절제할 것과 몹시 추운 겨울이나 무더운 여름에는 미음과 죽을 마련하여 기갈(飢渴)에 시달리는 백성을 구제할 것을 청하였다. 시호는 문혜(文惠)이다. 아들 한사기(韓謝奇)는 관직이 간의대부(諫議大夫)에 이르렀다.

이백겸(李伯謙) 이공승(李公升)의 4대손이다. 충렬왕조에 과거에 급제하여 여러 차례 승진하여 선부 전서(選部典書)가 되었으며, 외직으로 나가 제주(濟州)와 해주(海州) 두 고을에서 목사를 지냈는데, 최상의 고과를 받았다.

143 가늘면서도 굳세어 : 서체의 일종으로, 수근경골(瘦筋勁骨)의 필법을 지칭한다.

한영(韓永) 한사기의 아들이다. 일찍이 한사기가 독로화(禿魯花)[144]가 되어 가족을 데리고 원(元)나라에 들어갔으므로 한영은 어려서부터 연경(燕京)에서 자랐다. 인종황제(仁宗皇帝)를 섬겨서 관직이 하남부 총관(河南府摠管)에 이르고 누차 금주(錦州), 고주(高州) 및 하서농북도 첨염방사사(河西壠北道僉廉訪司事)를 역임하였는데, 모두 성실하고 밝으며 청렴결백하다는 것으로 칭송이 자자했다. 원나라에서 죽었다. 시호는 정혜(正惠)이다.

한악(韓渥) 한영의 아우이다. 충선왕(忠宣王) 때 대언(代言)에 임명되었고, 충숙왕(忠肅王) 때 선부전서 지밀직사사(選部典書知密直司事)에 제수되었다. 왕을 따라 원나라에 들어갈 때에 심왕(瀋王)이 왕위를 노리고 있었는데[145] 한악이 기발한 계책으로 왕이 화를 면하도록 하였다. 이에 일등공신이 되고 상당부원군(上黨府院君)에 봉해졌으며, 선력좌리 공신(宣力佐理功臣)을 하사받고 중찬(中贊)에 제수되었다. 시호는 사숙(思肅)이다. 충혜왕(忠惠王) 묘정에 배향되었다.

정해(鄭瑎) 정의(鄭顗)의 손자이다. 과거에 급제하여 관직이 찬성사에 이르렀다. 성품이 온화하고 선량하며 화애롭고 고상하였는데, 일에 임해서는 굽히지 않았다.

정포(鄭誧) 정해의 손자이다. 18세에 과거에 급제하고, 충혜왕조에 관직이

144 독로화(禿魯花) : 고려 후기 왕족이나 귀족의 자제로서 몽고에 볼모로 보내져 황성의 숙위 일을 맡아보던 자를 일컫는데 몽고어로 '뚤루게'라 한다. '도로화(都魯花)'로 표기하기도 한다. 질자(質子)와 같은 말이다.

145 심왕(瀋王)이……있었는데 : 심왕은 심양왕(瀋陽王)의 준말로 여기서는 충선왕의 조카인 왕고(王暠)를 가리킨다. 당시 왕고가 원나라 왕에게 충숙왕을 참소하는 등 왕위를 차지하고자 하여 여러 문제를 일으켰다.《국역 고려사 권35 충숙왕세가 15년》

좌사의대부(左司議大夫)에 이르렀다. 시사(詩詞)가 간고(簡古)하고 필적이 또한 기묘하였다. 《설곡집(雪谷集)》이 있다.

정오(鄭頫) 정포의 형이다. 과거에 급제하여 충혜왕 초기에 감찰사 장령이 되었다. 뒤에 추충진의보리 공신(推忠陳義輔理功臣)을 하사받고 서원백(西原伯)에 봉해졌다. 시호는 문극(文克)이다.

정추(鄭樞) 정포의 아들이다. 자는 공권(公權)이다. 공민왕(恭愍王) 초에 과거에 급제하고 누차 옮겨 좌사의(左司議)가 되었다. 정언 이존오(李存吾)와 함께 신돈(辛旽)이 나라를 그르친 일을 극언한 일로 폄척되어 동래 현령(東萊縣令)이 되었다. 뒤에 관직이 정당문학(政堂文學)에 이르렀다. 항상 권간(權奸)이 용사(用事)하는 것을 미워하여 분개하고 불평한 마음을 품고 있었는데, 등창이 나서 죽었다. 성품이 공검하고 근후하였다. 당시에 가묘(家廟)의 제도가 폐지되었는데, 공권이 제기를 별실에 감추어 두고, 제사 지낼 때는 반드시 전물(奠物)을 직접 씻어 깨끗하게 하는 데에 힘썼다. 《원재집(圓齋集)》이 있다. 시호는 문간(文簡)이다.

곽린(郭麟) 장원으로 급제하였으며, 충직하고 문장을 잘하였다. 일찍이 김유성(金有成)과 함께 일본에 사신으로 갔다가 돌아오지 못하였다. 〈영모정기(永慕亭記)〉에 자세히 나온다.

곽추(郭樞) 장원으로 급제하였으며, 벼슬이 의정부 찬성사에 이르렀다. 집안이 대대로 문장을 관장하였다. 시호는 문량(文良)이다.

한공의(韓公義) 한악의 아들이다. 공민왕조에 이부 상서가 되고 청성군(淸城君)에 봉해졌다. 시호는 평간(平簡)이다. 아우 한중례(韓仲禮)는 정당문학을 지냈고 계성군(繼城君)에 봉해졌다.

경복흥(慶復興) 공민왕조에 문하시중에 제수되었다. 홍건적을 쳐서 평정하고, 또 최영(崔瑩), 안우경(安遇慶) 등과 함께 덕흥군(德興君)[146]을 압록강에서 격파하고 첩보(捷報)를 올려 좌시중(左侍中)에 제수되었다. 개선하니, 왕이 유사(有司)에게 명하여 왕의 행차를 맞이하는 의식과 동일하게 하고 백관으로 하여금 국청사(國淸寺) 남쪽 교외에서 잔치를 베풀게 하였다. 뒤에 이인임(李仁任) 등이 경복흥의 깨끗하고 강직함을 시기하여 그가 술만 마시고 정사를 보지 않는다고 참소하니, 이로 인해 청주에 유배되어 죽었다. 시호는 정렬(貞烈)이다.

한수(韓脩) 한공의의 아들이다. 15세에 문과에 합격하였고 초서와 예서를 잘 썼다. 충정왕(忠定王) 초에 정방(政房)의 비사치(必闍赤)[147]로 삼았는데, 왕이 손위(遜位)하고 강화(江華)에 갈 때 한수가 따라갔으므로 이 때문에 이름이 일시에 중해졌다. 공민왕조에 누차 옮겨 대언(代言)이 되고 전선(銓選)을 맡았다. 신돈(辛旽)이 한창 왕에게 총애를 받을 적에 한수가 은밀히 아뢰기를 "신돈은 바른 사람이 아니니 환란을 일으킬까 두렵습니다." 하였다. 신돈이 패퇴하자 왕이 말하기를 "한수는 선견지명이 있다." 하였다. 신우(辛禑)가 즉위하자 밀직제학에 제수되고 수충찬화 공신(輸忠贊化功臣)의 호를 하사받았으며 상당군(上黨君)에 봉해졌다가 뒤에 바뀌어 청

146 덕흥군(德興君) : 충선왕(忠宣王)의 셋째 아들 왕혜(王譓)이다. 일찍이 승(僧)이 되었는데, 1351년(충정왕3) 원나라에 망명하였다. 《高麗史節要 卷26 忠定王 辛卯 3年 10月》 원나라 이름은 탑사첩목아(塔思帖木兒)이다. 최유(崔儒) 등이 공민왕을 폐위하고 덕흥군을 왕으로 세우기 위해 고려를 침략하였는데, 압록강에서 격파되었다.

147 비사치(必闍赤) : 몽고에서 온 말인데, 필도지 또는 빗차지로도 발음하고 비도지(秘闍赤), 필자지(必者赤)로도 표기한다. 문사(文史), 문서(文書)를 주관하거나 사자(寫字)를 맡은 자를 일컫는다. 고려 때 처음으로 이 관직을 둔 것은 1225년(고종12) 최우(崔瑀)가 정방(政房)을 두면서부터이다.

성군(淸城君)에 봉해졌다. 죽으니 사람들이 모두 애석해하였다. 시호는 문경(文敬)이다. 학식과 행의로 세상의 중망을 받았다. 《유항집(柳巷集)》이 있어 세상에 전해진다.

한방신(韓方信) 한중례의 아우로, 장수의 지략이 있었다. 문과에 급제하여 공민왕조에 추밀원 직학사(樞密院直學士)를 역임하였고, 외직으로 나가 동북면 병마사가 되었다. 홍건적의 난에 안우(安祐) 등과 함께 서울을 수복하였으므로 일등공신에 책훈되고 서원군(西原君)에 봉해졌으며 정당문학에 올랐다. 원나라에서도 홍건적을 평정한 공으로 봉훈대부(奉訓大夫) 비서감 승(祕書監丞)에 제수하였다. 뒤에 관직이 찬성사(贊成事)에 이르렀다.

본조

정탁(鄭擢) 정추(鄭樞)의 아들이다. 태조를 도와 개국 공신이 되었고, 관직은 의정부 우의정에 이르렀으며, 청성부원군(淸城府院君)에 봉해졌다. 공정왕(恭定王 태종)의 묘정에 배향되었다. 시호는 익경(翼景)이다.

정총(鄭摠) 정추의 아들이다. 장원 급제하였고 뒤에 개국 공신이 되었다. 관직은 정당문학에 이르렀고, 서원군(西原君)에 봉해졌다.

한상질(韓尙質) 한수(韓脩)의 아들이다. 과거에 급제하여 관직이 예문춘추관 대학사에 이르렀다. 시호는 문열(文烈)이다. 손자 한명회(韓明澮)는 세조의 공신이 되어 영의정을 지내고 상당부원군(上黨府院君)에 봉해졌다.

한상경(韓尙敬) 한상질의 아우이다. 태조조에 개국 공신에 책봉되고 영의정부사(領議政府事)가 되었으며 서원부원군(西原府院君)에 봉해졌다.

한확(韓確) 한방신(韓方信)의 증손이다. 아버지 지군(知郡) 한영정(韓永矴)

이 딸 둘을 낳았는데 모두 명 태종(明太宗 성조(成祖))의 후궁으로 뽑혀 들어가서 여비(麗妃)로 책봉되었다. 한확은 19세에 황제의 부름을 받아 경사(京師)에 가서 광록시 소경(光祿寺少卿)에 선수(宣授 제수)되었다. 당시 우리 공정왕이 장헌왕(莊憲王 세종)에게 선위하였으므로 황제가 책명을 내릴 때 한확을 정사로 삼고 광록시 승(光祿寺丞) 유천(劉泉)을 부사로 삼았다. 일을 마친 뒤에 유천은 중국으로 돌아가 복명(復命)하고 한확은 황제의 유지(有旨)에 따라 그대로 머물렀다. 그 후에도 부름을 받아 경사에 간 것이 네 번이었다. 인종황제(仁宗皇帝)의 딸과 혼인시키고자 하였는데, 한확이 연로한 어머니를 이유로 사양하였다. 우리나라로 돌아와 여러 번 옮겨 판한성부사, 병조 판서를 지냈으니, 장헌왕이 깊이 의지하여 대사를 맡겼다. 혜장왕(惠莊王 세조) 초에 좌의정에 제수되고 서원부원군(西原府院君)에 봉해졌다. 시호는 양절(襄節)이다. 혜장왕 묘정에 배향되었다. 한확은 부귀가 모두 지극하였는데, 겸양하고 공손하여 지위가 높아질수록 자신을 낮추어 온화한 기운이 가득하였다. 딸은 바로 회간왕(懷簡王)[148]의 비(妃)이고, 아들 한치인(韓致仁)은 서성군(西城君)이고, 한치의(韓致義)는 청양군(淸陽君)이고, 한치례(韓致禮)는 서릉부원군(西陵府院君)이다.

경연(慶延) 성품이 지극히 효성스러웠다. 아버지가 병이 들었는데 한겨울에 생선회를 먹고 싶어 하므로 경연이 얼음을 깨고 그물을 쳤지만 물고기를 잡지 못하였다. 이에 울면서 말하기를 "옛사람은 얼음을 두드려 물고기

148 회간왕(懷簡王) : 세조의 첫째 아들로 왕세자에 책봉되었으나 즉위하지 못하고 20세의 나이로 승하하였다. 후에 아들 성종(成宗)이 즉위하여 덕종(德宗)으로 추숭(追崇)하였다. 회간은 명나라로부터 받은 시호이다. 《국역 연려실기술 1 제5권 세조조 고사본말 덕종 고사》

를 잡았다던데[149] 지금 나는 그물을 쳐도 잡지 못하니 효성이 부족해서이다." 하고는 버선과 두건을 벗고 얼음 구멍 앞에 밤새 지키고 서 있었다. 마침내 잉어 두 마리를 잡게 되어 드시게 하자, 아버지의 병이 과연 나았다. 뒤에 부모가 돌아가시매 묘 앞에 여막을 짓고 초상을 극진히 치르고 제사 올리기를 한결같이 예로써 하니, 향리 사람 중에 불초한 자들까지도 감화를 입어 효자가 되었다. 세조 때에 관직을 주기 위해 불렀으나 나아가지 않았다. 강정왕(康靖王 성종)이 역마를 보내 불러들여 인견하고는 묻기를 "집에 있을 때에 얼음을 두드려 고기가 뛰어 올라오게 했다는데, 그러한가?" 하니, 대답하기를 "운이 좋아 얻은 것인데, 향리에서 잘 살피지 않고서 효성이 감응받았다고 하니, 신은 실로 이에 미치지 못합니다." 하였다. 상이 묻기를 "공은 책을 얼마나 읽었는가?" 하니, 답하기를 "사서이경(四書二經)을 읽었습니다." 하였다. 상이 묻기를 "그 가운데 어떤 말을 제일 소중한 뜻으로 삼는가?" 하자, 대답하기를 "《서경》 중에 순(舜) 임금의 큰 효도를 칭찬한 대목이 있는데, 이것은 신이 하고 싶어도 못 하는 일입니다. 또 주공(周公)의 충성을 칭찬한 대목이 있는데, 이것도 신이 하고 싶어도 못 하는 일입니다." 하였다. 이에 임금이 크게 탄복하여 특별히 4품 자급을 주고 사재감 주부에 제수하였다. 외직으로 나가 이산 현감(尼山縣監)이 되었는데, 재임하는 동안 청렴하고 간소하게 하여 이민(吏民)이 공경하며 사랑하였다.

149 옛사람은……잡았다던데 : 진(晉)나라 때 왕상(王祥)의 고사이다. 어머니가 한겨울에 생선을 먹고 싶어 하자 왕상이 강에 가서 얼음을 깨고 고기를 잡으려고 하였는데, 잉어 두 마리가 얼음을 뚫고 뛰어 올라왔다고 한다. 《晉書 王祥列傳》

한충(韓忠) 주(州)의 학곡리(鶴谷里)에서 태어났다. 10세에 글을 지을 줄 알았고, 성장하여서는 오로지 정학(正學)에 전념하였다. 공희왕조(恭僖王朝 중종)에 과거에 응시하여 수석으로 발탁되었다. 이조 낭청이 되었다가 전주(銓注)를 공평하게 하였다 하여 품계를 뛰어넘어 홍문관 응교에 제수되었다. 국조의 종계(宗系)에 대한 변무(辨誣)를 주청하는 일로 한충이 서장관으로 뽑혀 북경에 갔다. 북경에 이르렀을 때 무종황제(武宗皇帝)가 북쪽으로 순행하여 유림관(楡林關)에 가 있었다. 정사(正使)인 남곤(南袞)이 여러 번 그냥 돌아가고자 하였는데, 한충이 말하기를 "우리들은 사명을 받고 왔으니, 의리상 군명(君命)을 초야에 버릴 수는 없습니다." 하고 날마다 예부에 나아가 정문(呈文)을 올려 변무를 주청하였다. 이에 여러 각로(閣老)들이 감탄하여 개정하도록 허락하였다. 중국 조정의 경사(卿士)들이 다투어 찾아와서 그 얼굴을 한번 보고자 하면서 말하기를 "이 사람은 천하의 선비이니, 소국(小國)에 있기에는 적합하지 않다." 하였다. 돌아와서 누차 옮겨 승지가 되었다. 기묘사화(己卯士禍)에 연좌되어 거제(巨濟)로 유배되었다가 얼마 뒤에 나포(拿捕)되어 옥사(獄死)하였다.[150] 한충은 지조(志操)가 강직하여 악을 미워하기를 원수와 같이 하였다. 조광조(趙光祖), 김정(金淨)과 벗하여 친하게 지냈다. 서책은 읽지 않은 것이 없었고 활을 쏘면 명중하였으며 율려(律呂), 음양(陰陽), 복서(卜筮), 천문(天文) 등 밝게 통달하지 않은 분야가 없었다.

150 얼마……옥사(獄死)하였다 : 한충이 거제로 유배된 다음 해인 1521년(중종16) 안처겸(安處謙)의 옥사가 일어났는데, 한충은 무고(誣告)로 나포되어 전옥에 갇혔다가 옥중에서 죽음을 당하였다. 《松齋集 卷4 附錄 行狀》

이시발(李時發) 고조부 이원(李黿)은 성종(成宗) 때의 명사(名士)였는데, 이후에는 쇠미해졌다. 아버지가 한성(漢城)에서 청주로 내려와 처가살이하면서 이시발을 낳았다. 이시발은 어려서 아버지를 여의고 독서를 좋아하여 문과에 급제하였다. 임진왜란 때에 중국의 장군 낙상지(駱尙志)가 경주(慶州)에 주둔하고 있었는데, 선조(宣祖)가 그를 접반관으로 보냈다. 낙상지가 그의 재주와 지략에 탄복하여 돌아갈 때에 임금에게 힘써 추천하였다. 여러 번 옮겨 경상도와 함경도의 관찰사를 역임하였는데 모두 직임을 잘 수행하였다고 칭송받았다. 광해군 때에 군사가 심하(深河)에서 패몰당하였는데[151] 이시발이 오도 찬획사(五道贊畫使)가 되어 관서(關西)를 진무하고 군대를 사열하였으며 실제 군량을 공급하였다. 인조(仁祖) 초에 관직이 형조 판서에 이르렀다. 성품은 온화하고 너그러운데, 일을 만나서는 과감하게 잘 결단하였다. 아들 이경징(李慶徵)과 이경억(李慶億)은 모두 이조 판서를 지냈다.

신식(申湜)[152]

151 군사가 심하(深河)에서 패몰당하였는데 : 1618년(광해군10) 명나라의 요청에 따라 강홍립(姜弘立)을 오도 도원수(五道都元帥)로 삼아 군대를 출동시킨 뒤 후금(後金)의 누르하치 군대와 심하에서 전투를 벌였는데, 우리나라 군사가 패몰당하였다.《燃藜室記述 卷21 廢主光海君故事本末 深河之役》

152 신식(申湜) :《광해군일기》 즉위년 7월 12일 기사에, 충청도 관찰사에 제수된 내용이 있다.

열녀列女

나씨(羅氏) 학생 이혼(李渾)의 처이다. 행실이 효성스럽고 우애가 있었다. 남편의 병이 심해지자 밖에 앉아 향을 태우고 연비(燃臂)[153]하며 하늘에 기도하였으며 또 손가락을 잘라 피를 마시게 했는데, 효험이 없었다. 예제의 도를 넘을 만큼 슬퍼하였고 올리는 물품을 직접 장만하였다. 상기가 끝나도 여전히 소복과 소찬을 하였다. 어느 날 화적이 갑자기 집에 침입하자, 나씨는 사당으로 달려 들어가서는 화적이 마구 치는데도 피하지 않고 신주를 보호하였다. 본조 선조조에 정려(旌閭)하였다.

153 연비(燃臂) : 불가(佛家)에 출가하여 승려가 되기 위해 치르는 의식으로, 팔뚝을 불로 지지는 것이다.

천안군天安郡

동쪽으로 목천현(木川縣) 경계까지 13리이고, 남쪽으로 공주(公州) 경계까지 48리, 전의현(全義縣) 경계까지 33리이고, 서쪽으로 온양군(溫陽郡) 경계까지 11리, 아산현(牙山縣) 경계까지 16리이고, 북쪽으로 직산현(稷山縣) 경계까지 20리, 평택현(平澤縣) 경계까지 6리이다. 서울과의 거리는 219리이다.

한전旱田

수전水田

건치연혁建置沿革

본래 백제의 위례성(慰禮城) 및 탕정(湯井), 대목악(大木嶽) 두 군(郡) 지역이다. 신라가 사산현(蛇山縣) 및 탕정군(湯井郡), 대록군(大麓郡) 지역으로 삼았다. 고려 태조(太祖) 13년(930)에 처음 여기에 천안도독부(天安都督府)를 설치하였다. 《신증동국여지승람》에 이르기를 "본래 동도솔(東兜率), 서도솔(西兜率) 지역이었는데 고려 태조가 합쳐서 천안부(天安府)라 하였다." 하였는데 《삼국사기(三國史記)》 〈지리지(地理志)〉를 살펴

보니 동도솔, 서도솔이라는 곳은 없다. 만약 향리의 칭호라면 마땅히 모읍(某邑), 모향(某鄕)이라 하였을 것이고, 또 관계된 고을도 전혀 없다. 이는 대개 정인지(鄭麟趾)가 기록을 잘못한 데서 비롯되었고[154] 《신증동국여지승람》도 그대로 오류를 따른 것이다. 이첨(李詹)의 문집을 살펴보니 "왕씨(王氏)의 시조가 예방(倪方)의 말을 듣고 사산, 탕정, 대목악 지역을 나누어서 천안부를 설치하였다."라고 했는데[155] 이 말이 군승(郡乘)[156]의 옛 기록과 서로 부합한다. 성종(成宗) 때에 환주(歡州)로 개칭하였고, 현종(顯宗) 때에 다시 천안부로 바꾸고, 충선왕(忠宣王) 때에 영주(寧州)로 고쳤다가 공민왕(恭愍王) 때 다시 천안부로 삼았다. 본조 태종(太宗) 13년(1413)에 영산군(寧山郡)으로 개칭하였고 16년에 천안군으로 바꾸었다. 관장하는 면은 16개이고, 관원은 군수와 훈도이다. 각 1인이다.

군명郡名

환주(歡州), 영주(寧州)

154 정인지(鄭麟趾)가……비롯되었고 : 《고려사절요》 권1 〈태조 신성대왕(太祖神聖大王) 경인 13년〉 8월 기사에 "왕이 대목군(大木郡)에 행차하여 동도솔(東兜率)과 서도솔(西兜率)을 합쳐서 천안부(天安府)로 삼았으며 도독(都督)을 두었다."라고 되어 있다.

155 이첨(李詹)의……했는데 : 이 내용은 《쌍매당협장집(雙梅堂篋藏集)》 권22 〈유지리숙관(論地理倏欵)〉에 있다.

156 군승(郡乘) : 각 고을의 읍지(邑誌)를 말한다.

형승形勝

북쪽으로 한수(漢水)를 띠고 동쪽으로 고악(高嶽)을 의지하며 남쪽으로 옥택(沃澤)을 바라보고 서쪽으로 대해(大海)에 닿아 있다. 《삼국사(三國史)》에 "하남(河南)의 땅은 북쪽으로 한수를 띠고 동쪽으로 고악을 의지하였으며 남쪽으로 옥택을 바라보고 서쪽으로 대해에 닿아 있다." 하였다.[157]

삼국(三國)의 중심이다. 《고려사》에 "세간에 전하기를 '술사(術師) 예방(倪方)이 태조에게 아뢰기를 「삼국의 중심으로서 다섯 마리 용이 구슬을 다투는 형세이니, 만일 3000호 되는 고을을 설치하고 그 땅에서 군사를 훈련한다면 백제가 스스로 와서 항복할 것입니다.」 하므로 태조가 산에 올라 두루 살펴보고 비로소 천안부를 설치하였다.'라고 한다." 하였다.

한 방면의 요충지이다. 고려 강호문(康好文)의 〈대소원기(大召院記)〉[158]

위례(慰禮)가 그 왼쪽을 누르고 차현(車峴)이 그 남쪽을 가로지르며 바다 포구가 그 서쪽으로 통하고 있다.

지형이 의지할 만하다. 본조 유성룡(柳成龍)이 천안에 중영(中營)을 설치함으로써 안으로 경기(京畿)를 호위하고 밖으로 4진(鎭)을 통제할 것을 청하였다. 또 말하기를 "고려 태조가 천안이 한 도의 중앙에 있다는 이유로 도독부를 설치하고 병사를 훈련하였으니, 그 계려가 원대한 것이며, 지형

157 삼국사(三國史)에……하였다 : 비류(沸流)가 남쪽으로 내려와 도읍을 정할 때에 10명의 신하가 간한 말이다. 《三國史記 卷23 百濟本紀 始祖溫祚王1年》

158 한……대소원기(大召院記) : 이 내용은 《동문선(東文選)》 권80 〈영주 남원루기(寧州南院樓記)〉에도 있다.

이 의지할 만하다는 것을 또한 알 수 있습니다." 하였다.[159]

풍속風俗

농사와 누에치기에 힘쓴다.

산천山川

왕자산(王字山) 군 동북쪽 12리에 있다. 진산(鎭山)이다. 고려 태조가 이곳에 군사를 주둔하고 있을 때에 윤계방(尹繼芳)이 이곳을 다섯 용이 구슬을 다투는 형세라고 아뢰어, 이로 인해 보루를 쌓고 군사를 사열하였으며, 왕자성(王字城)이란 이름을 하사하였다. 왕자라는 것은 바로 그 산의 모양을 말한 것이다.

광덕산(廣德山) 풍세현(豐歲縣)에 있다. 군과의 거리는 서남쪽으로 35리이다. 온양군(溫陽郡)에도 보인다.

화산(華山) 풍세현에 있다. 군과의 거리는 40리이다. 광덕산과 서로 연이어 있다. 온양군에도 보인다.

유여왕산(留麗王山) 군 동쪽 11리 목천현(木川縣) 경계에 있다.

쌍령현(雙嶺峴) 군 남쪽 40리 공주(公州) 경계에 있다.

159 본조……하였다 : 이 내용은 《서애집(西厓集)》 권5 〈방수사의를 조치할 것을 진술하고 겸하여 사직을 청하는 차자(陳措置防守事宜兼辭職箚子)〉에 있는 것으로 1597(선조30) 3월에 올린 글이다. 여기서 4진은 충주, 청주, 공주, 홍주에 설치한 진영을 가리킨다.

차현(車峴) 군 남쪽 45리에 있다. 공주목에 자세히 보인다.

수조산(水潮山) 군 동남쪽 2리에 있다.

대천(大川) 군 남쪽 9리에 있다. 발원지는 두 곳이니, 하나는 차현에서 나오고 하나는 쌍령현에서 나오는데, 합하여 서쪽으로 흘러 온양군 경계에 이르러 포천(布川)이 된다.

토산土産

자기(磁器), 도기(陶器), 지황(地黃), 산무애뱀〔白花蛇〕, 준치〔眞魚〕, 숭어〔秀魚〕, 게〔蟹〕

학교學校

향교(鄕校) 군 동쪽 6리에 있다.

궁실宮室

객관(客館) 연정(蓮亭)이 있다. 본조 홍적(洪迪)의 시[160]에 "난간 아래 흐르는 물에 새벽안개 일고, 남원 마을 등잔 빛이 숲 사이로 비치네.〔曲欄低水曉煙生 南院村燈隔樹明〕" 하였다.

향사당(鄕射堂) 객관 동쪽에 있다.

160 홍적(洪迪)의 시 : 〈천안의 연정에 쓰다〔題天安蓮亭〕〉이다. 《荷衣遺稿》

선화루(宣化樓) 객관 동쪽에 있었는데, 지금은 없어졌다. ○ 본조 이승소(李承召)의 시[161]에,

돌아오는 길에 잠깐 옛 영주서 쉬노라니 歸來暫憩古寧州
객관 동쪽 모퉁이에 작은 누각 서 있네 客館東隅有小樓
구름 밖 푸른 산이 맨상투 드러낸 듯하고 雲外碧岑如露髻
숲속에 서늘한 바람 부니 가을 온 줄 알겠네 樹間涼吹解生秋

하였다.

봉수烽燧

대학산 봉수(大鶴山烽燧) 군 남쪽 18리에 있다. 남쪽으로 공주 쌍령(雙嶺)에 응하고, 북쪽으로 아산현(牙山縣) 연암산(燕巖山)에 응한다.

우역郵驛

신은역(新恩驛) 군 북쪽 10리에 있다.

금제역(金蹄驛) 군 남쪽 22리에 있다.

영풍원(寧豐院) 군 남쪽 45리에 있다.

대평원(大平院) 군 남쪽 35리에 있다.

삼기원(三岐院) 군 남쪽 6리에 있다.

161 이승소(李承召)의 시 : 〈천안에 있는 선화루의 시에 차운하다(次天安宣化樓韻)〉이다. 《三灘集 卷4》

안정원(安定院) 풍세현(豐歲縣)에 있다.

가을원(加乙院) 군 북쪽 15리에 있다.

남원(南院) 군 남쪽 1리에 있다. 고려 강호문(康好文)이 지은, 원루(院樓)를 중수한 데 대한 기문[162]이 남아 있다.

대소원(大召院) 군 서쪽 8리에 있다.

관량關梁

차현보(車峴堡) 차현에 있다. 공주목에 자세히 보인다.

사묘祠廟

사직단(社稷壇) 군 서쪽에 있다.

문묘(文廟) 향교에 있다.

성황사(城隍祠) 군 동쪽에 있다.

여단(厲壇) 군 북쪽에 있다.

사찰寺刹

광덕사(廣德寺), **개천사**(開天寺), **만복사**(萬福寺), **대학사**(大鶴寺) 모두 화산(華山)에 있다.

162 강호문(康好文)이……기문 : 〈영주 남원루기(寧州南院樓記)〉이다. 《東文選 卷80》

유여왕사(留麗王寺) 고려 태조가 유숙하였으므로 그로 인해 명명된 것이다.

성불사(成佛寺), **마점사**(馬占寺) 모두 왕자산(王字山)에 있다. 고려 태조가 말을 멈추었으므로 그로 인해 마점이라고 명명된 것이다.

고적古蹟

풍세폐현(豐歲廢縣) 군 남쪽 27리에 있다. 일명 자천(秭川)이라고 한다. 본래 백제 감매현(甘買縣)이다. 신라 때에 순치(馴雉)로 이름을 바꾸고 대록군(大麓郡)[163] 영현(領縣)으로 삼았다. 고려 초에 풍세(豐歲)로 고치고, 현종 때에 본군에 편입시켰으며, 본조에서 그대로 따랐다.

왕자성(王字城) **고정**(鼓庭) **고려 태조 사당** 모두 왕자산 아래에 있었는데, 지금은 옛터만 남아 있다. ○ 고려 강호문(康好文)의 기문[164]에 "옛날 우리 성조(聖祖)께서 견씨(甄氏 견훤(甄萱))를 칠 적에 군사 10만을 주둔하여 진지를 구축하고 군사를 조련하여 위엄을 드날렸다. 그 군영을 설치한 곳을 고정이라 하고, 그 성을 왕자성이라 하였으니, 이 고을의 설치는 여기에서 처음 시작된 것이다. 사당의 모습이 온 고을을 비추어 고을 백성들을 은혜롭고 복되게 한 것이 이제 거의 500년이 되었다." 하였다.

회고정(懷古亭) 군 서쪽에 있다. 고려 이곡(李穀)의 기문[165]에 "예전에 관도(官道)를 굽어보는 정자가 고정에 있었는데, 이른바 용이 구슬을 다투는

163 대록군(大麓郡) : 목천(木川)의 신라 때 이름이다.

164 강호문(康好文)의 기문 : 〈영주 남원루기〉이다. 《東文選 卷80》

165 이곡(李穀)의 기문 : 〈영주 회고정기(寧州懷古亭記)〉이다. 《稼亭集 卷6》

형국이 실로 정자 아래에 펼쳐져 있었다. 정자가 없어지면서 이름도 유실되었다가, 지정(至正) 기축년(1349, 충정왕1)에 주 수령 성원규(成元揆)가 새로 보수하였고 내가 회고정이라고 이름을 붙였다." 하였다.

신종부곡(新宗部曲) 군 서쪽 80리에 있다. 군 경계를 넘어 예산현(禮山縣) 북쪽 마을로 들어간다.

덕흥부곡(德興部曲) 군 서쪽 68리에 있다. 군 경계를 넘어 신창현(新昌縣) 서쪽 마을로 들어간다.

돈의향(頓義鄕) 군 서쪽 62리에 있다. 군 경계를 넘어 아산현(牙山縣) 서쪽 마을로 들어간다.

모산부곡(毛山部曲) 군 북쪽 36리에 있다. 군 경계를 넘어 아산현 북쪽 마을로 들어간다.

명환名宦

고려

제궁(弟弓), **엄식**(嚴式) 태조 13년(930)에 대승(大承) 제궁을 천안 도독부사(天安都督府使)로 삼고 원보(元甫) 엄식을 부사(副使)로 삼았다.

손변(孫抃) 천안 판관(天安判官)에 조용되었는데, 정사에서 최고 평점을 받아 공역서 승(供驛署丞)에 특별 제수되었다. 고종조(高宗朝)에 누차 옮겨 예부 시랑이 되었다.

성원규(成元揆) 충목왕(忠穆王) 때 영주 군수가 되었는데, 백성들의 실정을 순문(詢問)하여 이로운 것은 일으키고 해로운 것은 제거하였고, 농사와 학문을 권면하였으며, 허물어진 관우(館宇)도 모두 개수하여 복구하였다.

강호문(康好文) 고려 말에 천안 부사가 되어 은혜로운 정사를 폈다.

인물人物

고려

전신(全信) 과거에 등제하여 관직이 동지밀직사사(同知密直司事)에 이르렀다. 사람됨이 공무 수행에 엄중하여 청탁이 행해지지 못하였다. 누차 외직에 보임되었으니, 백성들의 거사비(去思碑)가 남아 있다. 평생토록 재산을 불리는 데에 뜻을 두지 않았다.

본조

서충필(徐忠弼) 아버지 서곤(徐混)이 효행이 있었는데, 서충필도 천성이 지극히 효성스러워서 뜻을 받들어 따르고 예를 극진히 하였다. 아버지가 병이 들자 변을 맛보았고, 아버지가 돌아가시자 여막에 거처하면서 죽을 먹으며 상을 마쳤다. 아우 서충좌(徐忠佐)도 효행이 있었으니, 어머니가 병이 나매 손가락을 베어 피를 내서 약에 타 드시게 하여 효험을 보았다. 형제가 모두 정려(旌閭)되었다.

옥천군沃川郡

동쪽으로 보은현(報恩縣) 경계까지 51리, 청산현(青山縣) 경계까지 52리이고, 남쪽으로 영동현(永同縣) 경계까지 46리, 전라도 무주현(茂朱縣) 경계까지 89리, 같은 도 금산군(錦山郡) 경계까지 73리이고, 서쪽으로 회덕현(懷德縣) 경계까지 21리, 전라도 진산군(珍山郡) 경계까지 31리이고, 북쪽으로 청주(淸州) 경계까지 37리이다. 서울과의 거리는 389리이다.

한전旱田

수전水田

건치연혁建置沿革

본래 신라 고시산군(古尸山郡)인데, 경덕왕(景德王) 때에 관성군(管城郡)으로 고쳤다. 고려 현종(顯宗) 때에 경산부(京山府)에 편입시켰으며, 인종(仁宗) 때에 다시 관성현(管城縣)을 두었고, 충선왕(忠宣王) 때에 승격시켜 옥주(沃州)로 삼았다. 본조 태종(太宗) 13년(1413)에 옥천군으로 고치고 경상도에서 옮겨 와 본도에 예속시켰다. 관장하는 면은 17개이고, 관원은 군수와 훈도이다. 각 1인이다.

군명郡名

관성(管城), 옥주(沃州)

형승形勝

남쪽 지방의 사람과 물산이 모여드는 곳이다. 서거정(徐居正)의 〈적등루기(赤登樓記)〉[166]

산이 높고 물이 맑으며, 땅이 기름지고 물산이 풍부하다. 남수문(南秀文)의 〈향교기(鄕校記)〉[167]

산천山川

마성산(馬城山) 군 북쪽 2리에 있다. 진산(鎭山)이다. 민간에 전해지기를 "고을 사람들이 마조(馬祖)[168]에 제사 지내므로 그렇게 이름이 붙여졌다." 한다.

166 서거정(徐居正)의 적등루기(赤登樓記) : 〈옥천군 적등원루기(沃川郡赤登院樓記)〉이다. 《四佳集 四佳文集 卷2》

167 남수문(南秀文)의 향교기(鄕校記) : 〈옥천향교 신루기(沃川鄕校新樓記)〉이다. 《敬齋遺稿 卷1》

168 마조(馬祖) : 말의 조상이라는 천사성(天駟星)을 말한다.

지륵산(智勒山) 군 남쪽 53리에 있다.

삼성산(三城山) 군 서쪽 5리에 있다. 옛 성의 유지(遺址)가 남아 있다.

동림산(東林山) 군 남쪽 23리에 있다.

월이산(月伊山) 이산현(利山縣) 남쪽 5리에 있다.

마니산(摩尼山) 군 남쪽 50리에 있다. 영동현(永同縣)에도 보인다.

환산(環山) 군 북쪽 16리에 있다.

서대산(西臺山) 군 남쪽 20리, 전라도 금산군 경계에 있다. 산 모양이 불뚝 튀어나온 것이 대(臺)와 같으므로 그렇게 이름이 붙여졌다.

금강(錦江) 바로 전라도 금산군 금수(錦水)의 하류이다. 장수(長水), 진안(鎭安), 무주(茂朱), 용담(龍潭) 등의 현에서 발원하여, 양산폐현(陽山廢縣) 경계에서부터 군 남쪽에 이르러 영동현의 심천(深川)과 합류하고, 또 청산현(青山縣) 남천(南川)의 물과 합류하여 군 동북쪽을 거쳐 회인(懷仁)과 문의(文義)를 지나고, 공주(公州)에 이르러 금강나루가 되고 부여(扶餘)에 이르러서는 백마강(白馬江)이라 불린다. 서천(舒川)에 이르러 바다에 들어간다.

호탄(虎灘) 군 남쪽 52리 양산현(陽山縣)에 있다.

거탄(車灘) 군 동쪽 10리에 있다.

○ 이상의 두 여울은 모두 금강의 얕은 여울물인데, 협곡을 통해 굽이굽이 돌아 나가면서 상류, 하류가 급한 여울이 된다.

토산土産

무쇠〔水鐵〕, 안읍현(安邑縣) 지내동(枝內洞)에 있다. **석회**(石灰), **먹**〔墨〕,

지치〔紫草〕, 인삼(人蔘), 사향(麝香), 꿀〔蜂蜜〕, 황랍(黃蠟), 안식향(安息香), 지황(地黃), 복령(茯苓), 잣〔海松子〕, 감〔柿〕, 누치〔訥魚〕, 쏘가리〔錦鱗魚〕

성곽城郭

서산성(西山城) 군과의 거리는 서쪽으로 5리이다. 돌로 쌓았고, 둘레가 2141자이다. 군창(軍倉)이 있다.

학교學校

향교(鄕校) 군 동쪽 1리에 있다.

창주서원(滄洲書院) 군 남쪽 40리, 금강(錦江) 서쪽 둔덕에 있다. 조헌(趙憲)을 모시기 위해 세웠으며 광해군조(光海君朝)에 사액(賜額)하여 표충사(表忠祠)라 하였고[169] 뒤에 서원이 되었다.

궁실宮室

객관(客館)

169 광해군조(光海君朝)에……하였고 : 《대동지지(大東地志)》 권6 〈충청도 옥천〉 사원조(祠院條)에 "표충사는 광해군 무신년(1608, 광해군 즉위년)에 세웠고, 기유년(1609)에 사액하였다."라고 되어 있다.

향사당(鄕射堂) 객관 남쪽에 있다.

무학당(武學堂) 군 동남쪽에 있다.

적등루(赤登樓) 군 남쪽 40리, 적등나루 둔덕에 있다. 정통(正統) 연간에 군수 최선문(崔善門)이 중수하고 서거정(徐居正)이 기문을 지었다.[170]

환선루(喚仙樓) 양산현(陽山縣)에 있다. 북쪽으로 금강(錦江)을 굽어보고 있으며 강선대(降仙臺)와 물을 사이에 두고 마주 보고 있다.

강선대(降仙臺) 양산현에 있다. 북쪽에는 벼랑이 밑둥은 물속에 잠긴 채 우뚝 서 있는데, 정자가 그 위에 있으니, 산수 경치가 아름답다. ○ 본조 이안눌(李安訥)의 시[171]에,

백 척의 벼랑 꼭대기에 옛 대 하나 있는데	百尺溪頭一古臺
모래는 눈처럼 하얗고 강물은 이끼처럼 푸르네	晴沙如雪水如苔
꽃 지는 모래섬 봄바람 부는 늦저녁에	汀州花落春風晚
멀리서 신선 찾아오느라 달밤에 노 저어 오네	遠訪仙蹤棹月來

하였다.

봉수烽燧

월이산 봉수(月伊山烽燧) 동쪽으로 영동현(永同縣) 박달산(朴達山)에 응하고, 북쪽으로 환산(環山)에 응한다.

170 서거정(徐居正)이 기문을 지었다. : 〈옥천군 적등원루기(沃川郡赤登院樓記)〉이다. 《四佳集 四佳文集 卷2》

171 이안눌(李安訥)의 시 : 〈강선대에서 노닐며〔遊降仙臺〕〉이다. 《東岳集 卷10》

환산 봉수(環山烽燧) 서쪽으로 회덕현(懷德縣) 관족산(鸛足山)에 응하고, 남쪽으로 월이산에 응한다.

우역郵驛

증약역(增若驛) 군 서쪽 18리에 있다.

가화역(嘉和驛) 군 서쪽 3리에 있다.

화인역(化仁驛) 안읍현(安邑縣) 남쪽 5리에 있다.

순양역(順陽驛) '양(陽)'은 예전에는 '양(良)'으로 썼다. 양산현 서쪽 4리에 있다.

토파역(土坡驛) '파(坡)'는 예전에는 '현(峴)'으로 썼다. 이산현(利山縣) 서쪽 2리에 있다.

화인원(化仁院) 군 동북쪽 25리, 화인나루 둔덕에 있다.

증약원(增若院) 증약역 남쪽에 있다.

금천원(金川院) 군 남쪽 5리에 있다.

우현원(牛峴院) 이산현 서쪽에 있다.

율현원(栗峴院) 이산현 남쪽에 있다.

덕수원(德水院) 양산현 남쪽에 있다.

적등원(赤登院) 군 남쪽 40리, 적등나루 둔덕에 있다.

관량關梁

적등나루〔赤登渡〕 군 남쪽 40리에 있다.

화인나루〔化仁渡〕 군 동북쪽 26리에 있다.

○ 이상의 두 나루는 모두 금강(錦江)의 나루이다.

사묘祠廟

사직단(社稷壇) 군 서쪽에 있다.

문묘(文廟) 향교에 있다.

성황사(城隍祠) 서산성(西山城)에 있다.

여단(厲壇) 군 북쪽에 있다.

능묘陵墓

조헌(趙憲) **묘**(墓) 군 동쪽 40리 안읍현(安邑縣)에 있다. 조헌이 금산(錦山)에서 전사하자 아우 조범(趙範)이 유해를 찾아내서 이곳에 장사 지냈다.

사찰寺刹

월암(月菴) 삼성산(三城山)에 있다.

안양사(安養寺) 환산(環山)에 있다.

감로사(甘露寺) 증약역(增若驛) 북쪽에 있다.

황정암(黃丁菴) 군 북쪽에 있다.

건천사(乾川寺), **대성사**(大聖寺) 모두 동림산(東林山)에 있다.

영국사(寧國寺) 지륵산(智勒山)에 있다. 고려 한문준(韓文俊)이 지은 〈승원

각비(僧圓覺碑)〉가 있다.

고적古蹟

이산폐현(利山廢縣) 군 남쪽 30리에 있다. 본래 신라의 소리산현(所利山縣)인데, 경덕왕(景德王) 때 이산(利山)으로 고치고 관성군(管城郡) 영현(領縣)으로 삼았다. 고려 현종(顯宗) 때 경산부(京山府)에 편입시켰고, 명종(明宗) 때 다시 이산현(利山縣)을 설치하였으며, 충선왕(忠宣王) 때 다시 옥주(沃州)에 편입시켰다. 본조에서 그대로 따랐다.

안읍폐현(安邑廢縣) 군 동쪽 38리에 있다. 본래 신라의 아동혜현(阿冬兮縣)인데, 경덕왕 때 안정(安貞)으로 고치고 관성군 영현으로 삼았다. 고려 초에 안읍(安邑)으로 고치고, 현종 때 경산부에 편입시켰으며, 충선왕 때 다시 옥주와 병합시켰다. 본조에서 그대로 따랐다.

양산폐현(陽山廢縣) 군 남쪽 59리에 있다. 본래 신라의 조비천현(助比川縣)인데, 경덕왕 때 양산(陽山)으로 고치고 관성군 영현으로 삼았다. 고려 현종 때 경산부에 편입시켰고, 명종 때 다시 양산현을 설치하였으며 충선왕 때 다시 옥주에 편입시켰다. 본조에서 그대로 따랐다. ○ 신라 무열왕(武烈王)이 백제가 고구려와 함께 국경을 막은 것을 분히 여겨 정벌하기로 하고 김흠운(金歆運)을 장수로 삼았다. 김흠운이 명령을 받고 백제 땅에 이르러 양산 아래 진을 치고 조천성(助川城)을 공격하려 하였다. 그런데 백제 군사가 밤을 타고 빠르게 말을 몰아 진루(陣壘)를 통해 쳐들어오니, 군영이 놀라서 진정하지 못하였다. 백제 군사가 돌격해 오매 김흠운이 말을 타고 적과 맞설 준비를 하자, 대사(大舍) 전지(銓知)가 말하기를 "지금

적이 어두운 밤중에 쳐들어오니 공이 죽더라도 누구 하나 아는 이가 없을 것입니다." 하니, 김흠운이 말하기를 "대장부가 이미 몸을 나라에 바쳤거늘 어찌 명성을 구하겠는가." 하고, 마침내 칼을 휘둘러 적과 싸우다가 죽었다. 이에 대감(大監) 예파(穢破), 소감(少監) 적득(狄得), 당주(幢主) 보용나(寶用那)도 모두 적진에 나아가 전사하였다. 당시의 사람들이 이 소식을 듣고 〈양산가(陽山歌)〉를 지어 부르며 슬퍼하였다.

관성향(管城鄕) 군 서쪽 15리에 있다. 본군의 옛터인데 지금은 식률평(植栗坪)이라 일컫는다.

마니산성(摩尼山城) 돌로 쌓았고, 둘레가 4631자이다.

명환名宦

고려

배득유(裵得儒) 지옥주사(知沃州事)가 되었는데, 정사의 성과가 가장 드러났다.

본조

양구주(梁九疇) 태종조(太宗朝)에 지옥천군사(知沃川郡事)가 되었는데, 법을 봉행(奉行)하는 데 공정하고 부지런하였으며, 백성을 다스리는 데 간명하고 엄정하였다. 서산(西山)에 잣나무 300여 그루를 심었는데, 지금까지 고을에서 그 이익을 얻고 있다.

양지손(梁芝孫) 옥천 군수가 되었는데, 정사를 행하는 데 깨끗하고 간명하다는 명성이 있었다.

유우流寓

조헌(趙憲) 김포(金浦) 사람이다. 본조 소경왕(昭敬王 선조) 때에 일찍이 보은 현감(報恩縣監)이 되었다가 그대로 본군에 우거하였다. 성품이 충의(忠義)롭고 강개하여 수차례 글을 올려 시정(時政)을 비판하였다. 왜구의 전란이 있을 것을 알고, 전후로 왜국 사신이 와서 정탐하매 조헌이 걸어서 대궐에 나아가 상소를 올려 힘써 간하였으니, 왜국 사신을 베고 중국에 주달하며 군사를 엄중히 하여 대비할 것을 청하는 내용이 수만 마디였다. 상소가 들어갔으나 받아들여지지 않자 머리를 찧어 피를 흘리며, 통곡하고 돌아왔다. 다음 해 임진년(1592, 선조25)에 왜구가 대거 침입하여 삼경(三京)[172]이 함락되고 상이 서쪽으로 거둥하자, 조헌이 즉시 문도(門徒)와 더불어 고을 사람들을 모집하여 격문(檄文)을 돌려 의병을 일으켜 청주에 주둔하고 있는 왜적을 격파하였다. 또 금산(錦山)의 왜적을 공격하였는데 병사는 적고 힘이 다하자 말하기를 "죽고 살고 나아가고 물러감에 있어 의(義)에 부끄러움이 없도록 하라." 하였다. 막하의 의사(義士) 700인도 모두 조헌과 함께 죽었다. 뒤에 문열(文烈)의 시호를 받았다.[173] 조헌은 학문을 돈독히 하고 힘써 행하였으며 또 건상(乾象 천문(天文))에 밝았다. 임진년

172 삼경(三京) : 남경(南京)인 서울, 중경(中京)인 개성(開城), 서경(西京)인 평양(平壤)을 말한다.

173 뒤에……받았다 : 조헌은 1649년(인조27)에 시호를 받았다. 《重峯集 附錄 卷1 年譜》

봄에 동남쪽에 소리가 나는 것을 듣고 놀라 말하기를 "이는 바로 천고(天鼓)이니, 왜적이 필시 바다를 건널 것이다." 하였다. 의병을 일으킨 뒤에 일찍이 밤에 하늘을 보고 북쪽을 향하여 절하며 곡하였는데, 한참 있다가 또 하늘을 우러러보며 말하기를 "내가 생각하기에 재앙이 행조(行朝)[174]에 미쳐서 북쪽으로 간 두 왕자[175]가 왜적에서 잡히게 될 것 같다." 하였는데, 나중에 생각해 보니 과연 그날이었다.

인물人物

본조

전팽령(全彭齡) 학식이 있었다. 공희왕(恭僖王) 기묘년(1519, 중종14)에 현량(賢良)으로 천거되고 뒤에 문과에 등제하였다. 관직이 시정(寺正)에 이르렀다.

174 행조(行朝) : 임금이 파천(播遷)하여 임시로 머무르던 곳을 가리킨다. 행재소(行在所)라고도 한다. 여기서는 두 왕자가 피란하여 임시로 머물렀던 곳을 말한다.

175 북쪽으로……왕자 : 임해군(臨海君)과 순화군(順和君)을 말한다. 임란 때 두 왕자가 회령부(會寧府)로 가 있었는데, 경성부(鏡城府) 호장(戶長)인 국세필(鞠世弼)과 그의 숙질인 회령부 아전 국경인(鞠景仁), 명천(明川) 아전 정말수(鄭末守) 등이 당을 지어 임해군과 순화군을 비롯한 호종한 조정 신하들을 포박하여 왜군에게 넘기고 항복한 일이 있었다.

문의현文義縣

동쪽으로 회인현(懷仁縣) 경계까지 11리이고, 남쪽으로 회덕현(懷德縣) 경계까지 17리이고, 서쪽으로 연기현(燕岐縣) 경계까지 41리이고, 북쪽으로 청주(淸州) 경계까지 12리이다. 서울과의 거리는 326리이다.

한전旱田

수전水田

건치연혁建置沿革

본래 백제의 일모산군(一牟山郡)이다. 신라 경덕왕(景德王) 때에 연산군(燕山郡)으로 고쳤다. 고려 때 청주에 편입시켰으며, 명종(明宗) 초에 다시 연산현(燕山縣)을 설치하였고, 고종(高宗) 때에 문의현(文義縣)으로 고쳤다. 본조에서 그대로 따랐다. 관장하는 면은 7개이고, 관원은 현령과 훈도이다. 각 1인이다.

군명郡名

연산(燕山)

산천山川

양성산(壤城山) 현 서쪽 4리에 있다.

누현(漏峴) 현 동쪽 9리, 구소리(九巢里)에 있다. 크고 작은 두 개의 바위굴이 있는데 그 깊이를 헤아릴 수 없고, 홍수나 가뭄에도 넘치거나 마르는 일이 없다. 세속에서 전하기를 "아홉 용이 살던 곳이므로 마을 이름을 구소(九巢)라 하였다." 한다.

구룡산(九龍山) 현 서쪽 12리, 회인현 경계에 있다. 산 정상에 노인성전(老人星殿) 옛터가 남아 있다.

월굴산(月窟山) 현 남쪽 3리에 있으며, 일명 옥녀봉(玉女峯)이라 한다.

대명산(大明山) 현 서쪽 29리에 있다.

용혈(龍穴) 현 동쪽 3리에 있다. 고을 사람이 횃불을 들고 들어가는데, 노끈을 매고 들어가 되돌아 나올 표시를 해야 한다. 깊이 들어가도 끝이 없고, 아래에 큰 물줄기가 있어 불을 던지면 불꽃이 반딧불같이 되어서 꺼진다.

금강(錦江) 옥천(沃川)과 회인 경계에서 현 남쪽 20리에 이르러 이원나루〔利遠渡〕를 지나서 서쪽으로 흘러 공주(公州) 경계로 들어간다.

초천(椒泉) 현 서쪽 30리에 있다. 맛이 후추처럼 맵고 목욕을 하면 절로 병이 낫는다.

토산土産

꿀〔蜂蜜〕, 황랍(黃蠟), 지치〔紫草〕, 복령(茯苓), 안식향(安息香), 산무애뱀〔白花蛇〕, 누치〔訥魚〕, 쏘가리〔錦鱗魚〕

학교學校

향교(鄕校) 현 서쪽 1리에 있다.

석암서원(石巖書院) 현 서쪽 15리에 있으니 바로 석암사(石巖寺) 옛터이다. 고을 사람이 서원을 짓고 사당을 세워 송인수(宋麟壽), 성제원(成悌元), 정렴(鄭磏)을 향사하였다.

궁실宮室

객관(客館)

향사당(鄕射堂) 객관 동남쪽에 있다.

사산루(四山樓) 객관 동쪽에 있다.

봉수烽燧

소이산 봉수(所伊山烽燧) 현 동쪽 3리에 있다. 남쪽으로 회덕현(懷德縣)의 계족산(鷄足山)에 응하고, 북쪽으로 청주(淸州)의 거대산(巨大山)에 응한다.

우역郵驛

덕류역(德留驛) 현 남쪽 3리에 있다.

다정원(茶亭院) 현 동쪽 2리에 있다.

광제원(廣濟院) 현 남쪽 7리에 있다.

형각원(荊角院) 현 남쪽 15리, 형각나루〔荊角渡〕 둔덕에 있다.

달산원(達山院) 현 서쪽 37리에 있다.

관량關梁

이원나루〔利遠渡〕 현 남쪽 15리에 있으니, 바로 금강(錦江) 나루터이다. 일명 형각진(荊角津)이라고 한다.

사묘祠廟

사직단(社稷壇) 현 서쪽에 있다.

문묘(文廟) 향교에 있다.

성황사(城隍祠) 양성산(壤城山)에 있다.

여단(厲壇) 현 북쪽에 있다.

사찰寺刹

견불사(見佛寺) 구룡산(九龍山)에 있다.

묘고사(妙高寺) 현 서쪽 28리, 국사랑산(國師郎山)에 있다.

유마사(維摩寺) 대명산(大明山)에 있다.

월리사(月裏寺) 현 남쪽 10리에 있다.

고적古蹟

연산성(燕山城) 현 서쪽 4리, 양성산 위에 있으니, 바로 예전에 연산군(燕山郡)일 때 쌓은 성이다. 돌로 쌓았고, 둘레가 3750자이다. 가운데에 둥근 못이 있는데 둘레가 190자이고 사면이 모두 돌을 비스듬히 쌓아 층계를 이루었으며, 큰 가뭄에도 물이 마르지 않는다. 고려 태조(太祖)가 유금필(庾黔弼)을 보내어 백제의 연산진(燕山鎭)을 공격하여 장군 길환(吉奐)을 죽이게 하였는데, 아마도 바로 이 성인 듯하다.

유우流寓

이영구(李英耇)[176] 본조

열녀列女

양씨(楊氏) 본현 사람 이귀화(李貴和)의 처로, 19세에 남편이 죽자 조석전

176 이영구(李英耇) : 조선 초기의 문신으로, 세종조·세조조 연간에 직산 현감, 청주 목사, 공주 목사 등을 지냈다. 《東國輿地志 卷3 忠淸道 淸州牧, 稷山縣, 公州牧》 문의현과 관련된 기록은 문헌에 보이지 않는다.

(朝夕奠)을 반드시 직접 올렸다. 상을 마치고 아버지가 개가시키려고 하였는데 양씨가 강력하게 거절하면서 목매달아 죽고자 하니 아버지가 겁이 나서 그 뜻을 빼앗지 못하였다. 매년 속절(俗節) 때마다 직접 무덤에 올라갔고 늙고 병들어 직접 가지 못하게 되자 제삿날에 반드시 목욕재계하고 무덤을 향하여 절하였다. 본조 성종 2년(1471)에 정려(旌閭)하였다.

직산현稷山縣

동쪽으로 진천현(鎭川縣) 경계까지 33리, 경기 안성군(安城郡) 경계까지 31리[177]이고, 북쪽으로 같은 군 경계까지 25리이고, 남쪽으로 천안군(天安郡) 경계까지 10리, 목천현(木川縣) 경계까지 21리이고, 서쪽으로 평택현(平澤縣) 경계까지 22리이다. 서울과의 거리는 189리이다.

한전旱田

수전水田

건치연혁建置沿革

본래 백제의 위례성지(慰禮城池)인데, 뒤에 고구려가 취하여 사산현(蛇山縣)을 설치하였다. 신라에서 그대로 따라 백성군(白城郡) 영현(領縣)으로 삼았다. 고려 초에 이름을 직산(稷山)으로 고쳤고, 현종(顯宗) 때

177 31리 : 《신증동국여지승람》 권16 〈충청도 직산현〉에는 '21리'로 되어 있다. 지리적인 정황으로 21리가 타당한 듯하나 근거가 불충분하여 대본대로 번역하였다.

천안부(天安府)에 편입시켰으며, 명종(明宗) 때에 다시 직산현(稷山縣)을 설치하였다. 본조 태조(太祖) 2년(1393)에 군으로 승격하였다. 본현 사람인 환자(宦者) 김연(金淵)이 명나라에 들어가 황제를 모시고 있다가 사명을 받들고 왔으므로 승격시킨 것이다. 태종(太宗) 1년(1401)에 다시 현으로 강등시켰다. 관장하는 면은 14개이고, 관원은 현감과 훈도이다. 각 1인이다.

군명郡名

위례성(慰禮城), 사산(蛇山)

형승形勝

온조(溫祚)의 유허(遺墟)이다. 이자원(李椉源)의 시

산천山川

사산(蛇山) 현 서쪽 3리에 있다. 진산(鎭山)이다. 위에 토성(土城)이 있는데, 둘레가 2940자이다. 안에 우물이 하나 있었다. 지금은 없어졌다.

성거산(聖居山) 현 동쪽 21리에 있다. 고려 태조가 일찍이 거둥하여 현 서쪽 수헐원(愁歇院)에 머물렀는데, 동쪽을 바라보니, 산 위에 오색구름이 있었으므로 이는 신(神)이 있는 것이라 하여 제사 지내고, 드디어 성거산이라 칭하였다. 우리 태조와 장헌왕(莊憲王 세종)이 온천(溫泉)에 행차할 때에 또한 여기서 제사 지냈다.

양전산(良田山) 현 서쪽 22리에 있다.

망해산(望海山) 현 서쪽 42리, 경양폐현(慶陽廢縣)에 있다.

휴류암(鵂鶹巖) 현 남쪽 5리에 있다. 형상이 양(羊), 말, 인물(人物) 같다.[178]

소사평(素沙坪) 혹 홍경평(弘慶坪)이라고도 한다. 현 북쪽 20리에 있다. 서쪽으로 평택현(平澤縣)에 이르고, 북쪽으로 경기 수원부(水原府)의 신영장(新永莊) 및 양성현(陽城縣) 소사원(素莎院)에 이르는데, 평평하고 넓은 땅이 30여 리는 된다. 혹 소초평(所草坪)이라고도 한다. 양성현에도 보인다. ○ 만력(萬曆) 정유년(1597, 선조30)에 왜병이 남원성(南原城)을 함락하고 전라도에서부터 승승장구하여 올라왔는데, 명나라 제독 마귀(麻貴)와 부총병 해생(解生)이 이곳에서 대적하여 철기(鐵騎)로써 몰아붙여 왜병을 크게 격파하였다.

경양포(慶陽浦) 경양폐현(慶陽廢縣)에 있다. 해포(海浦)이다.

아주천(牙州川) 현 북쪽 20리에 있다. 경기 안성군(安城郡) 남쪽 청룡산(靑龍山)에서 발원하여 서쪽으로 흘러 양성현 소사천(素沙川)에 들어간다.

성환지(成歡池) 성환역(成歡驛) 앞에 있다. 둑 길이는 80보, 둘레는 2리이며, 연(蓮)이 있다.

178 형상이……같다 : 《여암유고(旅菴遺稿)》 권9 잡저(雜著) 〈휴류암(鵂鶹巖)〉에는 "험한 바위가 수북이 쌓여 있는데, 양 모양도 있고 말 모양도 있으며, 불꽃 같고 솜 같고, 갑주 차림의 군사가 위풍당당하게 읍하는 것 같고 부처가 가부좌하고 염주 세는 것 같은 형상들이 있는데, 부엉이 같은 모양은 없다.〔巖磈砢然群積, 有如羊如馬, 如炎如綿, 如介冑之士厲以揖, 如瞿曇之趺坐數球, 未有如鵂鶹者.〕"라고 하였다.

토산土産

황금(黃芩), 안식향(安息香), 산무애뱀〔白花蛇〕, 숭어〔秀魚〕, 밴댕이〔蘇魚〕, 웅어〔葦魚〕, 참조기〔黃石首魚〕, 붕어〔鯽魚〕

공서公署

성환도 찰방사(成歡道察訪司) 현 서북쪽 8리에 있다. 성환(成歡), 신은(新恩), 김제(金蹄), 광정(廣程), 일신(日新), 경천(敬天), 평천(平川), 단평(丹平), 유구(維鳩), 금사(金沙), 장명(長命), 영춘(迎春) 12역을 거느린다. ○ 찰방 1인이 있다.

학교學校

향교(鄕校) 현 서쪽 1리에 있다.

궁실宮室

객관(客館)

향사당(鄕射堂)

제원루(濟源樓) 객관 동북쪽에 있다. ○ 본조 서거정(徐居正)의 시서(詩序)[179]는 다음과 같다.

179 서거정(徐居正)의 시서(詩序) : 〈직산 제원루시서(稷山濟源樓詩序)〉이다. 《四佳集 四佳

"영남(嶺南)에 사신으로 갈 때 직산을 지나게 되었다. 직산 객관 동북쪽에 누각이 하나 있기에 올라가서 조금 쉬다가 주인에게 '이 누각 이름이 무엇입니까?'라고 물으니, 주인은 알지 못하였다. 좌우 사람들에게 물으니, 고을 사람이 '제원'이라 하였다. 그러나 그 자리에 앉아 있는 객들은 제원의 뜻을 알지 못하였다. 이에 내가 말하기를 '이 고을은 백제의 옛 도읍이니, 이 누각을 제원이라 한 것은 백제의 근원이 여기에서 시작했다는 말이 아니겠는가.' 하였다. 대개 백제의 시조 온조(溫祚)라는 분은 본래 고구려 동명왕(東明王) 주몽(朱蒙)의 아들로서 난을 피하여 남쪽으로 도망하다가 하남(河南) 위례성(慰禮城)에 도읍을 했으니, 세상에서 이곳을 직산이라 전하고 있다. 뒤에 위례에서 남한산성으로 도읍을 옮겼으니, 곧 지금의 광주(廣州)이다. 대개 온조왕이 이리저리 떠돌며 파천(播遷)하는 와중에 나라를 세우고 도읍을 설치해서 600년의 기업을 열었으니, 호걸스럽고 영특한 재주가 아니라면 그럴 수 있었겠는가. 그 후대에 내려오면서 여러 번 그 나라를 옮겼는데, 강한 것을 믿고 혼음(昏淫)한 정사로 결국 망했으니, 아, 슬프다. 이에 이 누(樓)에 오르니 감개를 이기지 못하여 시를 지어 조문한다. 시에,

백제의 옛터에 잡초만 절로 우거졌어라	百濟遺墟草自平
내 와서 보니 감개하여 마음이 상하누나	我來感慨一傷情
다섯 용은 천안부에서 다툼을 그쳤는데	五龍爭罷天安府
쌍봉은 위례성에서 울며 사라졌네[180]	雙鳳鳴殘慰禮城

詩集補遺 卷3》

180 다섯……사라졌네 : 다섯 용은 《세종실록》 〈지리지 충청도 청주목〉 천안군에 "고려 태

시조 사당 깊은 곳엔 단풍나무 어우러졌고　　始祖祠深紅樹合
성거산이 둘러싼 곳엔 푸른 구름 비꼈구나　　聖居山擁碧雲橫
누에 오르니 추풍에 슬픈 생각 하 많은데　　登樓多少秋風思
어디에서 부는지 철적[181] 소리가 들려오누나　　何處吹殘鐵笛聲

하였다."

봉수烽燧

망해산 봉수(望海山烽燧) 남쪽으로 아산현(牙山縣) 연암산(燕巖山)에 응하고, 북쪽으로 양성현(陽城縣) 괴태길곶(槐台吉串)에 응한다.

우역郵驛

성환역(成歡驛) 현 서북쪽 8리에 있다. 찰방사(察訪司) 본역이다.

통수원(通水院) 성환역 옆에 있다.

조(太祖) 13년(930) 동도솔(東兜率)과 서도솔(西兜率)을 합하여 천안부로 삼았다"라고 하였는데 그 주석에 "전설에 의하면, 술사(術師) 예방(藝邦)이 태조에게 아뢰기를 '삼국(三國)의 중심(中心)으로서 오룡(五龍)이 구슬을 다투는 형세이오니, 만일 이곳에 큰 고을을 두면 백제가 스스로 와서 항복하오리다.' 하므로 태조가 산에 올라 두루 살펴보고 비로소 천안부를 설치하였다고 한다."라고 하였으니, 왕건이 천안도독부를 설치하고 후삼국을 통일한 것을 비유한 표현이다. 쌍봉은 동명왕의 두 아들로 백제의 건국 시조인 비류와 온조를 가리키는데, 앞구와 대구를 이루어 삼국을 통일한 왕건과 대비를 이루는 표현이다.

181 철적(鐵笛) : 은자(隱者)나 고사(高士)가 불던 젓대라고 전하는데, 주희(朱熹)의 〈철적정서(鐵笛亭序)〉에 "무이산 속의 은자인 유군은 철적을 잘 불어서, 구름을 뚫고 돌을 찢는 소리가 난다.〔武夷山中隱者劉君, 善吹鐵笛, 有穿雲裂石之聲.〕"라고 하였다.

말원(末院) 현 남쪽 8리에 있다.

수헐원(愁歇院) 현 서쪽 7리에 있다. ○ 고려 김지대(金之岱)의 시에,

꽃은 지고 새 울어 봄 졸음 무거운데　　花落鳥啼春睡重
연기 깊고 들 넓어 말 가기 더디어라　　煙深野闊馬行遲
푸른 산 만리 길에 노닐던 곳 멀어졌는데　　碧山萬里舊遊遠
긴 피리 한 곡조 어느 곳에서 부는가　　長笛一聲何處吹

하였다.

홍경원(弘慶院) 현 북쪽 15리에 있다. ○ 고려 현종(顯宗)이 이곳이 갈림길의 요충(要衝)인 데다 사람 사는 곳이 멀리 떨어져 있고 무성한 갈대덤불이 들판에 가득해서 행인이 자주 약탈하는 강도를 만나기 때문에 승(僧) 형긍(逈兢)에게 명하여 절을 세우게 하였다. 병부 상서(兵部尙書) 강민첨(姜民瞻) 등에게 일을 감독해서 집을 모두 200여 칸을 세우게 하고,[182] 봉선홍경사(奉先弘慶寺)라는 이름을 하사하였다. 또 절 서쪽에 객관을 도합 80칸을 세우고 이름을 광연통화원(廣緣通化院)이라 하고, 양식을 쌓고 마초(馬草)를 저장해서 행인들에게 제공하였다. 마침내 비석을 세우고 한림학사(翰林學士) 최충(崔冲)에게 명하여 비문을 짓고 봉의랑(奉議郞) 백현례(白玄禮)에게 쓰게 하였다. 지금은 절은 없어지고 원(院)과 비석만 남아 있으니, 드디어 절 이름을 따서 홍경원이라고 칭하게 되었다. ○ 본조 이첨(李詹)의 시에,

182 승(僧)……하고 : 《동사강목(東史綱目)》 제7상 〈병진년 현종 7년〉 11월 기사에 기록되어 있다. 《신증동국여지승람》 권16 〈충청도 직산현〉 학교조(學校條)에는 1021년(현종12)에 절이 완성된 것으로 기록되어 있다.

홍경사에서 말을 멈추고	停驂弘慶寺
다시 옛 비문을 읽노라	再讀古碑文
글자가 깨진 것은 야승이 두드린 때문이요	字缺野僧打
이끼가 시든 것은 봄에 놓은 들불에 타서라네	苔殘春燒焚
현산[183]에 장차 해 지려 하는데	峴山將落日
진령[184]을 보니 정히 뜬구름만 자욱	秦嶺政浮雲
현종께서는 효도를 극진히 하시고	顯廟能敦孝
계모를 후손들에게 남겨 주었건만	伊謀及後昆

하였다.

신원(新院) 현 동쪽 20리에 있다.

관량關梁

아주교(牙州橋) 현 북쪽 20리에 있다.

183 현산(峴山) : 진(晉)나라 양호(羊祜)가 양양(襄陽)의 수령으로 있을 때 백성들에게 많은 은혜를 베풀었는데, 그가 죽은 뒤에 그 지방 백성들이 양호가 평소에 휴식하던 곳인 현산에 비석을 세워 그 공을 기렸다고 한다.《晉書 羊祜列傳》 여기서는 홍경사비(弘慶寺碑)가 세워진 곳을 가리킨다.

184 진령(秦嶺) : 진(秦)나라 장안(長安)에 있던 산으로, 남산(南山)이라고도 한다. 여기서는 고려의 서울을 가리키는 말로 쓰인 듯하다.

사묘祠廟

사직단(社稷壇) 현 서쪽에 있다.

문묘(文廟) 향교에 있다.

온조왕묘(溫祚王廟) 현 동북쪽 3리에 있다. 우리 세조 11년(1465)에 처음 세웠으며, 봄가을로 향축(香祝)을 내려 치제(致祭)하였다.

성황사(城隍祠) 현 서쪽에 있다.

여단(厲壇) 현 북쪽에 있다.

사찰寺刹

구암사(龜菴寺), 만일사(萬日寺), 신암사(新菴寺) 모두 성거산(聖居山)에 있다.

미라사(彌羅寺) 양전산(良田山)에 있다.

고적古蹟

위례성(慰禮城) 성거산 위에 있다. 백제의 시조 온조(溫祚)는 고구려 동명왕(東明王)의 셋째 아들이다. 동명왕이 죽자 형 비류(沸流)와 함께 유리왕(瑠璃王)을 피하여 졸본부여(卒本扶餘)에서 남쪽으로 달아나 한수(漢水)를 건넜다. 비류는 미추홀(彌雛忽)에 도읍하였고 온조는 위례성에 도읍하였으니, 이때는 한 성제(漢成帝) 홍가(鴻嘉) 3년(기원전 18)이다. 온조는 오간(烏干), 마려(馬黎) 등 10명의 신하를 보좌로 삼아 처음에 십제(十濟)라고 일컬었고, 뒤에 여기 올 적에 백성들이 기꺼이 따라왔으므로 나라 이름을 백제라고 고쳤다. 이곳에 거주한 지 14년 뒤에 남한산(南漢山)으로 옮겨 도읍하였다. 지금 흙으로 쌓은 옛 성이 남아 있으니, 둘레가 1690자이며 안에 우물이 하나 있었다. 모두 허물어졌다.

경양폐현(慶陽廢縣) 현 서쪽 44리에 있다. 본래 백제 아술현(牙述縣) 지역이다. 고려 초에 이곳에 하양창(河陽倉)을 처음 설치하였고, 뒤에 경양현(慶陽縣)으로 고치고 염장(鹽場)을 겸관(兼管)하게 하였다. 본조 초[185]에 직산현에 편입시켰다.

천흥사(天興寺) 성거산 아래에 있었다. 예전에 없어졌는데 터는 아직 남아 있다. 당나라 때 세운 동장(銅檣 구리 돛대)과 석탑이 남아 있다.

명환名宦

본조

이영구(李英耉) 세종조(世宗朝)에 직산 현감이 되었으며, 청렴하고 신중하여 정사를 잘한다는 명성이 있었다.

유우流寓

신영희(辛永禧) 본조 서울 사람이다. 강정왕(康靖王 성종) 때에 김굉필(金宏

185 본조 초 : 《신증동국여지승람》 권16 〈충청도 직산현〉 고적조(古蹟條)에는 '태조 5년'으로 되어 있다.

弼)과 친하게 지냈는데, 김굉필이 말하기를 "지금 사류(士類)의 기운을 보니, 동한(東漢) 말기와 비슷하다. 재앙이 머지않았으니, 자네는 멀리 떠나 향곡(鄕曲)에서 은둔하기를 바란다." 하였다. 이에 신영희가 그 말에 따라 직산의 사산(蛇山) 아래로 돌아가 우거하고 당호를 안정(安亭)이라 하였다. 신영희가 일찍이 남효온(南孝溫), 홍유손(洪裕孫) 등과 벗하였고 문장과 행의가 당대에 높아서 동남쪽으로 행차하다가 지나가는 벼슬아치들은 모두 그의 집에 예를 차리지 않는 자가 없었다.

인물人物

신라

심나(沈那) 힘이 보통 사람보다 뛰어났다. 백제와 싸울 때 가는 곳마다 무너지지 않는 진(陣)이 없었으니, 백제 사람들이 비장(飛將)이라고 일컬었다.

소나(素那) 심나의 아들로서, 웅걸(雄傑)하여 아버지의 풍모가 있었다. 일찍이 아달성(阿達城)을 지킬 적에 말갈(靺鞨)이 몰래 군사를 몰아 갑자기 쳐들어와서 늙은이와 어린이를 겁략하니, 소나가 칼을 빼들고 크게 외치기를 "너희는 신라(新羅)에 심나의 아들 소나가 있다는 걸 아느냐? 싸우고 싶은 자는 어서 오너라." 하고 드디어 힘껏 쳐서 적을 무찌르니, 적은 감히 가까이 오지 못하고 다만 소나를 향해서 활을 쏠 뿐이었다. 진시(辰時)부터 유시(酉時)까지 화살이 소나의 몸에 마치 고슴도치처럼 꽂히자 마침내 숨을 거두었다. 그 아내가 울면서 말하기를 "죽은 사람이 항상 말하기를 '대장부가 마땅히 나랏일에 죽어야 한다. 어찌 침상 위에 누워서 부인의 손에 죽을 수 있겠는가.' 하더니 이제 그 뜻대로 죽은 것이다." 하였다. 임금이 듣고 눈물을 흘리면서 말하기를 "소나의 부자는 대대로 충의(忠義)를 이었다고 할 만하다." 하고, 잡찬(迊飡)을 증직하였다.

고려

백문보(白文寶) 성품이 염결하고 정직하였다. 공민왕(恭愍王) 초에 전리사 판서(典理司判書)에 제수되어 10과(科)를 설치하여 선비를 등용할 것을 청하였다.[186] 신우(辛禑)가 대군(大君)이 되자 왕이 명하여 백문보를 사(師)로 삼았다. 관직이 정당문학에 이르고 직산군(稷山君)에 봉해졌다. 시호는 충간(忠簡)이다.

186 공민왕(恭愍王)……청하였다 : 《고려사절요》 권26 〈공민왕(恭愍王) 1 임진 1년〉 3월 기사에 "전리사 판서 백문보가 상소하여 선법을 논하고 송나라 사마광의 십과거사의 제도를 시행할 것을 청하였다.〔典理判書白文寶上疏, 論選法, 請行宋司馬光十科擧士之制.〕"라고 하였다. 10과(科)는 송나라 원우(元祐) 1년(1086) 사마광이 상주(上奏)하여 설치한, 인재를 뽑는 열 가지 과목을 말한다.《宋史 選擧志6》

목천현木川縣

동쪽으로 청주(淸州) 경계까지 19리, 진천현(鎭川縣) 경계까지 40리이고, 북쪽으로 직산현(稷山縣) 경계까지 19리이고, 서쪽으로 천안군(天安郡) 경계까지 17리이고, 남쪽으로 전의현(全義縣) 경계까지 22리이다. 서울과의 거리는 247리이다.

한전旱田

수전水田

건치연혁建置沿革

본래 백제 대목악군(大木嶽郡)이다. 신라 경덕왕(景德王) 때에 대록군(大麓郡)으로 고쳤다. 고려 때 목주(木州)로 고쳤다가 다시 청주에 편입시켰고, 명종(明宗) 초에 다시 목주를 떼어 내어 현으로 삼았다. 본조 공정왕(恭定王 태종) 13년(1413)에 목천현으로 고쳤다. 관장하는 면은 6개이고, 관원은 현감과 훈도이다. 각 1인이다.

군명郡名

대록(大麓), 목주(木州)

산천山川

작성산(鵲城山) 현 동쪽 10리에 있다. 진산(鎭山)이다.

흑성산(黑城山) 현 서쪽 5리에 있다.

취암산(鷲巖山) 현 서쪽 12리에 있다. 용혈(龍穴)이 있으니, 비를 비는 곳이다.

세성산(細城山) 현 남쪽 8리에 있다.

성거산(聖居山) 현 서북쪽 14리에 있다. 직산현(稷山縣)에도 자세히 보인다.

길상산(吉祥山) 현 북쪽 35리에 있다. 진천현(鎭川縣)에도 보인다.

병천(并川) 현 남쪽 6리에 있다. 하나는 현 북쪽 산방동(山方洞)에서 나와 현내(縣內)를 지나고, 하나는 작성산에서 나와 복민정(伏黽亭) 앞을 지나는데, 합류하여 남쪽으로 흘러 청주 작천수(鵲川水)로 들어간다.

토산土産

철(鐵), 현 북쪽 산방천(山方川)에서 난다. 자기(磁器), 꿀〔蜂蜜〕, 황랍(黃蠟), 대추〔棗〕, 지치〔紫草〕, 안식향(安息香)

학교學校

향교(鄕校) 현 서쪽 2리에 있다.

죽림서원(竹林書院) 현 동쪽 15리에 있다. 인조(仁祖) 때 읍인이 짓고 사당을 세워 김일손(金馹孫)과 정구(鄭逑)를 향사하였다.

궁실宮室

객관(客館) 지금은 없어졌다.

동작루(東作樓) 예전에는 객관 동쪽에 있었다. 세종 16년(1434)에 세웠다. ○ 유사눌(柳思訥)이 이름을 짓고 기문을 지었으며 뒤에 관찰사 정미수(鄭眉壽)가 이름을 소심(小心)이라고 고쳤다. 최부(崔溥)의 기문이 있다.

복민정(伏黽亭) 현 동쪽 5리에 있다. 작은 돈대가 물가에 있는데 엎드린 맹꽁이 모양이고 정자가 그 위에 있으므로 이렇게 이름 붙였다. 계곡과 산이 평평하고 넓으며 경치가 아름답다.

우역郵驛

연춘역(延春驛) 현 동쪽 3리에 있다.

탑원(塔院) 현 남쪽 5리에 있다. 남원(南院)이라고도 부른다.

정항원(井項院) 현 서쪽 14리에 있다.

말원(末院) 현 서쪽 15리에 있다.

불지방원(佛地方院) 현 동쪽 35리에 있다.

관량關梁

복민정교(伏黽亭橋) 복민정 남쪽 수백 보 되는 곳에 있다.

사묘祠廟

사직단(社稷壇) 현 서쪽에 있다.

문묘(文廟) 향교에 있다.

성황사(城隍祠) 현 동쪽 1리에 있다.

여단(厲壇) 현 북쪽에 있다.

능묘陵墓

사찰寺刹

보문사(普門社) 성거산(聖居山)에 있다.

은석사(恩石寺) 작성산(鵲城山)에 있다.

승천사(勝天寺) 흑성산(黑城山)에 있다.

고적古蹟

흑성산성(黑城山城) 돌로 쌓았고, 둘레가 2290자이다. 가운데 못이 하나 있는데 가물 때 비를 빈다.

인물人物

고려

우학유(于學儒) 뜻이 크고 기개가 있었다. 의종(毅宗)과 명종(明宗) 두 왕조 때에 왕궁을 숙위(宿衛)하면서 비할 데 없이 충성스럽고 근신하였다. 이고(李高) 등이 장차 난을 일으키려 하면서 우학유와 함께 모의하였는데, 우학유가 말하기를 "공의 뜻은 크다. 그러나 우리 아버지가 항상 내게 훈계하시기를 '무관이 문관에게 굴욕당하고 있으니, 어찌 분하지 않겠느냐. 그들을 없애기란 썩은 가지 꺾기보다도 쉬운 일이지만 문관이 해를 당하면 역시 발길을 돌리기 전에 화가 우리들에게 미칠 것이니 너는 의당 삼가야 한다.' 하였는데, 아버지는 돌아가셨어도 그 말이 아직도 귓가에 남아 있으니, 죽어도 따르지 않겠다." 하였다. 벼슬이 동지추밀원사(同知樞密院事)에 이르렀다.

본조

서만(徐萬) 아버지를 지극히 효성스럽게 모셔서 삭망(朔望)에 반드시 술과 음식을 장만하여 봉양하였다. 아버지가 겨울철에 병이 들어 생선을 먹고 싶어 하자 서만이 얼음을 두드리며 하늘에 호소하니 물고기 네 마리가 뛰어 올라왔다. 이에 가지고 돌아와 드시게 하였더니 아버지의 병이 즉시 나았다. 후일에 아버지가 죽자 여막에서 3년 동안 시묘하였는데, 그동안 한 번도 집에 가지 않았다. 강정왕조(康靖王朝 성종)에 일이 보고되자 특별히 관직을 제수하였다.

회인현懷仁縣

동쪽으로 보은현(報恩縣) 경계까지 16리이고, 남쪽으로 청주(淸州) 경계까지 25리[187]이고, 서쪽으로 문의현(文義縣) 경계까지 16리이고, 북쪽으로 청주 경계까지 29리이다. 서울과의 거리는 346리이다.

한전旱田

수전水田

건치연혁建置沿革

본래 백제의 미곡현(未谷縣)이다. 신라 때 매곡(昧谷)으로 이름을 고치고 연산군(燕山郡) 영현(領縣)으로 삼았다. 고려 초에 회인(懷仁)으로 고치고 현종(顯宗) 때 청주에 편입시켰으며, 뒤에 떼어 내어 회덕현(懷德縣)이 겸관(兼管)하도록 하였다. 신우(辛禑) 때에 다시 회인현을 설치하였다. 본조에서 그대로 따랐다. 관장하는 면은 3개이고, 관원은 현감

187 25리 : 《신증동국여지승람》 권16 〈충청도 회인현〉에는 '32리'로 되어 있다.

과 훈도이다. 각 1인이다.

군명郡名

미곡(未谷), 매곡(昧谷)

산천山川

하마산(何麽山) 현 서쪽 2리에 있다. 진산이다.

호점산(虎岾山) 현 남쪽 9리에 있다.

구룡산(九龍山) 현 서북쪽 25리에 있다. 문의현(文義縣)에도 보인다.

가산(駕山) 현 남쪽 20리에 있다.

피반대령(皮盤大嶺) 현 북쪽 15리에 있다. 고갯길이 아홉 번 꺾이는 곳으로, 가장 높고 험하다.

차의현(車衣峴) 현 동쪽 12리에 있다.

노성산(老城山) 현 남쪽 10리에 있다.

매곡산(昧谷山) 현 동쪽 1리에 있다.

묵현(墨峴) 현 서쪽 13리에 있다.

금강(錦江) 옥천군(沃川郡) 경계에서 흘러 들어와 현 남쪽 경계를 지나는데, 물이 뭇 산 가운데를 경유하여 굽이굽이 돌아 나간다.

말흘탄(末訖灘) 현 남쪽 19리에 있으니 바로 금강 여울의 건너는 곳이다. 물살이 급하고 돌이 험한데, 방언에서 험한 것을 말흘(末訖)이라 하므로 그렇게 이름 붙였다. 상하로 물살이 급한 여울이 매우 많다.

토산土産

무쇠〔水鐵〕, 노성산에서 난다. 수정석(水精石), 현 북쪽 마산(馬山)에서 난다. 석회(石灰), 꿀〔蜂蜜〕, 황랍(黃蠟), 지치〔紫草〕, 복령(茯苓), 안식향(安息香)

학교學校

향교(鄕校) 현 북쪽 2리에 있다.

궁실宮室

객관(客館)

우역郵驛

예대원(禮大院) 현 동쪽 10리에 있다. 예전에 공대원(孔大院)이라 칭하였다.

신원(新院) 현 북쪽 25리에 있다.

탑원(塔院) 현 북쪽 5리에 있다.

사묘祠廟

사직단(社稷壇) 현 서쪽에 있다.

문묘(文廟) 향교에 있다.

성황사(城隍祠) 매곡산에 있다. 봄가을로 본관에서 제사 지낸다.

여단(厲壇) 현 북쪽에 있다.

사찰寺刹

웅암사(熊巖寺) 구룡산에 있다.

묘암사(妙巖寺) 현 서쪽 2리, 목감산(牧監山)에 있다.

마전사(痲田寺) 노성산에 있다.

고적古蹟

호점산성(虎岾山城) 돌로 쌓았고, 둘레가 5148자이다. 안에 우물이 3개 있었다. 지금은 없어졌다.

매곡산성(昧谷山城) 돌로 쌓았고, 둘레가 1152자이다.

인물人物

고려

공직(龔直) 용맹과 지략이 있었다. 신라 말기에 본읍(本邑) 장군이 되고 마침내 견훤(甄萱)을 섬겼는데, 견훤이 무도한 것을 보고 그 아들 공영서(龔

英舒)와 함께 태조(太祖)에게 귀부(歸附)하니,[188] 태조가 대상(大相)에 제수하였다. 관직이 좌승(左丞)에 이르렀다. 시호는 봉의(奉義)이다. 아들 공직달(龔直達)과 공금서(龔金舒)는 모두 견훤에게 볼모로 잡혀 있었는데 공직이 고려에 귀부하자 견훤이 그들을 살해하였다.

188 태조(太祖)에게 귀부(歸附)하니 : 《고려사절요》 권1 〈태조 신성대왕(太祖神聖大王) 임진 15년〉 6월 기사에 후백제의 장군 공직(龔直)이 와서 항복하였다는 기록이 있다.

청안현清安縣

동쪽으로 청주(清州) 경계까지 30리이고, 남쪽으로 같은 주 경계까지 12리이고, 서쪽으로 같은 주 경계까지 22리이고, 북쪽으로 괴산군(槐山郡) 경계까지 9리, 음성현(陰城縣) 경계까지 19리이다. 서울과의 거리는 293리이다.

한전旱田

수전水田

건치연혁建置沿革

본래 백제 땅이다. 고려 초에 청당현(清塘縣)으로 일명 청연(清淵)이다. 삼았다가 이윽고 청주에 편입시켰으며 뒤에 다시 현을 설치하고 도안(道安)을 겸관(兼管)하게 하였다. 본조 공정왕(恭定王 태종) 5년(1405)에 도안을 편입시켜 병합하여 청안현으로 삼았다. 관장하는 면은 □개이다. 관원은 현감과 훈도이다. 각 1인이다.

군명郡名

청당(青塘)

풍속風俗

검소함을 숭상한다. 지지(地志)

산천山川

두타산(頭陀山) 현 서쪽 20리에 있다. 진천현(鎭川縣)에도 보인다.

좌구산(坐龜山) 현 남쪽 10리에 있다.

칠보산(七寶山) 현 동쪽 6리에 있다.

유성산(狃城山) 현 서쪽 20리에 있다.

송현(松峴) 현 동쪽 7리에 있다.

사현(蛇峴) 현 북쪽 15리에 있다.

초현(椒峴) 현 남쪽 15리에 있다.

구자은현(仇自隱峴) 현 동쪽 7리에 있다.

작천(鵲川) 원류가 셋으로, 하나는 진천현 두타산에서 나오고 하나는 음성현(陰城縣) 박이현(朴伊峴)에서 나오고 하나는 좌구산에서 나오는데, 현 서쪽 27리에 이르러 합해져서 이 물이 된다. 이 물은 남쪽으로 흘러 반탄(磻灘)을 지나 청주(淸州) 경계에 들어간다.

토산土産

백옥(白玉), 현 동쪽 사산리(蛇山里)에서 난다. 꿀〔蜂蜜〕, 황랍(黃蠟), 지치〔紫草〕, 지황(地黃), 복령(茯苓)

학교學校

향교(鄕校) 현 동쪽 2리에 있다.

궁실宮室

객관(客館)

우역郵驛

시화역(時和驛) 현 서쪽 17리에 있다.

백우원(白隅院) 현 북쪽 18리에 있다.

수정천원(水精遷院) 현 동쪽 30리에 있다.

장후원(長候院) 현 서쪽 15리에 있다.

사묘祠廟

사직단(社稷壇) 현 서쪽에 있다.

문묘(文廟) 향교에 있다.

성황사(城隍祠) 현 서쪽 5리에 있다.

여단(厲壇) 현 북쪽에 있다.

사찰寺刹

구석사(龜石寺) 좌구산에 있다. 세상에서 전하기를 "처음 이 고을을 세울 적에 이산(離山)[189]이 높은 것을 꺼려서 이 절을 세우고 수족(水族)의 신(神) 이름을 취해서 구석이라고 하였다." 한다. 이에 대한 조회(曺繪)의 기문이 있다.

장갑사(長岬寺) 좌구산에 있다.

연천사(連天寺) 유성산에 있다.

수암사(水菴寺) 칠보산에 있다.

고적古蹟

도안폐현(道安廢縣) 현 서쪽 15리에 있다. 고구려 때 도서현(道西縣)으로 삼았고, 신라 때 도서(都西)로 고쳐서 흑양군(黑壤郡) 영현(領縣)으로 삼았다. 고려 초에 도안(道安)으로 고치고 현종(顯宗) 때에 청주에 편입시켰다. 본조 공정왕(恭定王 태종) 5년(1405)에 본현에 병합하였다.

189 이산(離山) : 보은현(報恩縣)에 있는 속리산(俗離山)을 가리키는 듯하나 분명하지 않다.

진천현鎭川縣

동쪽으로 충주(忠州) 경계까지 27리이고, 남쪽으로 청주(淸州) 경계까지 28리, 목천현(木川縣) 경계까지 20리이고, 서쪽으로 직산현(稷山縣) 경계까지 38리이고, 북쪽으로 경기 죽산현(竹山縣) 경계까지 39리이다. 서울과의 거리는 234리이다.

한전旱田

수전水田

건치연혁建置沿革

본래 백제 땅인데, 고구려가 취하여 만노군(萬弩郡)으로 일명 금물노(今勿奴)이다. 수지(首知)라고도 하고 신지(新知)라고도 한다. 삼았다. 신라 경덕왕(景德王) 때에 흑양군(黑壤郡)으로 '흑(黑)'은 '황(黃)'이라고도 한다. 고쳤다. 고려 초기에는 강주(降州)라고 칭하였다가 뒤에 진주(鎭州)로 고쳤으며, 현종(顯宗) 때에 청주에 편입시켰다. 고종(高宗) 때에 승격해서 창의현(彰義縣)을 설치하였고, 원종(元宗) 때에 또 의령군(義寧

郡)으로 승격하였다가 얼마 뒤에 다시 진주라 하였다. 고종이 권신 임연(林衍)의 고향이라는 이유로 승격하였고, 원종도 임연의 고향이라는 이유로 승격하여 군으로 삼았는데, 임연이 주벌되자 강등하여 진주 감무(鎭州監務)로 삼았다. 본조 태종(太宗) 13년(1413)에 진천현으로 고쳤다. 관장하는 면은 4개이고, 관원은 현감과 훈도이다. 각 1인이다.

군명郡名

만노(萬弩), 흑양(黑壤), 강주(降州), 진주(鎭州)

형승形勝

풍속風俗

산천山川

두타산(頭陀山) 현 동쪽 22리에 있다.

보련산(寶蓮山) 현 서쪽 20리에 있다.

성산(城山) 현 서남쪽 7리에 있다.

길상산(吉祥山) 현 서쪽 15리에 있다. 보련산과 서로 이어져 있다. 일명 태령산(胎靈山)이라고 한다. 신라 진평왕(眞平王) 때 김서현(金舒玄)이 만노군 태수(萬弩郡太守)가 되었는데, 처 만명(萬明)이 임신한 지 20개월 만에 아들 김유신(金庾信)을 낳고 이 산에 태(胎)를 묻었으니, 이 때문에 길상이라 이름하였다.

심곡산(深谷山) 현 북쪽 20리에 있다. 일명 보현산(寶賢山)이라고 한다.

대문령(大門嶺) 현 서쪽 35리, 경기 안성군(安城郡) 경계에 있다.

협탄령(脇呑嶺) 현 서쪽 36리 협탄소(脇呑所)에 있으니, 직산현 경계이다.

주천(注川) 현 동쪽 10리에 있다. 두타산에서 나와 남쪽으로 흘러 청안현(淸安縣) 서쪽을 지나 작천(鵲川)이 되고, 또 남쪽으로 흘러 청주 경계로 들어간다.

우천(牛川) 현 북쪽 4리에 있다. 보련산에서 나와 동쪽으로 흘러 주천으로 들어간다.

토산土産

석연(石硯), 석회(石灰), 꿀〔蜂蜜〕, 황랍(黃蠟), 지치〔紫草〕, 사향(麝香), 산무애뱀〔白花蛇〕

학교學校

향교(鄕校) 현 남쪽 2리에 있다.

심곡서원(深谷書院) 현 북쪽 18리에 있다. 사당을 세우고 김덕숭(金德崇), 이여(李畬), 이부(李阜)를 향사하였다.

궁실宮室

객관(客館)

향사당(鄕射堂) 객관 북쪽에 있다.

연무당(鍊武堂) 객관 동쪽에 있다.

관풍루(觀風樓) 객관 북쪽에 있다. 현감 이식(李埴)이 세웠다.

연정(蓮亭) 객관 동쪽에 있다. ○ 본조 이승소(李承召)의 시[190]에 "사방에 핀 연꽃 그 모습 그지없이 맑고, 한가운데 작은 누각 물에 환히 비치네.〔荷蕖四面十分淸 小閣當中倒影明〕" 하였다.

취적대(吹笛臺) 동남쪽 20리에 있다. 층층이 서 있는 바위가 주천(注川)에 임해 있다.

봉수烽燧

송산 봉수(松山烽燧) 현 남쪽 7리에 있다. 남쪽으로 청주(淸州) 거대산(巨大山)에 응하고, 북쪽으로 충주(忠州) 망이산(望爾山)에 응한다.

우역郵驛

장양역(長楊驛) 현 북쪽 22리에 있다.

태랑역(台郎驛) 현 남쪽 14리에 있다. 옛 이름은 퇴랑(堆粮)인데, 그 터가

190 이승소(李承召)의 시 : 〈진천에서 연정의 시에 차운하다〔次鎭川蓮亭詩〕〉이다. 《三灘集 卷4》

지금 역의 남쪽 8리에 남아 있다.

시태원(時泰院) 현내(縣內)에 있다.

영제원(永濟院) 현 동쪽 14리에 있다.

태랑원(台郎院) 태랑역 옆에 있다.

광혜원(廣惠院) 현 북쪽 38리, 죽산현(竹山縣) 경계에 있다. 원 옆에 정자가 있으니 바로 충청도 신임과 구임 관찰사가 인수인계하던 장소이다.

협탄원(脇呑院) 현 서쪽 34리에 있다.

관량關梁

사묘祠廟

사직단(社稷壇) 현 서쪽에 있다.

문묘(文廟) 향교에 있다.

성황사(城隍祠) 성산(城山)에 있다.

김유신(金庾信) **사당** 길상산(吉祥山)에 있다. 신라 때에 사우(祠宇)를 설치하고 봄가을로 향축(香祝)을 내려 제사 지냈다. 고려 때에도 그대로 행하다가, 본조 태조 8년[191]에 이르러 비로소 정지시키고 영을 내려 소재지 관아에서 제사 지내도록 하였다.

여단(厲壇) 현 북쪽에 있다.

191 태조 8년 : 오기인 듯하나, 근거가 불충분하여 대본대로 번역하였다.

능묘陵墓

이거이(李居易) 묘 현 서쪽 15리, 길상산에 있다.

사찰寺刹

길상사(吉祥寺), 보적사(寶寂寺), 선적사(先寂寺), 편각사(片角寺) 모두 태령산(胎靈山)에 있다.

지장사(地藏寺) 현 남쪽 18리, 환희산(歡喜山)에 있다.

반운암(攀雲菴), 정수암(淨水菴), 심곡사(深谷寺) 모두 심곡산에 있다.

고적古蹟

도당산성(都堂山城) 현 서쪽 3리에 있다. 돌로 쌓았고, 둘레가 1836자이다. 안에 우물이 2개 있었다. 지금은 없어졌다.

이흘산성(伊訖山城) 현 서쪽 2리, 보련산 위에 있다. 세속에서는 예전의 만노성(萬弩城)이라고 전한다. 돌로 쌓았고, 둘레가 3980자이다. 안에 우물이 있었다. 지금은 없어졌다.

대모산성(大母山城) 현 동쪽 6리에 있다. 돌로 쌓았고, 둘레가 2670자이다. 안에 우물이 하나 있었다. 지금은 없어졌다.

신지(新池) 현 동쪽 10리에 있다. 우천(牛川)을 이끌어 흘러 들어오게 하였고, 가운데에 세 개의 섬이 있다. 바로 임연(林衍)이 전에 살던 곳인데 웅덩이를 파서 못을 만든 것[192]이므로 세속에서 신지라 불렀다.

명환名宦

신라

김서현(金舒玄) 진평왕(眞平王) 때에 만노군 태수(萬弩郡太守)가 되었다.

유우流寓

이부(李阜) 행실이 청백하였고 곧은 절개가 있었다. 본조 공희왕(恭僖王 중종) 때에 천거되어 현량과(賢良科)로 등제하여 정언에 제수되었는데, 기묘사화(己卯士禍)에 연좌되어 물러나 진천에 살았다. 노종원(盧從遠)이 일찍이 복시(覆試)를 치르러 가는 중에 곁길로 가서 그를 방문하였다. 이부가 당시 늙고 병이 들었는데, 시험 문제를 뽑아 경서를 응강(應講)하게 하였더니 대부분 불통(不通)을 맞았다. 이부가 언짢아하며 말하기를 "이와 같이 소략하면서 요행히 과거 급제를 바라면 되겠는가." 하였다. 저녁밥 먹을 시간이 되자 그 첩이 고깃국을 만들어 내왔다. 노종원은 자기를 대접하는 것이라 생각했는데, 마침내 이부에게 올리고 채소 음식을 손님에게

192 웅덩이를……것 : 파가저택(破家瀦澤)이라 한다. 강상죄(綱常罪)나 역모죄(逆謀罪)를 저지른 자의 집을 헐어 버리고 웅덩이를 파 물이 고이게 하는 것이다.

대접하였으니, 옛사람의 진솔한 풍습이 있었다.[193] 노종원이 마침내 집으로 돌아와 독서를 더 깊이 하고서 훗날 과거에 응시하였다.

인물人物

고려

임희(林曦) 흥화군(興化君)에 봉해졌다. 혜종(惠宗)의 후비(后妃)인 의화왕후(義和王后)의 아버지이다.

송순(宋恂) 여러 관직을 거쳐 중서시랑평장사에 이르렀고 예를 안다는 명성이 있었다. 비록 관직에서 물러나 있을 때도 모든 국가 전례에 대해 모두 그에게 가서 자문을 구했다.

송언기(宋彦琦) 송순의 아들이다. 어려서부터 문장을 잘하였다. 고종(高宗) 때 과거에 급제하고 외직으로 나가 금주(金州 김해)의 원이 되었다. 청렴하고 공평하여 일을 잘 판결하니, 간악하고 사나운 이들이 자취를 감추었다. 몽고에 사신 가서 강화를 맺었으므로 변경이 조금 안정되었다. 관직이 판장작감사(判將作監事)에 이르렀다. 왕이 다시 몽고에 사신으로 보내고자 하였으나 마침 송언기가 병에 걸렸다. 이에 재상이 말하기를 "송언기가 살아 있으면 나라의 복이고, 송언기가 죽으면 나라의 근심이다." 하였다.

193 옛사람의……있었다 : 후한(後漢) 진류(陳留) 사람인 모용(茅容)의 고사에 비유한 것이다. 명사 곽태(郭泰)가 그의 집에서 하룻밤을 잤는데 이튿날 새벽에 닭을 잡는 것을 보고 자기를 대접하기 위한 것이라 생각하였으나 닭은 그의 어머니에게 드리고 나물밥을 함께 나눠 먹었다. 곽태는 그의 효성과 어짊에 탄복하였다 한다.《後漢書 郭太列傳》

43세에 졸하였다.

송국첨(宋國瞻) 사람됨이 강직하고 글을 잘 지었다. 과거에 급제하여 사관(史館)에 보임되었다. 고종조에 감찰어사에 제수되고, 형부 상서, 우산기상시(右散騎常侍)를 역임하였다.

본조

김덕숭(金德崇) 부모를 섬김이 지극히 효성스러웠다. 일찍이 한산군(韓山郡)의 원이 되었는데,[194] 부모와 오래 떨어져 있는 것을 염려하여 관직을 버리고 돌아가 부모를 봉양하였다. 62세에 모친상을 당하여 여묘하였는데, 매일 조석으로 전(奠)을 올린 다음에는 아버지에게 문안드리고 자리를 보살펴 드리기를 비가 오고 눈이 내려도 폐하지 않았다. 삼년상을 마친 뒤에는 아버지의 곁을 떠나지 않고 더욱 독실하게 봉양하였다. 이에 세조(世祖)가 그의 성효(誠孝)를 가상하게 여겨 특별히 쌀과 고기를 하사하였다. 아버지가 죽자 또 여묘하였는데 지나치게 슬퍼하여 몸이 매우 수척해졌다. 그때 나이가 벌써 72세였으므로 마을 사람들이 저지하니, 김덕숭이 울면서 말하기를 "아버지는 들판에 묻혀 있는데 자식이 어찌 집에 편안히 있겠는가. 나는 차마 할 수 없다." 하였다. 종신토록 부모가 평소에 앉던 좌석을 볼 때마다 목이 메어 울었으며, 날마다 사당(祠堂)에 반드시 배알하고 무슨 일이 있으면 반드시 사당에 고하고 나서 행하였다. 그가 죽자 조정에서 그의 두 아들에게 벼슬을 내리라고 명하고, 그의 묘에 비석을 세워 정

194 일찍이……되었는데 : 《세종실록》 8년 2월 22일 기사에, 지한산군사(知韓山郡事) 김덕숭이 사조(辭朝)하여 상이 인견하였다는 내용이 있다.

표(旌表)하였다.

이여(李畬) 관직이 문학(文學)에 이르렀고, 학행(學行)이 있었다.

보은현報恩縣

동쪽으로 경상도 상주(尙州) 경계까지 44리이고, 남쪽으로 옥천군(沃川郡) 경계까지 26리, 청산현(青山縣) 경계까지 25리이고, 서쪽으로 회인현(懷仁縣) 경계까지 14리이고, 북쪽으로 청주(淸州) 경계까지 28리이다. 서울과의 거리는 376리이다.

한전旱田

수전水田

건치연혁建置沿革

본래 신라의 삼년산군(三年山郡)인데, 경덕왕(景德王) 때에 삼년군(三年郡)으로 고쳤다. 고려 초에 보령(保齡)으로 '영(齡)' 자는 뒤에 '영(令)' 자로 바뀌었다. 고치고, 현종(顯宗) 때 상주(尙州)에 편입시켰다가 명종(明宗) 초에 다시 보령현(保令縣)을 설치하였다. 본조 공정왕(恭定王 태종) 6년(1406)에 보령현(保寧縣)과 음이 서로 비슷하여 보은(報恩)으로 고쳤고, 13년에 경상도에서 본도로 옮겨 예속시켰다. 관장하는 면은 8개이고, 관원은 현감과 훈도이다. 각 1인이다.

군명郡名

삼년산(三年山), 보령(保齡) 별호는 삼산(三山)이다.

형승形勝

산천이 맑고 깨끗하다. 한 고을을 빙 둘러 모두 산이 둘러싸고 있고, 중간이 시원하게 열려 있다. 산천이 맑고 깨끗하며 지세가 높고 광대하여 사방으로 조금씩 아래로 내려가니 참으로 일종의 특별 지역이다.

여러 산봉우리가 읍하는 것 같고, 기름진 땅이 밭이랑을 연이어 있다. 본조 이맹균(李孟畇)의 시에,

만 되는 첩첩 산을 뚫고 오니	行穿山萬疊
갑자기 평평한 들 보이네	忽此見平野
여러 봉우리 모두 읍하는 것 같고	群峯如揖揖
기름진 땅 천 이랑이 이어 있네[195]	沃壤連千畦

하였다.

195 이맹균(李孟畇)의……있네 : 이맹균의 시 가운데 각각 2, 3, 6, 7구에 해당한다. 따라서 운자가 맞지 않는데, 기술의 오류로 보이지 않으므로 대본대로 번역하였다.《신증동국여지승람》 권16 〈충청도 보은현〉 제영조(題詠條)에 시 전문이 있다.

풍속風俗

민속이 순박하고 화락하다. 이맹균(李孟畇)의 시

산천山川

속리산(俗離山) 현 동쪽 44리에 있으니, 바로 태백산(太白山)의 남쪽 줄기이며, 북쪽으로 조령(鳥嶺)에 이어져 있다. 또 이 산에서 두 줄기로 나뉘니, 한 줄기는 꺾어져 북쪽으로 뻗어 한강(漢江) 이남과 금강(錦江) 이북의 여러 산이 되고, 한 줄기는 남쪽으로 뻗어 장수(長水)의 덕유산(德裕山)이 된다. 또 남쪽은 남원(南原)의 지리산(智異山)이 되니, 이 산은 3개 도(道)가 교차하는 지점에 자리 잡고 있다. 신라 때에는 속리악(俗離嶽)이라고 칭하고 중사(中祀)에 올렸다. 산세가 웅대하고, 위는 모두 바위 봉우리가 우뚝 솟아 하늘 높이 벌여 서 있는 것이 바라보면 마치 옥부용(玉芙蓉)과 같으니 세속에서 소금강(小金剛)이라고 부른다. 산 정상에는 문장대(文藏臺)가 있는데 층층이 쌓인 바위가 천연으로 이루어져 있고, 위에 가마솥만 한 돌 구덩이가 있어 비가 오면 물이 그 안에 저장된다. 산 남쪽 정상은 천왕봉(天王峯)이라고 하는데, 매우 높고 험준하며 문장대와 마주 보고 있다.

구봉산(九峯山) 현 동쪽 42리, 경상도 상주(尙州) 경계에 있고, 속리산과 서로 이어져 있다.

함림산(含林山) 현 북쪽 10리에 있다.

금적산(金積山) 현 남쪽 25리에 있다.

검단산(儉丹山) 현 북쪽 37리, 청주(淸州) 경계에 있다. 백제의 승(僧) 검단이 거처한 곳이므로 그렇게 이름 붙인 것이다.

오정산(烏頂山) 현 동쪽 5리에 있다.

마현(馬峴) 현 동쪽 15리에 있다. 고개 위에 길을 닦고 박석(礴石)을 넓게 깔아 놓은 것이 3, 4리인데, 세속에서 전하기를 "고려 태조(太祖)가 일찍이 속리산에 거둥했을 적에 닦은 어로(御路)이다." 한다.

웅현(熊峴) 현 북쪽 27리에 있다.

차의현(車衣峴) 현 서쪽 15리, 회인현(懷仁縣) 경계에 있다.

민암(黽巖) 속리산 법주사(法住寺) 서쪽 산등성이에 있다. 바위 형상이 맹꽁이 같은데 자연적으로 형성되었고, 그 위에 50인이 앉을 만하다.

용천(龍川) 원류가 둘인데, 하나는 속리산에서 나오고 하나는 차의현에서 나온다. 이 물이 현 동쪽 3리에서 합쳐지고, 남쪽으로 흘러 현 남쪽 20리에 이르러 여러 계곡의 물과 합해져서 청산현(靑山縣) 경계에 들어가는데, 그 구불구불 흐르는 것이 용 모양 같으므로 그렇게 이름 붙인 것이다.

병풍연(屛風淵) 속리산 아래에 있으며, 현과의 거리는 동쪽으로 25리이다.

토산土産

은(銀), 무쇠〔水鐵〕, 웅현 및 차의현에서 난다. 꿀〔蜂蜜〕, 황랍(黃蠟), 잣〔海松子〕, 대추〔棗〕, 영양(羚羊), 안식향(安息香), 당귀(當歸), 작약(芍藥), 웅담(熊膽), 궁궁이〔芎藭〕, 송이버섯〔松蕈〕, 석이버섯〔石蕈〕

학교學校

향교(鄕校) 현 서쪽 1리에 있다.

상현서원(象賢書院) 현 동쪽 20리에 있다. 상현사(尙賢祠)가 있어서 김정(金淨)과 성운(成運)을 향사하였다.

궁실宮室

객관(客館)

향사당(鄕射堂) 객관 남쪽에 있다.

삼산루(三山樓) 객관 북쪽에 있다. 앞에 연못이 있다.

우역郵驛

원암역(元巖驛) 현 남쪽 20리에 있다. 고려 공민왕(恭愍王)이 복주(福州 안동)에서 청주(淸州)로 행차할 때 이 역에 머물렀다.

함림역(含林驛) 함림산(含林山) 아래에 있다.

마분원(馬分院) 현 동쪽 13리에 있다.

보통원(普通院) 현 동쪽 29리에 있다.

왕래원(王來院) 구봉산(九峯山) 아래에 있으니, 또한 공민왕이 잠시 머물던 곳이므로 그렇게 이름하였다.

남원(南院) 현 남쪽 1리에 있다.

병원(竝院) 현 서쪽 10리에 있다.

문라원(門羅院) 현 북쪽 13리에 있다.

관량關梁

남교(南橋) 객관 남쪽 1리에 있다.

사묘祠廟

사직단(社稷壇) 현 서쪽에 있다.

문묘(文廟) 향교에 있다.

성황사(城隍祠) 현 동쪽 2리에 있다.

영모사(永慕祠) 향사당(鄕射堂) 뒤에 있다. 고을 사람들이 성제원(成悌元), 조헌(趙憲), 장현광(張顯光)을 향사하였다.

여단(厲壇) 현 북쪽에 있다.

속리산사(俗離山祠) 속리산 정상에 있다. 세속에서 천왕사(天王祠)라고 부른다.

능묘陵墓

성운(成運) 묘 현 북쪽 10리, 종곡(鍾谷)에 있다.

사찰寺刹

속리사(俗離寺) 속리산 서쪽에 있다.

법주사(法住寺) 속리산에 있다. 세상에서 전하기를 "신라의 승(僧) 의신(義信)이 흰 나귀에 불경을 싣고 와서 처음 이 절을 세웠다." 한다. 성덕왕(聖

德王)이 중수했는데 규모가 매우 거대하였다. 석조(石槽), 석교(石橋), 석옹(石瓮), 석확(石鑊)이 있고, 절 안 산호전(珊瑚殿)에는 금신장육상(金身丈六像)이 있으며, 문 앞에는 구리로 주조한 깃대가 있는데 키가 매우 크고 그 한쪽 면에 "통화(統和) 24년(1006, 목종9)에 세웠다."라고 새겨져 있다. 또 고려 대언(代言) 이숙기(李淑琪)가 지은, 승려 자정(慈淨)의 비명(碑銘)이 있다. ○ 본조 함부림(咸傅霖)의 시에,

계원[196]의 한가로운 일월이요	鷄園閑日月
안탑[197]에 구름과 연기 자욱하네	雁塔鎖雲煙
우연히 삼청동[198]에 들렀더니	偶入三淸洞
세상일 시끄러운 것 모두 잊었네	都忘世事牽

하였다.

복천사(福泉寺) 속리산 중턱에 있으며, 법주사(法住寺)와의 거리는 7리이다. 절 동쪽에 샘이 있는데 돌 틈에서 물이 쏟아져 나오므로 그렇게 이름

196 계원(鷄園) : 사찰을 지칭하는 말이다. 인도(印度)에 있는 고대의 절 이름인데, 무우왕(無憂王)이 세운 것이라 한다.

197 안탑(雁塔) : 절에 있는 탑을 말한다. 인도의 왕사성(王舍城)에 안탑이 있는데, 한 비구가 기러기가 공중에 날아가는 것을 보고 장난삼아 말하기를 "우리들이 배가 고프니, 보살님은 몸으로 보시하시오." 하였더니, 기러기 한 마리가 스스로 죽어서 떨어졌다. 이 말을 전해 들은 승려들이 감동하여 기러기의 탑을 세웠다는 고사가 있다. 《大唐西域記 摩揭陀國下》

198 삼청동(三淸洞) : 삼청(三淸)은 도교(道敎)에서는 삼청경(三淸境)의 준말로, 이른바 삼존(三尊)이 거하는 최고의 선경(仙境)을 말한다. 삼존은 옥청경 동진 교주(玉淸境洞眞敎主)인 원시천존(元始天尊)과 상청경 동현 교주(上淸境洞玄敎主)인 영보천존(靈寶天尊)과 태청경 동신 교주(太淸境洞神敎主)인 도덕천존(道德天尊)을 가리킨다. 삼존을 삼청이라고도 한다. 불교(佛敎)에서는 삼청정심(三淸淨心)에서 나온 말로, 세속의 번뇌를 해탈하기 위한 법문 가운데 세 가지 청정심(淸淨心) 즉 무량청정심(無量淸淨心), 안청정심(安淸淨心), 악청정심(樂淸淨心)을 말한다. 여기서는 법주사가 자리 잡은 곳을 삼청에 비유하여 이름 붙인 듯하다.

붙였다. ○ 천순(天順) 갑신년(1464, 세조10)에 세조가 속리산에 거둥했을 때 병풍연(屛風淵)에 잠시 머물렀다가, 법주사에서 이 절까지 두루 경치를 구경한 다음 호종신(扈從臣) 김수온(金守溫)에게 명해서 이 일을 기록하게 하였다.

고적古蹟

오정산성(烏頂山城) 현 동쪽 5리에 있으니, 바로 삼년산성(三年山城)이다. 신라 자비왕(慈悲王) 때에 3년간 쌓아 완공했기 때문에 그렇게 이름 붙인 것이다. 석성(石城)이며, 둘레가 3699자이고, 성안에 우물이 5개 있었다. 지금은 절반이 무너졌다. ○ 고려 태조 11년(928)에 왕이 직접 이 성을 치다가 이기지 못하고 드디어 청주(淸州)에 거둥하였다. 산 아래 군장동(軍藏洞)이 있으니, 세상에서는 태조가 군사를 주둔시킨 곳이라고 전한다.

함림산성(含林山城) 현 북쪽 10리에 있다. 돌로 쌓았고, 둘레가 1488자이다. 성안에 큰 못이 있었다. 지금은 절반이 무너졌다.

명환名宦

신라

열기(裂起) 삼년산군 태수(三年山郡太守)가 되었다.

본조

성제원(成悌元) 공헌왕조(恭憲王朝 명종)에 보은 현감이 되었는데, 정사를 어질고 관대하게 행하여 흩어진 백성들이 다시 모여들었다. 일찍이 관직에서 물러나 돌아가고자 하였는데, 노인이나 어린아이까지 울면서 에워싸 떠나지 못하도록 하였다. 쉬는 날이면 말과 시종을 물리치고 전야(田野)를 순행하여 살폈으며, 그런 다음 산수를 유람하였다.

조헌(趙憲) 소경왕조(昭敬王朝 선조)에 보은 현감이 되었는데, 법을 봉행함에 흔들리지 않았고, 알고서 하지 않음이 없었다.[199] 자신을 위하는 일은 극히 간소하게 하여, 당세에서 빙얼(氷蘖)의 절조[200]를 일컬을 때는 반드시 조헌을 지목하였다고 한다.

장헌광(張憲光) 소경왕조에 행의(行義)로 발탁되어 포의(布衣)로서 보은 현감이 되었다. 현에 부임하여 백성의 질고를 묻고, 글을 지어 고을에 유시하여 사민(士民)을 권면하고 경계하였다. 석 달을 재임하였는데, 당시 정사에 대해 불편한 마음이 있어 관직을 버리고 돌아갔다. 고을 사람들이 그 덕을 사모하여 사당을 세워 성제원, 조헌과 함께 향사하였다.

유우流寓

성운(成運) 한성(漢城) 사람으로, 현의 종곡리(鍾谷里)에 우거하였다. 뜻이

199 알고서……없었다 : 《춘추좌씨전》 희공(僖公) 9년 기사에 "국가의 이익이 될 일을 알고서 하지 않음이 없는 것이 충이다.〔公家之利, 知無不爲, 忠也.〕"라고 한 데서 나온 말이다.
200 빙얼(氷蘖)의 절조 : 빙얼은 음빙식얼(飮氷食蘖) 즉 얼음을 마시고 나무의 움을 먹는다는 말에서 나온 것으로, 청빈한 생활을 하면서 깨끗하게 절조를 지킨다는 뜻이다.

고상하고 행실이 돈독하였는데, 사화(士禍)가 여러 번 일어나는 것을 보고 당세에 행세할 뜻을 끊고[201] 은거하며 부모를 봉양하였다. 본조 명종이 그 행의를 듣고 특별히 불러서 서울에 이르자 조지서 사지(造紙署司紙)를 제수하니, 성운이 즉시 상소를 올려 돌아가기를 청하였다. 선조(宣祖)도 누차 불러서 사섬시 정(司贍寺正)에 제수하였으나 모두 나아가지 않았다. 이에 본도로 하여금 쌀과 고기를 제공하여 예우하도록 하였다. 83세에 졸하였다. 입으로 남의 과실을 말하지 않았으며 처자를 손님처럼 대하였다. 독서에 잠심(潛心)하고 음미하는 것을 낙으로 삼았고 집이 가난해도 편안히 여겼다. 호는 대곡(大谷)이다.

인물人物

본조

한유문(韓有紋) 그 선조는 청주 사람이고 후대에 본현 사람이 되었다. 젊어서 권근(權近)에게 수업하여 근면하고 성실하게 학문에 힘썼다. 세종조에 여러 관직을 거쳐 강원도 관찰사에 이르렀는데, 재임하는 동안 정사를 잘 한다는 명성이 있었다.

박삼길(朴三吉) 어려서 집안이 빈한하여 힘써 농사지어 식량을 자급하였

201 사화(士禍)가……끊고 : 성운(成運)은 1545년(명종 즉위년) 을사사화(乙巳士禍) 때 중형(仲兄) 성우(成遇)가 화를 당하자 시를 지어 뜻을 보이고, 아내의 고향인 보은의 종곡(鍾谷) 속리산 기슭에 대곡서실(大谷書室)을 짓고 은거하였다.《宋子大全 卷172 大谷成先生墓碣銘》

다. 글 읽기를 좋아하여 성종조(成宗朝)에 과거에 급제하여 벼슬길에 나아갔다. 일찍이 회양 부사(淮陽府使)가 되어 백성 아끼기를 아버지와 같이 하였다. 여러 관직을 거쳐 이조 참판, 대제학이 되었으며, 문장과 청백(淸白)함으로 세상에 이름이 났다.

김정(金淨) 어려서 영리하고 빼어나서 겨우 10세에 이미 경서를 통달하였다. 중종조에 갑과(甲科)로 발탁되어 이조 낭청을 지내다가 외직으로 나가 순창 군수(淳昌郡守)가 되었다. 여기서 박상(朴祥)과 함께 상소를 올려 신비(愼妃)를 복위시켜 인륜을 바로잡기를 청하였고, 이 일에 연좌되어 함림역(含林驛)에 유배되었다. 뒤에 조광조(趙光祖)와 더불어 모두 임금의 두터운 총애를 받아서 몇 년 만에 발탁되어 형조 판서에 이르렀고, 마음을 합하여 정치를 흥기시켰다. 그런데 사화(士禍)가 일어나서 제주(濟州)로 유배를 당하고 사사(賜死)되었으니, 나이가 36세였다. 뒤에 문간(文簡)의 시호를 받았다.[202] 김정은 성품과 행실이 순정(純正)하고 학문이 고명(高明)하였다. 세상에서 "충암(沖庵) 선생의 문장은 웅건하면서 옛 기풍이 있다."라고 일컬었다. 저술로 《충암집(沖庵集)》이 세상에 전한다. 이황(李滉)이 말하기를 "충암의 학문은 다른 사람들보다 한 등급이 높다. 이러한 견식을 가지고도 그 뜻을 행하지 못하였으니, 어찌 비통하지 않겠는가." 하였다.[203]

202 뒤에……받았다 : 1568년(선조1) 시호를 문정(文貞)으로 내렸다가 1576년 문간(文簡)으로 고쳐 내렸다. 《沖庵集 年譜》

203 이황(李滉)이……하였다 : 이 내용은 《월사집(月沙集)》 권44 〈형조 판서 증시 문간공 충암 김 선생 신도비명(刑曹判書贈諡文簡公沖菴金先生神道碑銘)〉에 있는데, 이황이 어떤 사람에게 보낸 편지에서 한 말이라고 하였다.

영동현永同縣

동쪽으로 황간현(黃澗縣) 경계까지 16리이고, 남쪽으로 옥천군(沃川郡) 경계까지 15리이고, 서쪽으로 같은 군 경계까지 21리이고, 북쪽으로 청산현(靑山縣) 경계까지 30리이다. 서울과의 거리는 412리이다.

한전旱田

수전水田

건치연혁建置沿革

본래 신라의 길동군(吉同郡)인데, 경덕왕(景德王) 때에 영동군(永同郡)으로 고쳤다. 고려 성종(成宗) 때 계주(稽州)로 승격하였고, 현종(顯宗) 때 상주(尙州)에 편입시켰으며, 명종(明宗) 초에 다시 영동현을 설치하였다. 본조에서 그대로 따르다가 공정왕(恭定王 태종) 13년(1413)에 경상도에서 본도로 옮겨 예속시켰다. 관장하는 면은 8개이고, 관원은 현감과 훈도이다. 각 1인이다.

군명郡名

길동(吉同), 계주(稽州)

형승形勝

산수가 맑고 기이하다. 본조 윤상(尹祥)의 〈금유에게 보내는 편지〔與琴柔書〕〉에 "영동은 산수가 맑고 기이하다." 하였다.

산천山川

성황산(城隍山) 현 북쪽 1리에 있다. 진산(鎭山)이다.

박달산(朴達山) 현 북쪽 17리에 있다.

마니산(摩尼山) 현 서쪽 16리에 있다. 옥천군에도 보인다.

천마산(天磨山) 현 남쪽 20리에 있는데, 가로로 수십 리 펼쳐져 있다. 남각산(南角山)이라고도 한다.

각괴산(角魁山) 현 동쪽 30리에 있다.

어리산(於里山) 현 서쪽 14리에 있다.

기산(箕山) 현 남쪽 10리에 있다.

침산(砧山) 현 남쪽 7리에 있다.

금강(錦江) 현 서쪽 15리에 있다. 그 남쪽은 옥천군 경계에 접하고 있다.

심천(深川) 바로 황간(黃澗)의 장교천(長橋川) 하류로서, 박달산 아래를 지나 송천(松川)이라고 이름한다. 현 서쪽 15리에 이르러 심천이 된다. 또 서쪽으로 흘러 금강에 들어간다.

동천(東川) 현의 성 동북쪽에 있다. 꺾어져 서쪽으로 흘러 금강의 고당포(高唐浦)로 들어간다.

용연(龍淵) 현 서쪽 22리 소치산(所峙山)에 있다. 골 어귀 두 언덕에 석벽(石壁)이 깎은 듯이 서 있고, 2리쯤 들어가면 두 봉우리가 서로 버티고 서 있는데 바위산이 높고 가파르다. 가운데에 돌 웅덩이가 있어 못물의 하류(下流)가 여기에 모이는데 수심을 알 수가 없고, 세속에서는 이것을 기연(妓淵)이라고 부른다. 물이 넘쳐 폭포가 되어 수백 자를 나는 듯이 흘러내리고 그 아래에 깊은 못이 있다.

토산土産

자기(磁器), 지치〔紫草〕, 잣〔海松子〕, 인삼(人蔘), 오미자(五味子), 꿀〔蜂蜜〕, 황랍(黃蠟), 배〔梨〕, 당귀(當歸), 송이버섯〔松蕈〕, 쏘가리〔錦鱗魚〕, 누치〔訥魚〕

성곽城郭

현성(縣城) 돌로 쌓았고, 둘레가 2410자이다. 안에 우물이 2개 있다.

학교學校

향교(鄕校) 현 동쪽 2리에 있다.

난계서원(蘭溪書院) 현 서쪽 12리에 있다. 사당을 세워 박연(朴堧)을 향사하고, 박사종(朴嗣宗)을 배향하였다.

궁실 宮室

객관(客館)

징청정(澄淸亭) 객관 동쪽에 있다. ○ 서거정(徐居正)의 시[204]에 "부용산 밑 외로운 성에 초목은 울창하고, 한 줄기 물은 잔잔하여 거울처럼 맑아라.〔芙蓉山下鬱孤城 一水潺潺鏡面淸〕" 하였다.

봉수 烽燧

박달산 봉수(朴達山烽燧) 동쪽으로는 황간현(黃澗縣) 소이산(所伊山)에 응하고, 서쪽으로는 옥천군(沃川郡) 이산현(利山縣) 월이산(月伊山)에 응한다.

우역 郵驛

회동역(會同驛) 현성(縣城) 남쪽에 있다.

금련원(金連院) 현 동쪽 6리에 있다.

회덕원(會德院) 현 서쪽 1리에 있다.

심천원(深川院) 심천 둔덕에 있다.

204 서거정(徐居正)의 시 : 〈영동의 징청정〔永同澄淸亭〕〉이다.《四佳集 四佳詩集補遺 卷3》

사읍원(沙邑院) 현 동쪽 14리에 있다.

미전원(米田院) 현 북쪽 26리에 있다.

건행원(乾行院) 현 서쪽 10리에 있다.

관량關梁

심천교(深川橋)

사묘祠廟

사직단(社稷壇) 현 서쪽에 있다.

문묘(文廟) 향교에 있다.

성황사(城隍祠) 성안 서쪽에 있다.

여단(厲壇) 현 서쪽에 있다.

능묘陵墓

김수온(金守溫) 묘 현 북쪽에 있다.

사찰寺刹

마니암(摩尼菴) 마니산에 있다.

적화사(赤化寺) 현 북쪽 25리에 있다.

박달라사(朴達羅寺) 박달산에 있다.

청계사(淸溪寺) 천마산(天摩山)에 있다.

고적古蹟

낙화대(落花臺) 성 서쪽에 있다. 민간에 전해지기를 "계주(稽州) 때 송별하던 곳인데, 어느 기생이 나그네와 아쉬운 작별을 하고 떨어져 죽었기 때문에 후세 사람들이 그렇게 이름 붙였다." 한다.

마니산성(摩尼山城) 옥천군에도 보인다.

명환名宦

본조

금유(琴柔) 장헌왕(莊憲王 세종) 초에 영동 현감이 되었는데, 관직에 있는 동안 청렴하고 조용하였으며 백성들을 성심껏 보살폈으므로 백성들이 그를 믿고 사랑하였다.

인물人物

고려

장항(張沆) 문과(文科)에 급제하여 여러 관직을 거쳐 정당문학(政堂文學)에 이르렀으며, 사람됨이 청렴하고 올발랐다. 충숙왕(忠肅王)이 참소를 입어 원(元)나라에 억류된 채 5년 동안 돌아오지 못했는데, 장항이 의기를 분발하여 자신을 잊고 시종하는 노고가 있었다. 그 공로로 철권(鐵券)을 하사받고 영산군(永山君)에 봉해졌다. 시호는 문현(文顯)이다.

김길원(金吉元) 신라의 후예로서 여러 세대를 이 고을에서 살다가 마침내 본현 사람이 되었다. 김길원은 조정에 공을 세웠으므로 영산군(永山君)에 봉해졌다.

본조

박연(朴堧) 학문에 힘써 박식하였다. 처음에 과거 급제로 벼슬길에 나아갔는데, 세종(世宗)에게 인정을 받아서 마침내 발탁하여 중용되었고 관직이 중추원사에 이르렀다. 박연은 부모를 효성스럽게 모시고, 해서(楷書)를 잘 썼으며, 율려(律呂)에 정통하여 10년을 깊이 연구한 뒤에 터득하였다. 세종이 아악(雅樂)을 제정할 때에 박연이 실무를 관장하였으니, 이로부터 조정 제사의 음악이 비로소 완비되었다. 세종이 한번은 석경(石磬)을 만들고 박연을 불러 교정하게 하니, 박연이 아뢰기를 "모율(某律)은 1푼이 높고, 모율은 1푼이 낮습니다." 하여, 다시 살펴보니 고율(高律)에 진흙 찌꺼기가 있었다. 세종이 명하여 진흙 찌꺼기를 떼 내게 하고 또 저율(低律)에는 진흙 찌꺼기 1푼을 붙이게 하였더니, 박연이 아뢰기를 "이제는 음률이 고릅니다." 하였다. 이에 사람들이 그의 신묘함에 탄복하였다. 아들 박사종(朴嗣宗)은 효행으로 이름이 났다.

김수온(金守溫) 문과에 급제하고, 세조(世祖) 때 여러 관직을 역임하다가 공조 판서에 이르렀다. 성종조(成宗朝)에 좌리 공신(佐理功臣)에 참여하고, 영산부원군(永山府院君)에 봉해졌으며, 관직이 영중추부사(領中樞府事)에 이르렀다. 자호(自號)는 괴애(乖崖)이다. 성품이 자유분방하였고, 널리 관람하고 많이 기억하였으며, 경사(經史), 제자백가, 열자(列子)와 장자(莊子), 도가(道家)와 불가(佛家)의 서적 등 탐색하지 않은 책이 없었다. 문장은 웅장하고 기걸하였다. 《식우집(拭疣集)》이 세상에 전한다.

장필무(張弼武) 역학(易學)에 정밀하였다. 무과에 등제하여 관직이 절도사에 이르렀다. 청렴결백하고 엄준하였으니, 여러 번 전공(戰功)을 세웠는데도 죽을 때에는 집안에 저축된 재산이 없었다.

황간현黃澗縣

동쪽으로 경상도 김산군(金山郡) 경계까지 40리이고, 북쪽으로 같은 도 상주(尙州) 경계까지 14리이고, 남쪽으로 영동현(永同縣) 경계까지 16리이고, 서쪽으로 같은 현 경계까지 20리이다. 서울과의 거리는 472리이다.

한전旱田

수전水田

건치연혁建置沿革

본래 신라 소라현(召羅縣)인데, 경덕왕(景德王) 때 황간(黃澗)이라 고치고 영동군(永同郡) 영현(領縣)으로 삼았다. 고려 현종(顯宗) 때 경산부(京山府)에 편입시켰고, 뒤에 다시 황간현을 설치하였다. 본조에서 그대로 따르다가 공정왕(恭定王 태종) 13년(1413)에 본도에 예속시켰으며, 14년에 청산(青山)과 합하여 황청현(黃青縣)으로 삼았고, 16년에 다시 떼어 내어 현을 설치하였다. 관장하는 면은 3개이고, 관원은 현감과 훈도이다. 각 1인이다.

군명郡名

소라(召羅)

산천山川

황악산(黃嶽山) 현 남쪽 15리에 있다. 경상도 김산군(金山郡)에도 보인다.

백화산(白華山) 현 북쪽 10리에 있다. 또 상주(尙州) 중모현(中牟縣)에도 보인다.

극락산(極樂山) 현 동쪽 40리, 금화부곡(金化部曲)에 있다.

산양암(山羊巖) 장교천(長橋川) 서쪽에 있다.

석천(石川) 현 서쪽 4리에 있다. 속리산(俗離山)에서 발원하여 산양암에 이르러 장교천과 합류한다.

장교천(長橋川) 성 남쪽에 있다. 대천(大川)이라고도 부른다. 무주(茂朱) 도마현(都馬峴)에서 발원하여 황악산의 물과 합류하고 또 서쪽으로 흘러 영동현 심천(深川)이 된다.

토산土産

자기(磁器), 인삼(人蔘), 복령(茯苓), 오미자(五味子), 꿀〔蜂蜜〕, 황랍(黃蠟), 송이버섯〔松蕈〕, 석이버섯〔石蕈〕, 안식향(安息香), 당귀(當歸), 속새〔木賊〕, 산무애뱀〔白花蛇〕

성곽城郭

현성(縣城) 돌로 쌓았고, 둘레가 1646자이며, 안에 우물이 하나 있다. ○ 본조 이첨(李詹)의 기문에 "옛날 현(縣)이 승격되기 전에는 거주하는 백성들이 매우 적고 소나무, 참나무가 하늘을 찌를 듯이 울창하여 가장 외지고 깊숙한 지역이었다. 들짐승이 제멋대로 날뛰고 도적들이 노략질하기 때문에 여기를 지나는 사람은 여럿이 무리를 짓고서야 길을 나섰다. 경오년(1390, 공양왕2)에 지금 공주 목사(公州牧使)로 있는 영주(永州) 출신 이은(李誾)이 전 삼사 좌윤(三司左尹)으로서 처음 이 고을의 감무(監務)가 되어 백성들의 고통스러움을 개탄하여 이로운 일은 일으키고 폐단은 제거하기에 온 힘을 다하였다. 그 결과 호구(戶口)가 날로 늘고, 전답은 날로 개간되었으며, 사람을 해치는 것이 모두 사라지게 되었다. 이에 나무를 베어 내고 돌을 쪼개어 이 성을 쌓기 시작하였는데, 얼마 안 되어 공사가 완성되었다. 백성들은 성에서 보호받고, 성은 덕(德)에서 보전되었으니, 이후(李侯)의 공이 더욱 빛나도다." 하였다.[205]

학교學校

향교(鄕校) 현 동쪽 1리에 있다.

205 본조……하였다 : 이첨은 고려 말 조선 초의 문신이므로 본조라 하였는데, 기문의 내용은 고려조의 사실을 기록한 것이다. 문집으로 《쌍매당협장집(雙梅堂篋藏集)》이 있는데, 이 기문은 실려 있지 않다.

궁실宮室

객관(客館)

가학루(駕鶴樓) 객관 남쪽에 있다. 절벽 위에 자리 잡고서 냇물을 굽어보고 있다. 영락(永樂) 연간에 현감 하담(河澹)이 창건하였고 관찰사 남재(南在)가 가학(駕鶴)이라고 명명하였으니 누각이 높직이 있어 시원하기 때문이다. 성화(成化) 연간에 현감 손번(孫蕃)이 중수(重修)하였다. ○ 본조 이숙함(李淑瑊)의 시에,

옛 땅에 구름은 그대로 있건만	地古雲猶在
빈 누에 학은 머물러 있지 않네	樓空鶴不留
여기 올라 큰 탄식 발하고	登臨生浩歎
배회하며 긴 물줄기 굽어보네	徙倚俯長流
산은 멀어 천목산[206]인가 싶고	山遠疑天目
성은 높으니 바로 석두성[207]이로세	城高是石頭
눈 온 창가에 울리는 대숲 바람 소리	雪窓風竹響
나그네의 맑은 유흥 북돋아 주려는 듯	如助客淸遊

하였다. ○ 본조 이황(李滉)의 시[208]에,

땅의 기세는 높아서 사방이 훤하고	地勢高仍豁

206 천목산(天目山) : 중국 절강성(浙江省) 임안현(臨安縣) 서북쪽에 있는 산으로, 부옥산(浮玉山)이라고도 한다. 동천목(東天目)과 서천목(西天目)의 두 봉우리가 있다.

207 석두성(石頭城) : 중국 강소성(江蘇省) 남경(南京)을 가리킨다. 본래는 초(楚)나라의 금릉성(金陵城)이었는데, 후한(後漢) 건안(建安) 17년(212) 손권(孫權)이 증축하고 석두로 이름을 바꿨다. 조조(曹操)가 오(吳)나라를 침공하였을 적에 손권이 유비(劉備)와 합세하여 적벽(赤壁)에서 크게 격파한 고사가 유명하다.

208 이황(李滉)의 시 : 〈황간의 가학루〔黃澗駕鶴樓〕〉이다. 《退溪集 別集 卷1》

산의 형상은 치달리다 멈추기도 하네　　山形驁亦留
남은 눈은 석양빛 비쳐 반짝거리고　　雪殘明夕照
둥둥 뜬 갈매기 봄 강물 밝게 하네　　鷗泛炯春流
멀리 바라보느라 때로 눈 비비고　　望遠時揩眼
달린 글 보느라 자주 머리 기울이네　　看題屢側頭
선학은 빠르기가 말보다 앞서니　　仙翎快於馬
어찌하면 타고서 구름 위를 맘껏 노닐어 볼꼬　　安得恣雲遊

하였다.

봉수烽燧

눌이항산 봉수(訥伊項山烽燧) 현 동쪽 20리에 있다. 동쪽으로 경상도 김산군(金山郡) 고성산(高城山)에 응하고, 서쪽으로 소이산(所伊山)에 응한다.

소이산 봉수(所伊山烽燧) 현 동쪽 13리에 있다. 동쪽으로 눌이항산에 응하고, 서쪽으로 영동현(永同縣) 박달산(朴達山)에 응하고, 북쪽으로 경상도 상주(尙州) 중모현(中牟縣) 소산(所山)에 응한다.

우역郵驛

신흥역(新興驛) 현 서쪽 3리에 있다.

이신원(李申院) 현 서쪽 3리에 있다.

서송원(徐松院) 현 남쪽 9리에 있다.

박차원(朴車院) 김화부곡(金化部曲)에 있다.

자천원(玆川院) 현 남쪽 10리에 있다.

이현원(梨峴院) 현 서쪽 20리에 있다.

판초원(板草院) 현 동쪽 30리에 있다.

사묘祠廟

사직단(社稷壇) 현 서쪽에 있다.

문묘(文廟) 향교에 있다.

성황사(城隍祠) 현 동쪽 1리에 있다.

여단(厲壇) 현 북쪽에 있다.

사찰寺刹

심묘사(深妙寺) 절에 팔경(八景)이 있으니, 사군봉(使君峯), 월류봉(月留峯), 산양벽(山羊壁),-바로 양산암(羊山巖)이다.- 용연동(龍淵洞), 냉천정(冷泉亭), 화헌악(花獻嶽), 청학굴(靑鶴窟), 법존암(法尊巖)이다.

반야암(般若菴) 모두 백화산(白華山)에 있다.

건천사(乾川寺), 쌍림사(雙林寺), 대평사(大平寺) 모두 황악산(黃嶽山)에 있다.

고적古蹟

김화부곡(金化部曲) 현 동쪽 38리에 있다. 본래 김산현(金山縣) 땅이었는데, 뒤에 경산부(京山府)에 병합되었다가 공양왕(恭讓王) 때에 옮겨 본 현에 편입되었다.

명환名宦

본조

윤상(尹祥) 국초에 현감이 되어 정사를 청렴하고 간명하게 행하였다. 고을 자제들을 데려다가 직접 가르쳤는데, 먼 지역의 선비들까지도 모두 와서 수학하였다.

하담(河澹), **이약동**(李約東) 모두 세종조(世宗朝)에 현감이 되었다.

박영(朴英) 현감이 되었는데, 재임한 3년 동안 온 고을이 크게 다스려졌다.

청산현 青山縣

동쪽으로 경상도 상주(尙州) 경계까지 24리이고, 남쪽으로 영동현(永同縣) 경계까지 13리이고, 서쪽으로 옥천군(沃川郡) 경계까지 20리이고, 북쪽으로 보은현(報恩縣) 경계까지 22리이다. 서울과의 거리는 423리이다.

한전 旱田

수전 水田

건치연혁 建置沿革

본래 신라 굴산현(屈山縣)인데, 일명 돌산(堗山)이라고 한다. 경덕왕(景德王) 때에 기산(耆山)으로 고치고 삼년군(三年郡) 영현(領縣)으로 삼았다. 고려 초에 청산(青山)으로 고치고 뒤에 상주에 편입시켰으며, 공양왕(恭讓王) 2년(1390)에 다시 청산현(青山縣)을 설치하였다가 얼마 뒤에 다시 상주에 편입시켰다. 본조 공정왕(恭定王 태종) 3년(1403)에 다시 떼어 내어 현을 설치하였다가 13년에 본도에 예속시켰고, 14년에 황간현(黃澗縣)에 병합하였고, 16년에 다시 떼어 내어 현을 설치하였다. 관장하는 면은 6개이고, 관원은 현감과 훈도이다. 각 1인이다.

군명郡名

굴산(屈山), 기산(耆山)

산천山川

기성산(己城山) 현 서쪽 8리에 있다. 진산(鎭山)이다.

덕의산(德義山) 현 북쪽 5리에 있다.

천둔산(千芚山) 현 동쪽 15리에 있다.

도가산(道家山) 현 서쪽 11리에 있다.

문수산(文殊山), 도솔산(兜率山) 모두 현 서쪽 19리에 있다.

용천(龍川) 현 남쪽 2리에 있다. 세속에서는 남천(南川)이라고 부르니, 바로 보은현(報恩縣)의 용천(龍川) 하류로서, 남쪽으로 흘러 옥천군(沃川郡) 경계에 이르러 금강(錦江)에 들어간다.

토산土産

녹반(綠礬), 보리(甫里) 석굴(石窟)에서 난다. 잣〔海松子〕, 대추〔棗〕, 지치〔紫草〕, 꿀〔蜂蜜〕, 황랍(黃蠟), 인삼(人蔘), 복령(茯苓), 안식향(安息香), 쏘가리〔錦鱗魚〕, 누치〔訥魚〕

성곽 城郭

기성산성(己城山城) 고을 서쪽 8리에 있다. 돌로 쌓았고, 둘레가 2901자이다. 안에 우물이 하나 있다.

학교 學校

향교(鄕校) 현 서쪽 2리에 있다.

궁실 宮室

객관(客館)

백운정(白雲亭) 객관 북쪽에 있다.

우역 郵驛

오곤원(吾昆院) 현 서쪽 8리에 있다.

은천원(銀川院) 현 서쪽 19리에 있다.

주성원(酒城院) 현 북쪽 72리에 있다.

사묘 祠廟

사직단(社稷壇) 현 서쪽에 있다.

문묘(文廟) 향교에 있다.

성황사(城隍祠) 현 동쪽 2리에 있다.

여단(厲壇) 현 북쪽에 있다.

사찰寺刹

청량사(淸涼寺) 천둔산에 있다.

수미사(須彌寺) 도가산에 있다.

신암사(新巖寺), 문수사(文殊寺) 모두 문수산에 있다.

망일암(忘日菴) 덕의산에 있다.

고적古蹟

주성부곡(酒城部曲) 현 북쪽 90리에 있다. 현 경계를 넘어 보은현 북쪽 마을로 들어간다. 본래 상주(尙州) 땅에 연결되어 있었는데, 고려 공양왕 때에 떼어 내어 편입시켰다.

저점고성(猪岾古城) 현 서쪽 9리에 있다. 돌로 쌓았고, 둘레가 2050자이다. 안에 우물이 하나 있었다. 지금은 허물어졌다.

공주목公州牧

동쪽으로 회덕현(懷德縣) 경계까지 69리, 진잠현(鎭岑縣) 경계까지 64리이고, 남쪽으로 부여현(扶餘縣) 경계까지 49리, 이산현(尼山縣) 경계까지 43리, 연산현(連山縣) 경계까지 53리, 전라도 진산군(珍山郡) 경계까지 80리이고, 서쪽으로 대흥현(大興縣) 경계까지 69리이고, 북쪽으로 천안군(天安郡) 경계까지 57리, 연기현(燕岐縣) 경계까지 27리이다. 서울과의 거리는 323리이다.

한전旱田

수전水田

건치연혁建置沿革

본래 백제의 웅천(熊川)으로, 문주왕(文周王)이 북한산성(北漢山城)에서 이곳으로 옮겨 도읍하였다가 성왕(聖王)에 이르러 남부여(南扶餘)로 옮겼다. 문주왕 때부터 이때까지 무릇 63년이다.[209] 당 고종(唐高宗)이

209 문주왕……63년이다 : 475년(문주왕1) 10월에 천도한 이후 538년(성왕16) 봄 사비(泗

소정방(蘇定方)을 보내어 신라와 함께 이곳에서 백제를 멸망시킨 다음 웅진도독부(熊津都督府)를 설치하고 군사를 주둔시켰는데, 당나라 군사가 얼마 뒤에 돌아가자 신라가 그 땅을 모두 점유하였다. 신문왕(神文王) 때 웅천주도독부(熊川州都督府)로 고쳤고, 경덕왕(景德王) 16년(757)에 웅주(熊州)를 설치하였다. 고려 태조(太祖) 23년(940)에 공주로 고쳤고, 성종(成宗) 2년(983)에 목(牧)을 설치하였으며, 얼마 뒤[210] 주에 안절군(安節軍)을 설치하였다. 현종(顯宗) 때[211] 안절군을 파하고 그대로 공주로 삼았다. 충혜왕(忠惠王) 복위 2년(1341)에 목으로 승격시켰다. 원(元)나라의 평장(平章) 활활치(闊闊赤)의 아내가 된 경화옹주(敬和翁主)의 외향(外鄕)이라 하여 승격시킨 것이다. 본조에서 그대로 따르다가 세조(世祖) 때에 진(鎭)을 설치하였다. 인조(仁祖) 때에 공산현(公山縣)으로 강등하였는데[212] 얼마 뒤에 다시 공주로 삼았다. 관장하는 면은 49개이고, 진관(鎭管)은 군 2개, 임천(林川), 한산(韓山) 현 10개이다. 전의(全義), 정산(定山), 은진(恩津), 회덕(懷德), 진잠(鎭岑), 연산(連山), 이산(尼山), 부여(扶餘), 석성(石城), 연기(燕岐) 관원은 목사, 판관, 교수이다. 각 1인이다.

泚)로 옮기기까지 63년간 공주가 백제의 도읍이었다는 말이다. 《三國史記 卷26 百濟本紀》

210 얼마 뒤 : 995년(성종14)이다. 《신증동국여지승람》 권17 〈충청도 공주목〉 건치연혁조에 "14년에 절도사를 두어 안절군이라 하고 하남도에 속하게 하였다.〔十四年置節度使, 稱安節軍, 屬河南道.〕"라고 하였다.

211 현종(顯宗) 때 : 1012년(현종3)이다. 《新增東國輿地勝覽 卷17 忠淸道 公州牧》

212 인조(仁祖)……강등하였는데 : 《인조실록》 24년 5월 1일 기사에 나온다.

군명郡名

웅천(熊川), 웅진(熊津), 웅주(熊州), 공산(公山)

형승形勝

계룡산(鷄龍山)이 진산(鎭山)이 되고 웅진이 금대(襟帶)를 이루었다. 본조 서거정(徐居正)의 〈취원루기(聚遠樓記)〉

북쪽으로 차현(車峴)이 막고, 동쪽으로 계룡산이 누르고, 남쪽으로 부여(扶餘)와 이어져 있다.

남도(南道)의 인후(咽喉)가 되는 요충지이다.

풍속風俗

사람들이 음악을 잘한다. 신라 문무왕(文武王) 때에 당나라 유인궤(劉仁軌)가 백제를 격파한 다음 웅진부성(熊津府城)에 주둔하였는데 당나라 악공들도 따라왔다. 이에 왕이 성천(星川)과 구일(丘日) 등 38인에게 명하여 가서 당악(唐樂)을 배우게 하였다. 이후부터 본주 사람들이 음악을 잘하여 남자들은 아쟁과 피리 연주를 좋아하고 여자들은 가무(歌舞)를 좋아한다.

풍속이 농사 짓기에 힘쓴다. 주지(州志)

산천山川

계룡산(鷄龍山) 주 동쪽 40리에 있다. 연산현(連山縣), 진잠현(鎭岑縣)에도 나온다.

공산(公山) 주 북쪽 2리에 있다. 산 형상이 '공(公)' 자와 같다고 해서 그렇게 이름 붙였다. 금강(錦江)이 그 아래를 지나간다. 본조 유근(柳根)의 시[213]에 "한 조각 공산이 금강 머리에 있다.〔一片公山錦水頭〕" 하였고, 허적(許𥛚)의 시[214]에 "가을바람 금강에 불고, 지는 해 공산에 가득하네.〔秋風吹錦水 落日滿公山〕" 하였으니, 모두 이곳이다.

무성산(茂城山) 주 서쪽 32리에 있다. 북쪽으로 차현(車峴)에 이어져 있다.

동혈산(東穴山) 주 북쪽 30리에 있다. 산 위에 바위가 있고 바위 주변에 작은 동굴이 있으며, 그 아래에 동혈사(東穴寺)가 있다.

주미산(舟尾山) 주 남쪽 5리에 있다. 읍치(邑治)의 여러 산이 여기서 갈라진다. 세속에서 전하기를 "고을 지형이 가는 배〔行舟〕 모양이므로 그렇게 이름 붙였다."라고 한다.

월성산(月城山) 주 동쪽 5리에 있다. 남쪽으로 주미산에 이어져 있다. 또 여기서 끊어졌다가 홀로 우뚝 솟은 것이 공산(公山)이 된다.

봉황산(鳳凰山) 주 서쪽 3리에 있다. 주미산과 서로 이어져 있다.

연미산(娟美山) 주 서쪽 10리에 있다. 그 남쪽 머리는 웅진나루〔熊津渡〕 둔덕에 해당하는데, 주내에서 바라보면 뾰족뾰족 솟아 있어서 사랑스러우므로 그렇게 이름 붙였다.

유점산(油岾山) 주 서쪽 30리에 있다.

213 유근(柳根)의 시 : 〈공산성 북쪽에 예전에는 문이 없었는데……미처 공역을 끝내지 못하고 떠나다〔公山北城舊無門……未及畢役而去〕〉이다. 《西坰集 西坰詩集 卷2》

214 허적(許𥛚)의 시 : 〈유체(留滯)〉이다. 《水色集 卷2》

모악산(母嶽山) 주 북쪽 20리에 있다.

보문산(寶文山) 유성(儒城) 동쪽 25리에 있다.

우산(禹山) 주 동쪽 40리에 있으니, 바로 계룡산 동쪽 줄기가 따로 일어난 것이다. 마산봉(馬山峯)이라고도 부르는데, 위에 철마(鐵馬)[215]가 있다.

차이산(車伊山) 주 동쪽 42리에 있다. 일명 취산(鷲山)이라고 한다.

살매산〔思乙每山〕 주 서쪽 20리에 있다.

탄현(炭峴) 주 남쪽 30리, 부여현(扶餘縣) 경계에 있다.

고화재(古火岾) 주 서쪽 45리에 있다.

적유현(狄踰峴) 주 동쪽 27리에 있다.

판현(板峴) 주 동남쪽 31리에 있다.

차현(車峴) 차령(車嶺)이라고도 부른다. 주 북쪽 57리에 있다. 직산(稷山)의 성거산(聖居山) 남쪽에서 천안(天安)과 전의(全義)의 경계를 거쳐 서쪽으로 뻗어나가 이 고개가 된다. 또 서쪽으로 이어져 각흘산(角屹山)과 무성산 등이 되고, 보령현(保寧縣) 경계에 이르러 오서산(烏棲山)이 되며, 바닷가에서 멈춘다. 이곳은 바로 대로(大路)의 요해처로서, 고려 태조의 〈훈요(訓要)〉에서 "차현 남쪽은 산형(山形)과 지세(地勢)가 모두 등지고 달린다."라고 한 것[216]이 바로 이곳이다.

215 철마(鐵馬) : 철로 만든 말의 형상을 말한다. 국가 제사 가운데 소사(小祀)에 해당하는 마조제(馬祖祭)가 있었는데, 마조는 말의 조상이라는 천사성(天駟星)을 말한다.《周禮 春官注》도성 동쪽 교외에 마조단을 설치하고 국가 제례로 시행하다가 후에 폐지되었다. 후대에는 철마를 만들어 제사하는 무속 신앙으로 변천되었다.《與猶堂全書 第1集 詩文集 卷12 鐵馬辨》

216 고려……것 : 《훈요(訓要)》는 943년(태조26) 여름 4월 태조가 후대 왕들이 경계 삼아야 할 내용을 10조목으로 써서 내린 훈계서이다.《高麗史節要 卷1 太祖神聖大王 26年 4月》 본문의 내용은 제8조에 해당한다.

쌍령현(雙嶺峴) 주 북쪽 50리에 있다. 차현과 산등성이가 이어졌고, 그 북쪽은 바로 천안군(天安郡) 경계이다.

각흘현(角屹峴) 주 북쪽 84리, 온양(溫陽) 경계에 있다. 일명 가문현(佳文峴)이라고 한다.

마현(馬峴), **화현**(火峴) 모두 주 동쪽 25리에 있다. 모두 계룡산 북쪽의 낮은 줄기이다.

능현(陵峴) 주 동쪽 5리, 주미산(舟尾山)과 월성산(月城山) 두 산 사이에 있다. 옛 능의 터가 있으므로 그렇게 이름 붙였다. 민간에는 백제 왕릉이라고 전해진다.

사공암(沙工巖) 주 남쪽 3리에 있다. 겨우 두어 길이 되는 작은 바위이다. 세속에서 말하기를 "고을 형국이 가는 배 모양이므로 사공(沙工)이라고 이름한 것이다." 한다.

금강(錦江) 일명 웅진수(熊津水)라고 한다. 전라도 장수현(長水縣), 진안현(鎭安縣), 무주현(茂朱縣), 용담현(龍潭縣) 등에서 발원하여 옥천(沃川), 문의(文義)를 지나 북쪽으로 흘러 주 경계로 들어가 주 동쪽 40리에 이르러 청주(淸州)의 작천수(鵲川水)와 합류한 다음, 방향을 바꾸어 서쪽으로 흘러 주 동쪽 5리에 이르러 금강 나루가 되고, 산성 아래를 경유하여 부여(扶餘)에 이르러 남쪽으로 꺾여 임천(林川), 한산(韓山), 서천(舒川)을 거쳐 바다로 들어간다.

일신천(日新川) 쌍령(雙嶺)에서 발원하여 남쪽으로 40리를 흘러 일신역(日新驛) 옆을 지나 주 북쪽 4리에 이르러 금강에 들어간다.

동천(銅川) 각흘현에서 발원하여 남쪽으로 흘러 유구역(維鳩驛) 옆을 지나 꺾여서 동쪽으로 흘러 주 서쪽 10리에 이르러 금강에 들어간다.

갑천(甲川) 유성폐현(儒城廢縣) 동쪽 7리에 있다. 성천(省川)으로도 부른다. 계룡산과 진산군(珍山郡) 대둔산(大芚山)에서 발원한 물이 합류하여 진잠현(鎭岑縣) 동쪽을 지나 유성(儒城) 동쪽에 이른 다음, 또 북쪽으로 흘러 회덕현(懷德縣) 서쪽을 지나 금강에 들어간다.

대전천(大田川) 유성폐현 동쪽 25리에 있다. 금산군(錦山郡) 경계에서 발원하여 북쪽으로 흘러 회덕현 서쪽에 이르러 갑천에 들어간다.

유천(柳川) 일명 유포(柳浦)라고 한다. 유성폐현 동쪽 20리에 있다. 진산군 경계에서 발원하여 북쪽으로 흘러 용두촌(龍頭村)에 이르러 대전천에 들어간다.

와탄(瓦灘) 주 동쪽 40리에 있으니, 바로 금강에 형성된 여울이다. 그 하류에 또 전탄(箭灘), 가덕탄(加德灘) 등이 있는데, 모두 가물면 걸어서 건넌다.

온천(溫泉) 유성폐현 동쪽 3리에 있다. 태조가 계룡산에 궐터를 잡았을 때[217]와 태종이 임실(任實)에서 강무(講武)하던 때에 여기서 목욕하였다.

초천(椒泉) 주 동쪽 70리, 석삼굴리(石三窟里)에 있다. 여기서 목욕한 사람들이 병을 많이 고쳤다.

토산土産

무쇠〔水鐵〕, **동철**(銅鐵), 모두 마현에서 난다. **석회**(石灰), **잣**〔海松子〕, 송

217 태조가……때 : 태조가 처음 즉위하였을 때, 계룡산 아래에 도읍을 옮기려고 친히 와서 순시하고 길지(吉地)를 택하여 역사(役事)를 시작하였던 일이다.《新增東國輿地勝覽 卷18 忠淸道 連山縣》

이버섯〔松蕈〕, 누치〔訥魚〕, 게〔蟹〕, 쏘가리〔錦鱗魚〕

성곽城郭

공산성(公山城) 주 북쪽 2리에 있다. 산을 따라 성을 쌓았는데, 동쪽과 서쪽은 깎아지른 절벽이고 북쪽은 금강에 임하였으니, 바로 백제 때의 옛 성이다. 신라의 김헌창(金憲昌)[218]이 점거한 곳이다. 또 이 성이 오래도록 버려져 있었는데 본조 선조(宣祖) 때 중수하였다. 돌로 쌓았고, 둘레가 4850자이다. 남쪽과 북쪽에 문이 있으며, 성안에 우물 3개와 못이 하나 있다. ○ 신라 최치원(崔致遠)의 시에,

금대처럼 둘러 있는 산천이 그림과도 같아라	襟帶江山似畫成
다행히도 지금은 전쟁 끝나 조용하네	可憐今日靜消兵
음풍이 홀연히 불어 놀란 파도 일으키니	陰風忽捲驚濤起
아직도 그때 그 전고 소리 들리는 듯하네	猶想當時戰鼓聲

하였다.

공서公署

관찰사영(觀察使營) 산성 안에 있다.

218 김헌창(金憲昌) : 태종 무열왕의 7세손이다. 821년(헌덕왕13) 4월 웅천주 도독(熊川州都督)으로 부임하고 이듬해 반란을 일으켜 공산성(公山城)을 점거하고, 국호를 장안(長安), 연호를 경운(慶雲)이라 하였다.

이인도 찰방사(利仁道察訪司) 주 남쪽 25리에 있다. 이인(利仁), 용전(龍田), 은산(恩山), 유양(楡楊), 숙홍(宿鴻), 남전(藍田), 청화(靑化), 두곡(豆谷), 신곡(新谷), 영유(靈楡) 등 10개 역(驛)을 관할한다. ○ 찰방 1인이 있다. 예전에는 승(丞)을 두었는데, 지금은 찰방을 둔다.

학교學校

향교(鄕校) 주 서쪽 3리에 있다.

공암서원(孔巖書院) 주 동쪽 30리에 있다. 융경(隆慶) 연간에 서기(徐起)가 여기서 강학(講學)하면서 당을 짓고 배우는 이들을 거처하게 하였다. 또 주자(朱子)를 주향(主享)하고 이존오(李存吾), 이목(李穆), 성제원(成悌元)을 종향(從享)하였다. 왜란으로 허물어졌는데, 뒤에 고을 선비들이 중수하고 이어 서원을 세워 조헌(趙憲)과 서기를 함께 향사하였다. ○ 이정귀(李廷龜)의 기문[219]에 "계룡산(鷄龍山) 한 가닥이 북쪽으로 달려 봉우리가 되어 우뚝 솟은 것이 고청봉(孤靑峯)이다. 봉우리 아래에는 긴 내가 휘감아 흐르고 기암이 은연히 드러나 하나의 명승을 이루고 있으니 공암(孔巖)이라고 한다. 서씨(徐氏)가 처음 이곳에 살았으니, 이 산에 살아서 자호를 고청(孤靑)이라 하였다. 학문이 넓고 지조를 지켰으며 행의가 뛰어났으므로 고을의 선비들과 원근의 학자들이 다투어 몰려들었다. 그리하여 마침내 못 아래에 강당을 지어 박약당(博約堂)이라고 하고 좌우로 두 재사(齋舍)

219 이정귀(李廷龜)의 기문 : 〈공주 공암서원을 중수한 데 대한 기문(重修公州孔巖書院記)〉이다. 《月沙集 卷37》

를 지어 동쪽을 진수(進修)라 하고 서쪽을 천리(踐履)라 하였다. 이윽고 또 상의하기를 '선정(先正)이 없으면 누구를 본받겠는가. 고려조의 이 정언(李正言)과 본조의 이 평사(李評事), 성 동주(成東洲)는 모두 일대의 위인이며 바로 우리의 향선생(鄕先生)이시다. 또 주 부자(朱夫子 주희(朱熹))는 뭇 현사(賢士)들의 맹주가 되어 사도(斯道)에 공이 가장 크니, 어찌 사당을 세워 존숭(尊崇)하여 의지할 곳으로 삼지 않으리오.' 하고, 드디어 주 부자를 주향으로 삼고 세 선생을 배향(配享)하여 강당의 북쪽에 사당을 세웠다고 한다." 하였다.

궁실宮室

객관(客館)

향사당(鄕射堂) 객관 동쪽에 있다.

연무당(鍊武堂) 객관 북쪽 1리에 있다.

별관(別館) 객관 서쪽에 있다.

피향당(披香堂) 객관 남쪽에 있다. 연못이 있다.

취원루(聚遠樓) 객관 동쪽에 있다. 예전의 관정정(觀政亭)이니, 정자가 연못 가운데 있었는데 목사 권체(權體)가 정자를 철거하고 누대로 만들었다. 뒤에 목사 홍석(洪錫)이 동헌(東軒) 동쪽으로 옮겨 지었다. 서거정(徐居正)의 기문[220]이 있다.

220 서거정(徐居正)의 기문 : 〈공주 취원루기(公州聚遠樓記)〉이다. 《四佳集 四佳文集 卷1》 기문에 의하면, 권체가 누대를 지으려다가 흉년이 들어 완성하지 못한 것을 1473년(성종4) 홍

금강루(錦江樓) 주 동쪽 5리, 금강 언덕에 있다. ○ 고려 정도전(鄭道傳)의 시[221]에,

그대는 보지 못했는가	君不見
가 태부가 글을 써 소상강 물에 던지고[222]	賈傅投書湘水流
이 한림이 취중에 황학루에서 시 지은 것을[223]	翰林醉賦黃鶴樓
생전의 곤궁쯤이야 근심할 게 무엇 있나	生前轗軻無足憂
빼어난 기운 늠름하게 천추에 이어지네	逸氣凜凜橫千秋
또 보지 못했는가	又不見
병든 이 몸 삼 년을 염주에 갇혀 있다가[224]	病夫三年滯炎州

석(洪錫)이 부임하면서 누대를 완성하였고, 이때 서거정에게 기문을 부탁하였다고 한다.

221 정도전(鄭道傳)의 시 : 〈공주의 금강루에 제하다(題公州錦江樓)〉이다. 《三峯集 卷1》 찬자 소주에 "정사년(1377, 우왕3) 7월 공이 폄소(貶所)로부터 종편(從便)하여 삼봉(三峯)의 옛 집으로 돌아오는 도중 24일에 이 누(樓)에 자면서 지은 것이다." 하였다.

222 가 태부(賈太傅)가……던지고 : 한(漢)나라의 가의(賈誼)가 일찍이 장사왕(長沙王)의 태부를 지냈으므로 가 태부라 한다. 그가 상수(湘水)를 지나면서 굴원(屈原)을 조상하는 부(賦)를 지어 물에 던졌다.

223 이 한림(李翰林)이……것을 : 당(唐)나라 시인 이백(李白)이 일찍이 한림 공봉(翰林供奉)이 되었으므로 한림이라 칭하였다. 황학루(黃鶴樓)는 중국 호북성(湖北省) 무창현(武昌縣)의 황학산(黃鶴山)에 있는 누각이다. 삼국(三國) 시대 촉(蜀)나라의 비문위(費文禕)가 신선이 되어 일찍이 황학을 타고 이곳에서 쉬어 갔다는 고사에 의하여 황학루라 불렀다. 당나라의 문인 최호(崔灝)의 〈등황학루(登黃鶴樓)〉가 당대(唐代)의 칠언 율시 가운데 으뜸가는 명시(名詩)로 꼽힌다. 이백이 이 시를 보고는 격찬해 마지않으면서 자기도 이에 필적할 시를 지어 보려고 운(韻)과 시상(詩想)과 시구(詩句)까지 모방하여 〈등금릉봉황대(登金陵鳳凰臺)〉라는 시를 지었다고 한다.

224 삼……있다가 : 염주(炎州)는 전설 속에 나오는 뜨거운 열기가 솟는다고 하는 남해의 섬으로, 보통 남쪽 지방을 일컫는다. 정도전은 1375년(우왕1) 원나라 사신이 국경에 이르자, 그들을 맞이하는 것은 불가하다고 간하여 나주(羅州) 회진현(會津縣)에 유배되었다가 3년 만에 풀려났다.

돌아오는 길에 또 금강 머리에 온 것을　　歸來又到錦江頭
다만 강물이 유유히 흘러감을 볼 뿐　　但見江水去悠悠
세월도 머물러 주지 않음을 어찌 알리　　那知歲月亦不留
이 몸은 저 구름처럼 둥둥 떴으니　　此身已與秋雲浮
공명이나 부귀 다시 구할 것 있는가　　功名富貴復何求
오늘의 감회에 옛일 생각하며 길게 한숨 짓네　　感今思古一長吁
노랫소리 격앙되고 바람까지 으스스한데　　歌聲激烈風颼颼
갑자기 흰 갈매기 짝을 지어 날아오네　　忽有飛來雙白鷗

하였다.

망북루(望北樓) 성 북문 누각이다. ○ 본조 허적(許樀)의 시[225]에,

산 위 높은 성 그 위에 누대 있고　　山上高城城上樓
누대 앞엔 강물이 산을 감싸고 흐르네　　樓前江水繞山流
푸른 물결 치는 저녁 긴 물가에 안개 일고　　長洲煙起滄波夕
흰 이슬 내리는 가을 푸른 나무에 한기 도네　　碧樹寒生白露秋
형승도 천년토록 전쟁에 시달렸으니　　形勝千年爭戰苦
호시절에도 몇 번이나 이별을 근심하였나　　繁華幾度別離愁
요즈음 세상일 쓸쓸하기 그지없어　　今來人事蕭條盡
홀로 난간 기대고 있자니 머리만 희어지네　　獨凭危欄欲白頭

하였다.

공북루(拱北樓) 성 북문 누각이다. ○ 허적의 시[226]에,

225 허적(許樀)의 시 : 〈공주 성루에 제하다〔題公州城樓〕〉이다. 《水色集 卷2》

226 허적의 시 : 〈공북루 시에 차운하다〔次拱北樓韻〕〉이다. 《水色集 卷2》

비단 같은 맑은 강이 산루 휘감아 흐르고　　澄江如練繞山樓
눈에 가득 멋진 풍광 석두[227]보다 낫네　　滿目風煙勝石頭
밝은 달 흰 구름 아래 빈 강 드넓은데　　明月白雲空水闊
깊은 밤 긴 젓대 소리에 외론 배 타고 내려가네　　夜深長笛下孤舟

하였다. ○ 또,

석양에 홀로 높고 높은 누각에 올라서　　岧嶢獨上夕陽樓
장강을 굽어보니 담담히 흘러가네　　俯視長江湛湛流
옛 나라 풍광은 삼백 리에 뻗쳐 있고　　故國風煙三百里
흥성한 문물은 몇천 년이 흘렀는가　　興王文物幾千秋
사군 지주[228]가 유독 깊이 돌봐 주시니　　使君地主傾深眷
나그네는 변방에서 깊은 시름 위로받네　　遊子天邊慰遠愁
막막한 모래톱에 새들 모조리 날아가고　　漠漠沙汀飛鳥盡
사람들 서로 건너느라 나루터를 메웠네[229]　　歸人爭渡滿津頭

하였다.

독락정(獨樂亭) 주 동쪽 30리, 삼기향(三岐鄉)에 있다. 양양 부사(襄陽府使)

227 석두(石頭) : 중국 강소성(江蘇省) 남경(南京) 청량산(淸涼山)에 있는 석두성(石頭城)을 지칭하는 듯하다. 석두성은 본래 초(楚)나라의 금릉성(金陵城)이었는데, 오(吳)나라의 손권(孫權)이 증축하고서 이름을 고쳤다. 석수성(石首城)이라고도 한다. 이백(李白)의 〈금릉가(金陵歌)〉에 "석두성의 바윗돌은 범이 웅크린 듯한데, 푸른 강은 넘실대며 지나가려 하는구나.〔石頭巉巖如虎踞, 凌波欲過滄江去.〕" 하였다. 금강과 잇닿아 있는 풍광 좋은 공산성을 석두성에 비유한 것으로 보인다.

228 지주(地主) : 지방 고을의 원을 말하는데, 여기서는 공주 목사를 지칭하는 것으로 보인다.

229 석양에……메웠네 : 〈늦게 공북루에 올라 앞 시의 운을 차운하여 여 사군에게 주다〔晩登拱北樓次前韻呈呂使君〕〉이다. 《水色集 卷2》

임목(林穆)의 별서(別墅)이다. 금강(錦江) 상류의 두 물이 서로 만나는 곳에 작은 산봉우리가 있는데 강물에 임해 우뚝 솟아 있고 정자가 그 위에 있다. 강산이 맑고 환하여 경치가 매우 아름답다. 남수문(南秀文)이 기문을 지었다. ○ 서거정(徐居正)의 시[230]에,

이름난 정원 금강 위에 나직하게 자리했는데	名園幷壓錦江低
내 예전에 찾아가다 가는 길 헤매었지	我昔相尋路自迷
하씨의 임정이 가장 좋은 줄은 알았지만	何氏林亭知最勝
두릉처럼 오동잎에 시를 써 본 적은 없다네[231]	杜陵桐葉不曾題
수레에 기름 쳐서 반곡 못 가 한스럽지만[232]	膏車恨未從盤谷
눈 온 밤 거룻배로 섬계는 꼭 찾아가야지[233]	雪艇終須訪剡溪
부디 여울 감추고 안개 거두지 말지어다[234]	莫遣藏湍仍斂霧

230 서거정(徐居正)의 시 : 〈공주의 독락정(公州獨樂亭)〉이다. 《四佳集 四佳詩集補遺 卷3》

231 하씨(何氏)의……없다네 : 하씨의 임정(林亭)은 두보가 노닐며 시를 지은 곳이고, 두릉(杜陵)은 곧 두보(杜甫)를 가리킨다. 두보의 〈재차 하씨 장군이 머물렀던 산림을 들러(重過何氏)〉에 "돌난간에서 비스듬히 붓에 먹 찍어, 앉아서 오동잎에 시를 쓰노라.(石欄斜點筆, 桐葉坐題詩.)"라고 하였다. 《杜少陵詩集 卷3》

232 수레에……한스럽지만 : 반곡(盤谷)은 바로 태항산(太行山) 남쪽에 있는 골짜기이다. 당나라 때 문신 이원(李愿)이 일찍이 벼슬을 사직하고 물러가 이곳에 은거할 적에 한유(韓愈)가 그를 송별하는 뜻으로 지은 〈반곡으로 돌아가는 이원을 전송하는 서(送李愿歸盤谷序)〉에 "내 수레에 기름 치고 내 말에 꼴을 먹여, 자네 따라 반곡에 가서, 나의 여생 마칠 때까지 노닐리라.(膏吾車兮, 秣吾馬, 從子于盤兮, 終吾生以徜徉.)"라고 하였다. 《古文眞寶後集 卷4》

233 눈……찾아가야지 : 진(晉)나라 왕휘지(王徽之)가 어느 날 밤에 큰 눈이 막 개고 달빛이 휘영청 밝은 것을 보고는 갑자기 섬계(剡溪)에 사는 친구 대규(戴逵)가 생각나서 즉시 거룻배를 타고 밤새도록 가서 다음 날 아침에야 섬계에 당도했는데, 대규의 집 문 앞까지 가서는 흥이 다했다 하여 그의 집에는 들어가지 않고 그대로 되돌아왔던 고사에서 온 말이다. 《晉書 王徽之列傳》

234 부디……말지어다 : 남제(南齊) 때 공치규(孔稚圭)가 일찍이 북산(北山)에 은거하다가

들으니 도리 밑에 이미 길이 났다 하더군[235] 似聞桃李已成蹊

하였다.

원수대(元帥臺) 주 서쪽 7리에 있다.

봉수烽燧

월성산 봉수(月城山烽燧) 남쪽으로 이산현(尼山縣) 성산(城山)에 응하고, 북쪽으로 고등산(高燈山)에 응한다.

고등산 봉수(高燈山烽燧) 주 북쪽 30리에 있다. 남쪽으로 월성산(月城山)에 응하고, 북쪽으로 쌍령(雙嶺)에 응한다.

쌍령 봉수(雙嶺烽燧) 남쪽으로 고등산에 응하고, 북쪽으로 천안군(天安郡) 대학산(大鶴山)에 응한다.

변절하여 벼슬길에 나간 주옹(周顒)을 매우 못마땅하게 여겼다. 공치규는 북산 신령(神靈)의 이름을 가탁하여 관청의 이문(移文)을 본떠서 〈북산이문(北山移文)〉을 지어 그로 하여금 다시는 북산에 발을 들여놓지 못하도록 하는 뜻을 드러냈다. 그 대략에 "의당 산의 창문을 닫고 구름의 문을 가리며, 가벼운 안개를 거두고 흐르는 여울물을 감추어서, 주옹의 수레 끌채를 골짝 어귀에서 차단하고, 망령된 고삐를 교외 첫머리에서 막아야 한다.〔宜扃岫幌, 掩雲關, 斂輕霧, 藏鳴湍, 截來轅於谷口, 杜妄轡於郊端.〕"라고 하였다. 《文選 卷43》

235 들으니……하더군 : 도리(桃李)는 복숭아나무와 오얏나무를 가리킨다. 《사기(史記)》 〈이장군열전(李將軍列傳)〉에 "복숭아나무와 오얏나무는 말이 없으나 그 밑에 저절로 길이 생긴다.〔桃李不言, 下自成蹊.〕"라고 한 데서 온 표현으로, 덕행이 있는 사람은 남들이 자연히 그에게 심복하는 것을 비유한다.

우역郵驛

일신역(日新驛) 주 북쪽 10리에 있다.

광정역(廣程驛) 주 북쪽 45리에 있다.

경천역(敬天驛) 주 동남쪽 40리에 있다.

이인역(利仁驛) 옛 이름은 이도(利途)이다. 주 남쪽 25리에 있다, 찰방사(察訪司) 본역(本驛)이다.

단평역(丹平驛) 주 서쪽 17리에 있다.

유구역(維鳩驛) 주 서쪽 55리, 신풍폐현(新豐廢縣) 서쪽 8리에 있다.

보통원(普通院) 주 동쪽 3리에 있으니, 바로 예전의 영춘정(迎春亭)이다.

금강원(錦江院) 주 북쪽 7리, 금강(錦江) 북쪽 둔덕에 있다.

환희원(歡喜院) 주 남쪽 35리에 있다.

요광원(要光院) 주 남쪽 30리에 있다.

모로원(毛老院) 주 북쪽 26리에 있다.

궁원(弓院) 주 북쪽 40리에 있다. 그 땅과 물의 형세가 활 모양과 같아서 그렇게 이름 붙였다.

인제원(仁濟院) 주 북쪽 52리에 있다.

웅진원(熊津院) 주 서쪽 7리, 웅진나루 둔덕에 있다.

공서원(公西院) 주 서쪽 31리에 있다.

반야원(般若院) 주 서쪽 47리에 있다.

고관원(古館院) 주 서쪽 67리에 있다.

공제원(公濟院) 주 북쪽 28리에 있다.

내창원(內倉院) 주 서쪽 25리에 있다.

광도원(廣道院) 주 동쪽 57리에 있다.

불현원(佛峴院) 주 동쪽 82리에 있다.

효가리원(孝家里院) 주 동쪽 10리에 있다.

관량關梁

차현보(車峴堡) 차현(車峴)에 있다. 예전에 보(堡)를 설치하여 방수하였는데, 지금은 유지(遺址)만 남아 있다. 남북으로 길이 통하므로 이 때문에 관애(關隘)의 지역이 된 것이다. 본조 정유년(1597, 선조30)에 왜적을 방어할 때에 또한 목책(木柵)을 설치하였다. ○ 허적(許樀)의 시[236]에,

아침에 천안군을 떠나서	朝發天安郡
멀리 공주성에 나아갔지	遠詣公州城
험난한 차현 가는 길	嶇嶔車峴道
덕평에서 오르막길 오르네	登陟自德坪
수목 울창하게 우거져 있고	樹木鬱參差
산봉우리 가파르게 솟아 있네	岑岫峭崢嶸
큰 방수는 두 지역 경계에 있고	鉅防二界中
험조함은 하늘이 이룬 듯하네	險阻天所成
온조가 그 옛날 웅강할 때에	溫祚昔雄强
이곳을 근거해서 군정을 다스렸지	跨此事戎兵
왕씨가 삼국을 하나로 합하여	王氏混三國
유훈 내려 위험을 경계하였네	遺訓戒不寧

236 허적(許樀)의 시 : 〈차현시(車峴詩)〉이다. 《水色集 卷2》

우리 성조께서 즉위하신 뒤로 逮我聖祖禪
지극정성으로 거두어 보살폈는데 收攬由至誠
아 바다 도적이 쳐들어왔으니 嗚呼海冠躪
굳게 지켜 낸 것 누구의 충정인가 固守誰忠貞
보전과 패망은 고금이 그러하니 保敗今古然
감탄하고도 남는 뜻이 있네 感歎有餘情
굽이굽이 돌며 계곡을 나서니 縈回出谿谷
햇빛은 밝고 구름 노을 맑도다 日朗雲霞淸

하였다.

일신교(日新橋) 주 북쪽 10리에 있다. 일신천에 놓여 있다.

환희교(歡喜橋) 주 남쪽 35리, 환희원 앞에 있다.

금강나루〔錦江渡〕 주 북쪽 5리에 있으니, 바로 금강의 나루이다. ○ 고려 정지(鄭地)가 군사를 이끌고 남쪽으로 정벌하러 갈 때 이곳을 건너면서 지은 시[237]에,

수나라의 하약필과 隋家賀若弼
진나라의 조 장군은 晉室祖將軍
칼을 짚고 강물을 건너면서 仗劍過江水
적을 섬멸하고서야 돌아오리라 맹세했네[238] 期還誓掃雲

237 정지(鄭地)가……시 : 〈금강 선정에 제하다〔題錦江船亭〕〉이다. 《東文選 卷19》

238 수(隋)나라의……맹세했네 : 수나라 장수 하약필은 강북에서 양자강을 건너가서 진(陳)나라를 평정하였고, 진(晉)나라 조적(祖逖)은 강동에서 양자강을 건너면서 당시에 중원(中原)을 점령하고 있는 오랑캐를 숙청하겠다고 맹세하였다고 한다. 《隋書 賀若弼列傳》《晉書 祖逖列傳》

하였다.

웅진나루〔熊津渡〕 주 서쪽 7리에 있으니, 또한 금강의 나루이다. 고려 현종이 거란(契丹)을 피하여 남쪽으로 도망갈 때, 절도사 김은부(金殷傅)가 웅진나루에서 맞이하였다고 한 것이 바로 이곳이다. ○ 고려 정추(鄭樞)의 시[239]에,

완산은 멀고 멀어 길 막혔는데	完山迢遞道阻長
웅천 강물 출렁출렁 구름도 아득하다	熊川蕩潏雲蒼茫
물 얕은 데를 건너자니 돌이 발을 찌르겠고	揭其淺兮石齧足
깊은 곳을 건너자니 물이 치마를 적시겠다	厲其深兮水漸裳
어옹이 나에게 사당주[240]를 빌려주니	漁翁借我沙棠舟
계수나무로 삿대 삼고 목란으로 노 삼았네	桂爲櫂兮蘭爲槳
돋는 해 돌아보며 중류에 배 띄웠더니	回看出日泛中流
잠시 사이에 이미 서쪽 언덕 가에 닿았네	俄然已艤西岸傍
나는 언덕에 올라 말을 몰아 떠나는데	我行登岸嘶馬去
어옹은 노를 두드리며 창랑가[241]를 부르네	翁卽扣枻歌滄浪
어옹이여, 오도는 그대의 노에 비유되거니	翁乎吾道比汝楫

239 정추(鄭樞)의 시 : 〈웅천을 지나며〔過熊川〕〉로, 순서가 다르게 배열된 구절도 있다. 《圓齋文稿 卷上》

240 사당주(沙棠舟) : 사당(沙棠) 나무로 만든 배를 말한다. 진(晉)나라 왕가(王嘉)의 《습유기(拾遺記)》 〈전한 하(前漢下)〉에 "황제가 삼추(三秋) 한가한 날에 비연(飛燕)과 함께 태액지(太液池)에서 놀았는데, 사당목으로 배를 만들었으니 그 배는 침몰하지 않아서 귀하다." 하였다. 후대에는 유선(遊船)을 통칭하는 말로 쓰였다.

241 창랑가(滄浪歌) : 《맹자》 〈이루 상(離婁上)〉에 실린 노래로, "창랑의 물이 맑으면 내 갓끈을 씻고, 창랑의 물이 흐리면 내 발을 씻는다.〔滄浪之水淸兮, 可以濯吾纓; 滄浪之水濁兮, 可以濯吾足.〕" 하였다. 굴원(屈原)의 〈어부사(漁父辭)〉에도 나오는데, 세속을 초월해서 고결한 지조를 지킨다는 뜻이다.

써 주면 행하고 버리면 간직한다네[242] 用則行兮舍則藏

하였다.

사묘祠廟

사직단(社稷壇) 주 서쪽에 있다.

문묘(文廟) 향교에 있다.

성황사(城隍祠) 공산(公山)에 있다.

계룡산사(鷄龍山祠) 계룡산 남쪽에 있다. 신라에서는 오악(五嶽)에 견주어 중사(中祀)로 기재하였다. 본조에서는 명산이라 하여 소사(小祀)로 정하여 매년 봄가을에 향축(香祝)을 내려서 제사 지내게 한다.

웅진사(熊津祠) 웅진나루 남쪽 언덕에 있으니, 바로 금강사(錦江祠)이다. 신라에서는 서독(西瀆)으로 삼았고, 본조에서는 남독(南瀆)으로 삼아 중사로 기재하여 봄가을에 향축을 내려서 제사 지내게 한다.

황신사(黃愼祠) 주 남쪽에 있다.

여단(厲壇) 주 북쪽에 있다.

242 써……간직한다네 : 《논어》 〈술이(述而)〉에 "부자께서 안연에게 말씀하기를 '써 주면 행하고 버리면 간직하는 것은 오직 나와 너만이 이러함이 있구나.'라고 하였다." 한 데서 나온 말로, 벼슬길에 나가고 물러감은 오도(吾道)를 써 주느냐 버리느냐에 달려 있다는 뜻이다.

능묘陵墓

백제(百濟) **왕총**(王塚) 주 서쪽 3리, 향교 서쪽에 있다. 세속에서는 백제의 왕릉이라고 전하는데, 어느 왕인지 알지 못한다. 지금은 터만 남아 있다.

사찰寺刹

계룡갑사(鷄龍岬寺) 계룡산에 있다. 절의 규모가 매우 크다.

가섭암(迦葉菴) 계룡산에 있다. 서거정(徐居正)의 기문[243]에 "산꼭대기에 샘이 나는데 늘 금빛이 뛰는 것을 볼 수 있고, 아래에는 용담(龍潭)이 있는데 검푸른 빛이 사람을 놀라게 한다. 산의 북쪽에는 육왕탑(育王塔)을 안치하였고, 산의 남쪽은 지기(地氣)가 왕성하여 왕도(王都)의 기운이 있다. 그 밖에 이름난 암자와 큰 사찰들이 모두 산의 빼어난 곳에 자리하고 있다. 정남쪽 고개의 옛 암자 아래에 암자가 있으니 이를 가섭암이라 한다." 하였다.

율사(栗寺), **동학사**(東學寺), **상원암**(上院菴) 모두 계룡산에 있다. 또 내원암(內院菴), 귀명암(歸命菴), 보현암(普賢菴) 등이 모두 동학사 위에 있다.

신정사(神正寺) 일명 신원사(神院寺)라고 한다. 계룡산 남쪽에 있다. 또 마명암(馬鳴菴), 운장암(雲藏菴) 등이 절 동북쪽 산 정상 아래에 있다.

반룡사(盤龍寺), **마곡사**(麻谷寺) 모두 무성산(茂城山)에 있다.

동혈사(東穴寺) 동혈산에 있다.

보문사(寶文寺) 보문산(寶文山)에 있다.

243 서거정(徐居正)의 기문 : 〈계룡산의 가섭암을 중신한 데 대한 기문(鷄龍山迦葉菴重新記)〉이다. 《四佳集 四佳文集 卷2》

고적古蹟

당나라 웅진도독부(熊津都督府) 당 고종(唐高宗)이 소정방(蘇定方)을 보내 백제를 멸하고 웅진도독부를 설치하여, 좌위낭장(左衛郎將) 왕문도(王文度)를 웅진 도독으로 삼아 남은 백성을 진무하게 하였다. 왕문도가 죽자 조서를 내려 유인궤(劉仁軌)를 대방주 자사(帶方州刺史)로 삼아 뒤를 이어 그 백성들을 통솔하고 백제를 진수(鎭守)하도록 하였다. 당시 백제의 옛 장수 복신(福信) 등이 백성들을 모아 옛 나라를 회복하려고 도모하였는데, 유인궤가 여러 장수들과 함께 격퇴하여 평정하였다. 백제가 두 번의 병란을 겪은 나머지 시체가 숲처럼 쌓여 있었는데 유인궤가 비로소 해골들을 거두어 묻고, 호구(戶口)를 기재한 호적(戶籍)을 만들고, 촌락을 정리하고, 관장(官長)을 임명하며, 도로를 내고, 교량(橋梁)을 가설하며, 제방을 보수하고, 농사와 누에치기를 권장하고, 가난한 자와 노인을 진휼하며, 관사(官社)[244]를 세우니, 백성들이 모두 생업에 편안해하였다. 유인궤는 5년간 재임하고 당나라로 돌아갔다.

신풍폐현(新豐廢縣) 주 서쪽 47리에 있다. 본래 백제 벌음지현(伐音支縣)이고, 일명 무부현(武夫縣)이라고 하였다. 신라가 이름을 청음(淸音)이라 고치고 웅주(熊州) 영현(領縣)으로 삼았다. 고려 초에 신풍(新豐)으로 고치고, 마침내 본주에 편입시켰다. 본조에서 그대로 따랐다. 현 남쪽 3리에 옛 성이 산 위에 있었고 둘레가 700자였는데, 지금은 모두 무너져 없어졌다.

덕진폐현(德津廢縣) 주 동쪽 50리에 있다. 본래 백제의 소비포현(所比浦縣)인데, 신라 때 적오(赤烏)라 고치고 비풍군(比豐郡) 영현으로 삼았다.

244 관사(官社) : 사직(社稷)을 담당하는 관서를 말한다.

고려 초에 덕진(德津)이라 고치고 곧이어 본주에 편입시켰다. 본조에서 그대로 따랐다. 현 남쪽 1리에 옛 성이 산 위에 있으니, 둘레가 760자이다.

유성폐현(儒城廢縣) 주 동쪽 54리에 있다. 본래 백제의 노사지현(奴斯只縣)인데, 신라 때 유성(儒城)이라 고치고 비풍군 영현으로 삼았다. 고려 때 본주에 편입시켰다. 본조에서 그대로 따랐다. 현 동쪽 5리에 옛 성이 산 위에 있고 둘레가 680자인데, 지금은 무너져 없어졌다. 또 폐현 동쪽 4리에 유성고현(儒城古縣) 터가 남아 있으므로 서로 전하기를 "지금의 폐현이 여기에서 옮겨 온 것이다." 한다.

이인부곡(里仁部曲) 바로 지금의 이인역(里仁驛)이다. 그 북쪽 5리에 옛 산성이 있으니 둘레가 1050자이다. 안에 우물이 하나 있었다. 지금은 없어졌다.

양화부곡(良化部曲) 주 동남쪽 40리, 경천역(敬天驛) 동쪽에 있다. 옛 산성이 있으니 둘레가 1000자이다. 안에 우물이 하나 있었다. 지금은 없어졌다.

청류부곡(淸流部曲) 주 동쪽 40리에 있다. 지금은 구운촌(仇云村)이라 부른다.

완부부곡(薍釜部曲) 주 서쪽 40리에 있다. 완동(薍洞)이 있으니, 바로 그곳인 듯하다.

명학소(鳴鶴所) 유성폐현 동쪽 10리에 있다. 고려 명종 6년(1176)에 명학소 사람 망이(亡伊)가 무리를 불러 모아 본주를 공격해 함락하였다. 이에 조정에서 명학소를 승격하여 충순현(忠順縣)으로 삼고 영(令)과 위(尉)를 설치하여 안무하게 하였다. 얼마 뒤에 다시 반란을 일으켰으므로 이내 폐지

하였다.[245]

취리산(就利山) 주 북쪽 6리에 있다. 신라 문무왕(文武王)이 당나라 칙사 유인원(劉仁願) 및 웅진 도독 부여융(扶餘隆)과 동맹을 맺은 곳이다. ○ 당 고종(唐高宗)이 이미 백제를 멸망시키고, 유인궤(劉仁軌)를 대방주 자사(帶方州刺史)로 삼아 백제를 진무하게 하였다. 황제가 옛 백제 태자 부여융을 웅진 도독으로 삼아, 그 나라로 돌아가 신라와의 옛 감정을 풀고 유민들을 불러 모으도록 하였다. 인덕(麟德) 2년(665)에 신라왕과 웅진(熊津)의 취리산에서 만나 백마를 잡아 맹세하였는데, 그 서사(誓詞)에 이르기를 "지난날 백제의 선왕이 순역(順逆)을 살피지 아니하여 이웃 나라와 우호를 돈독히 하지 않고 친척과 화목하지 않았으며, 고구려·왜와 함께 신라를 침벌하여 읍성을 파괴하고 도륙하였다. 천자가 무고한 백성들을 불쌍히 여겨 사신을 보내어 우호를 맺도록 하였는데, 선왕이 지대가 험하고 거리가 먼 것만 믿고, 오만불손하게 굴었다. 황제가 크게 노하여 정벌하여 평정시켰다. 다만 망한 나라를 일으켜 주고 끊긴 나라를 잇게 하는 것은 제왕의 공통된 전범이다. 그러므로 전 태자 융을 웅진 도독으로 삼으니, 그 제사를 지키며 신라에 의지하여 길이 서로 친선하는 나라가 되어 화친을 맺고 원한을 씻는 한편 천자의 명을 공경히 받들어 영원히 번국(藩國)

245 고려……폐지하였다 : 1176년(명종6) 1월 망이(亡伊)가 동생 망소이(亡所伊)와 함께 '산행병마사(山行兵馬使)'라 자칭하며 공주(公州) 명학소를 중심으로 천민의 신분 해방을 위해 봉기하여 공주를 함락시켰다. 6월 조정에서 무력 진압 대신 천민 부락인 명학소를 충순현(忠順縣)으로 승격시키고 현령(縣令)을 파견하는 등 회유책을 썼다. 이후에도 망이 등이 계속 침벌하여 세력을 확장하자 조정에서는 강화와 공격을 번복하다가 망이 등이 다음 해 2월 다시 난을 일으키자 완전히 토벌하여 복주하고, 충순현도 폐지하였다.《高麗史節要 卷12 明宗光孝大王1》

이 될 것이다. 이에 우위 위장군(右威衛將軍) 노성현공(魯城縣公) 유인원이 직접 와서 맹약을 하였다. 그 마음을 바꾸어서 군사를 일으키고 무리를 선동한다면 밝은 신이 감지하시어 온갖 재앙이 내릴 것이니, 자손을 기르지 못하고 사직을 지키지 못할 것이다. 대대손손 어기지 말 것이다." 하였다. 이것은 유인궤가 지은 글이다. 피를 마시고 나서 희생과 폐백은 맹세한 단(壇)의 북방에 묻었다. 이어 철권(鐵券)을 만들어 그 책을 신라의 종묘에 보관하였다. 유인궤 등이 돌아가게 되자, 부여융은 백성들이 딴마음을 먹고 흩어질 것을 두려워하여 또한 당나라로 돌아갔다.

효가리(孝家里) 주 동쪽 10리에 있다. 신라 때 효자 상덕(向德)이 살았던 곳이다. 경덕왕(景德王)이 정려(旌閭)하면서 담당 관리에게 명하여 비석을 세워 일을 기록하게 하고, 그 지역을 효가리라고 칭하였는데, 지금까지 그대로 효가리라고 칭한다. 아래 인물조에 자세히 나온다.

고조산(古曹山) 주 동쪽 50리에 있다. 민간에는 옛 현의 터라고 전해지는데, 무슨 현인지 알지 못한다.

독현고성(禿峴古城) 주 북쪽 26리에 있다. 산 위에 옛 토성이 있었는데 지금은 없어졌다. 둘레가 1500자이다.

명환名宦

신라

한서의(韓恕意) 경덕왕 때에 웅천 조교(熊川助敎)가 되었다. 공주 사람 번길(番吉)의 묘비(墓碑)를 지었는데, 지금까지 효가리(孝家里)에 남아 있다.

고려

김은부(金殷傅) 현종(顯宗) 때 공주 절도사(公州節度使)가 되었다. 왕이 거란(契丹)을 피해 남쪽으로 거둥할 때 김은부가 예를 갖추어 교외에서 맞이하였고 의대(衣帶)와 토산물을 진상하였다. 왕이 파산역(巴山驛)에 이르렀을 때는 관리들이 모두 도망가서 왕이 굶게 되었는데, 김은부가 또 정성껏 음식을 제공하였다. 거란의 군사가 물러나자 왕이 나주(羅州)에서 서울로 돌아오는 도중 공주에 이르러 김은부에게 말하기를 "경의 후의에 보상할 길이 없다." 하고 그 딸을 맞아들이니, 바로 원성왕후(元成王后)이다.

진화(陳澕) 고종(高宗) 초에 우사간(右司諫)으로서 외직으로 나가 지공주사(知公州事)가 되었는데, 은혜로운 정사를 행하였다. 관아에서 죽었다.

이백겸(李伯謙) 충렬왕(忠烈王) 때에 공주 부사(公州副使)가 되었는데, 농사와 누에치기를 권장하여 백성들이 부유하고 풍족하였다.

심양(沈諹) 충렬왕 때 공주 부사가 되었다. 성품이 강직하고 관직에 재임하는 동안 중외에 모두 정사를 잘한다는 명성이 드러났다. 당시 장성현(長城縣)에 사는 한 여자가 "금성대왕(錦城大王)[246]이 나에게 내렸다."라고 말하면서 나주에 가서 금성당(錦城堂)[247] 무당이 되었다. 이어 고을 사람 공윤구(孔允丘)와 간통하고는 신의 말이라고 지어서 말하기를 "내가 장차 중국에 가려고 하니, 나주의 관아는 역마(驛馬)를 내주라." 하였다. 나주 사람으로 조정에 벼슬하는 자가 있어서 그 신이(神異)한 사실을 갖추어 넌지시 고하니 왕이 의논하여 맞이하려고 하였다. 그러자 그들이 지나가는 고

246 금성대왕(錦城大王) : 무속에서 모시는 산신(山神)의 칭호이다.
247 금성당(錦城堂) : 나주의 금성산에 있는 신당(神堂)을 말한다.

을의 수령들은 다투어 금성대왕이 장차 이른다고 여겨 공복(公服) 차림으로 교외에 나와 영접하였다. 무당이 본주에 이르렀는데 심양이 접대하지 않으니, 무당이 노하여 신의 말이라며 전하기를 "내가 반드시 심양에게 재앙을 내리리라." 하고는 일신역(日新驛)으로 물러가서 투숙했다. 밤에 심양이 사람을 보내어 엿본즉 여자가 공윤구와 동침하고 있었다. 드디어 잡아다가 국문하니 모두 자백하였다.

최재(崔宰) 공민왕조(恭愍王朝)에 외직으로 나가 공주 목사가 되었다. 청렴 정직하며 유능하다는 명성이 있었다.

송자호(宋子浩) 고려 말에 공주 판관이 되었는데, 청렴 근면하며 백성을 사랑하였다. 왜구(倭寇)가 본주에 이르자 힘써 싸우다가 전사하였다. 권근(權近)이 시를 지어[248] 조문하기를,

견고하게 강직한 뜻 품었고	狷介懷剛志
명관으로 높은 치적 있었네	循良有最聲
위기를 당하여 어찌 환란을 피하랴	臨危寧避患
적진으로 달려가 바로 목숨 버렸네	赴敵卽捐生
주었다가 앗아 가니 저 하늘 무심하지	予奪蒼天遠
지극한 그 충성은 태양처럼 밝은데	忠誠白日明
소식 듣고 애간장 끓어올라서	我聞肝肺熱
쉽사리 가라앉지 않는군그래	悒悒不能平

하였다.

248 권근(權近)이 시를 지어 : 〈공주 판관 송자호가 왜적에게 패하여 전사했다는 소문을 듣고〔聞公州判官宋子浩陷倭〕〉이다. 《陽村集 卷3》

본조

맹사성(孟思誠) 공주 목사가 되어 청렴하고 간소하게 직분을 다하였으므로 치적이 한 도의 으뜸이 되었다.

이정간(李貞幹) 세종(世宗) 때에 공주 목사가 되어 청렴하고 간소하게 고을을 잘 다스렸으므로 백성들이 그 덕을 사모하였다.

권심(權諶) 세종 때에 공주 목사가 되어 법을 지키고 백성을 사랑하는 데 힘써서 이르는 곳마다 청렴하고 공평하다는 명성이 있었다.

이명신(李明晨) 세종 때에 공주 목사가 되어 청렴하고 신중하게 공무를 처리하였고, 농사와 누에치기를 힘써 권장하였다. 떠나자 백성들이 오래도록 사모하며 잊지 않았다.

이석형(李石亨) 세조(世祖) 때에 전라도 관찰사로 있다가 임기를 마치고 옮겨 판공주목사(判公州牧事)가 되었는데,[249] 청렴결백하여 은혜로운 정사를 행하였다.

이영구(李英耈) 공주 목사가 되어 요역을 경감해 주고 부세를 고르게 매기는 등 백성들을 성심껏 보살피니 당시 사람들이 모두 그의 청렴함과 지조에 감복하였다.

함우치(咸禹治) 공주 목사가 되어 명확하게 처결하고 잘 다스렸으므로 번잡한 관문에 정체된 문서가 없었으니 아전과 백성들이 경외하고 탄복하였으며, 공평하고 진실하다는 정평을 얻었다.

조헌(趙憲) 선조(宣祖) 때 공주 교수(公州教授)가 되어 학생들을 모아 먼저

249 세조(世祖)……되었는데 : 이석형(李石亨)은 1455년(세조1) 전라도 관찰사가 되었고 예조 참의와 형조 참의를 거쳐 1457년 가을 판공주목사가 되었다.《樗軒集 年譜》

정식(程式)을 바로 세우고 정성을 다해 이끌어 주고 지도하였다.

권분(權盼) 공청도 관찰사(公清道觀察使)가 되어 청렴 검소하여 솔선수범하였고, 인사의 출척에 공평하고 청명하였다. 주현(州縣)의 공부(貢賦)가 균등하지 못한 것을 근심하여 전결(田結)을 비교한 다음 분등(分等)하여 고르게 하니, 온 도가 권분에게 덕을 입었다. 알면 행하지 않음이 없었으니, 세상 사람들이 말하기를 "나랏일에 마음을 다한 자로는 반드시 권분을 꼽을 것이다." 하였다.

이명준(李命俊) 인조(仁祖) 초에 본도 관찰사가 되었다. 이괄(李适)이 반란을 일으켜 상이 공산(公山)으로 행행하였는데, 이명준이 군대를 정비하고 군량을 공급하는 일을 모두 적절하게 조치하였으므로, 특별히 품계를 올려 주었다. 조정에 들어가 호조 참판이 되었다.[250]

정세규(鄭世規) 음보(蔭補)로 관직에 나와 공산 현감(公山縣監)이 되었다. 이괄의 변란 때에 인조가 공산에 행차하자, 정세규가 군무를 책응(策應)하고 행재소(行在所)의 수요를 제공하는 등 노고가 가장 많았다. 당시 난을 평정한 기념으로 현에서 별과(別科)를 설행하였는데 수재(守宰)들이 대부분 합격하였다. 사람들이 모두 권하였으나 정세규는 끝내 시험을 치르지 않았다. 이에 식자들이 그가 유리한 기회를 노리지 않는 데에 감탄하였다. 뒤에 또 본도 관찰사가 되었다.

250 특별히……되었다 : 1624년(인조2) 봉공을 잘했다는 이유로 인조가 품계를 가선대부(嘉善大夫)로 올려 주었고, 그해 10월 호조 참판에 제수되었다. 《潛窩遺稿 年譜》

유우流寓

이목(李穆) 본조 성종(成宗) 때에 상사생(上舍生 성균관 유생)으로 태학(太學)에 있었는데 강직하다고 일컬어졌다. 당시 재상인 윤필상(尹弼商)이 은밀하게 상을 설득하여 대비(大妃)를 따라 부처를 받들도록 청하였다. 이에 이목이 유생들을 거느리고 상소하여 윤필상을 간귀(奸鬼)로 지목하며 주벌할 것을 청하였다. 상이 크게 노하여 친히 힐문하였으나 이목이 대답하면서 굽히지 않아 공주로 유배되었으니, 이 일로 인해 강직하다는 명성을 더욱 널리 떨쳤다. 뒤에 과거에 급제하였는데, 관직이 평사(評事)에 그쳤다. 한성부(漢城府)에 자세하다.

서기(徐起) 홍주(洪州) 사람이다. 타고난 자질이 매우 뛰어났다. 일찍이 이중호(李仲虎)에게 배워 깊이 생각하고 독실하게 행하였다. 명종(明宗) 때에 본주의 고청봉(孤青峯) 아래 공암동(孔巖洞)에 집을 짓고 살았다. 원근의 선비들 가운데 풍문을 듣고서 서책을 지고 오는 자들이 날로 많아졌는데 가르치기를 게을리하지 않았으며, 몸소 밭 갈고 의(義)를 행하면서 여생을 보냈다. 서기는 숨은 덕과 높은 식견이 있었으므로 조헌(趙憲)이 평소 서로 공경하고 믿어서 매사에 의심나는 점이 있으면 바로 가서 질정하였다. 자호(自號)는 고청초로(孤青樵老)이다.

인물人物

신라

상덕(向德) 성품이 효순(孝順)하다고 당시에 칭송되었다. 당시 흉년이 들어 백성들이 굶주리고 전염병까지 돌았다. 향덕의 부모도 굶주리고 또 병이 들어 거의 죽게 되었다. 이에 향덕이 밤낮으로 옷도 벗지 않고 정성을 다해 보살펴 드렸지만 봉양할 방도가 없자 마침내 허벅지 살을 베어 드시게 하였다. 어머니가 종기가 났을 때는 향덕이 고름을 빨았으니, 이에 모두 평안하게 되었다. 일이 보고되자 경덕왕(景德王)이 명하여 벼 300섬과 집 한 채를 하사하고, 마을에 정려(旌閭)하고, 비석을 세워 일을 기록하도록 하였다.

본조

이명덕(李明德) 과거에 급제하여 관직이 판중추원사에 이르렀다. 시호는 공숙(恭肅)이다.

성제원(成悌元) 창녕부원군(昌寧府院君) 성여완(成汝完)의 후손이고, 조부인 성담년(成聃年)은 홍문관 교리를 지냈다. 성제원은 어려서 아버지를 여의고 학문에 힘썼다. 유우(柳藕)가 김굉필(金宏弼)의 정학(正學)을 전수받았다는 말을 듣고 문하에 나아가 가르침을 청하였다. 유우는 그가 나이가 어려 성의가 부족할 것이라고 의심하여 거절하였더니, 열 번 찾아오면서도 해이해지지 않았으므로 비로소 받아들였다. 마침내 전심하여 가르침을 깊이 새기고, 당세 명사들과도 두루 교제하여 배우는 바를 질정하였다. 일찍이 의(義)와 이(利) 간의 문제로 고민에 빠진 적이 있는데 온몸에 땀을 흘리고 나서야 확연히 전일해졌다. 효성과 우애가 매우 돈독하였고 집안이 가난해도 편안히 여겼으며 후진을 잘 훈도하였다. 명종조(明宗朝)에 유일(遺逸)로 천거되어 군자감 주부에 제수되었다. 또 보은 현감(報恩縣監)이 되었는데, 고을 사람들이 부모처럼 사랑하였다.

열녀列女

고씨(高氏) 본주 사람 양한필(梁漢弼)의 아내로, 지아비가 죄를 받아 죽고 고씨도 연좌되어 관아에 예속되었다. 고을 관노가 더럽히려고 하자 마침내 목을 매어 죽었다. 본조 중종조(中宗朝)에 정려(旌閭)하였다.

임천군林川郡

동쪽으로 석성현(石城縣) 경계까지 29리, 은진현(恩津縣) 경계까지 31리, 전라도 용안현(龍安縣) 경계까지 22리이고, 남쪽으로 같은 도 함열현(咸悅縣) 경계까지 16리, 한산군(韓山郡) 경계까지 27리이고, 서쪽으로 홍산현(鴻山縣) 경계까지 16리이고, 북쪽으로 부여현(扶餘縣) 경계까지 16리이다. 서울과의 거리는 419리이다.

한전旱田

수전水田

건치연혁建置沿革

본래 백제의 가림군(加林郡)이다. 신라 경덕왕(景德王) 때에 '가(加)' 자를 '가(嘉)' 자로 고쳤다. 고려 성종(成宗) 때에 임주(林州)로 삼고, 현종(顯宗) 때에 가림현(嘉林縣)으로 고치고, 충숙왕(忠肅王) 때에 다시 임주로 승격하였다. 원(元)나라 평장사 아학해(阿學海)의 처 조씨(趙氏)의 고향이므로 승격한 것이다. 본조 태조(太祖) 3년(1394)에 부(府)로 승격

하였다. 조정에 들어간 내관 진한룡(陳漢龍)의 요청으로 부로 승격한 것이다. 공정왕(恭定王 태종) 1년(1401)에 다시 예전으로 돌렸다가 3년에 또 조정에 들어간 내관 주윤단(朱允端)의 요청으로 부로 승격하였다. 다음 해 다시 예전으로 돌렸다가 13년에 임천군(林川郡)으로 고쳤다. **공정왕 때에 임천군으로 고쳤다. 관장하는 면은 20개이고, 관원은 군수와 훈도이다.** 각 1인이다.

군명郡名

가림(加林), 가림(嘉林), 임주(林州)

형승形勝

수륙(水陸)의 요충 지대이다. 당나라 유인원(劉仁願)이 손인사(孫仁師)와 함께 부여풍(扶餘豐)을 공격할 때 여러 장수들이 공격할 방향을 의논하였다. 어떤 이가 "가림성(加林城)이 수륙의 요충 지대이니 먼저 그곳을 공격해야 한다."라고 하자, 유인궤(劉仁軌)가 말하기를 "병법에 실한 곳은 피하고 허한 곳을 치라고 하였는데, 가림은 험하고 견고하니 공격하면 군사를 다치게 하고 지키면 시일만 오래 걸릴 것이다." 하고, 드디어 주류성(周留城)[251]으로 달려 나갔다.

251 주류성(周留城) : 지금의 충청남도 한산(韓山) 지방에 있던 백제의 성으로, 지라성(支羅城)이라고도 한다. 《三國史記 卷37 雜志6 地理4 百濟》 주류성의 위치에 대해서는 여러 설이

풍속風俗

모시〔苧〕를 심어 이익을 얻는다. 본조 하륜(河崙)의 〈요산루기(樂山樓記)〉

산천山川

성흥산(聖興山) 군 북쪽 2리에 있다. 진산(鎭山)이다.

성주산(聖住山) 군 서쪽 12리에 있다. 일명 보광산(普光山)이라고 한다.

주성산(周城山) 군 북쪽 10리에 있다.

칠성산(七星山) 군 남쪽 10리에 있다. 탁 트인 평야에 작은 돈대 7개가 줄지어 솟아 있으니, 모양이 칠성과 비슷하므로 그렇게 이름 붙였다.

봉황산(鳳凰山) 군 남쪽 10리에 있다.

구량산(九良山) 군 동쪽 25리에 있다.

천등산(天燈山) 군 서쪽 15리에 있다.

유현(楡峴) 군 북쪽 10리에 있다.

백암(白巖) 군 동쪽 20리에 있다.

사인암(舍人巖) 군 남쪽 14리에 있다. 깎아지른 언덕이 강에 닿아 있고 바위가 물가에 잠겨 있다. 그 아래가 남당나루〔南堂渡〕 어귀이다.

금강(錦江) 공주(公州), 부여(扶餘)에서 흘러 군 북쪽 20리에 들어오고 남쪽으로 흘러 군 동쪽 30리에 이른 다음 또 꺾여 서쪽으로 흘러 군 남쪽 15리를 지나 한산군(韓山郡) 경계에 들어가 모인다. 그 동쪽 물가는 바로 석성(石城), 은진(恩津), 전라도 여산(礪山)·용안(龍安)·함열(咸悅) 경계이다.

있으나, 금강(錦江) 하류의 한산 부근에 있는 건지산성(乾至山城)이라는 설이 유력하다.

구량포(九良浦) 속칭 구랑포(逑郎浦)라고 한다. 홍산현(鴻山縣)에서 발원하여 동쪽으로 흘러 군 북쪽 20리에 이르러 금강에 들어가는데, 조수(潮水)가 거기까지 이른다.

권평지(權平池) 군 남쪽 5리에 있다. 둑은 길이가 100보이고 못은 둘레가 300보이다. 그 아래 관개(灌漑)하는 전답이 매우 넓다.

토산 土産

도기(陶器), **모시**〔苧〕, **감**〔柿〕, **안식향**(安息香), **산무애뱀**〔白花蛇〕, **뱅어**〔白魚〕, **웅어**〔葦魚〕, **숭어**〔秀魚〕, **농어**〔鱸魚〕, **부레**〔魚鰾〕, **게**〔蟹〕, **새우**〔蝦〕

성곽 城郭

성흥산성(聖興山城) 돌로 쌓았고, 둘레가 2705자이다. 안에 우물이 3개 있고, 군창(軍倉)이 있다.

학교 學校

향교(鄕校) 군 동쪽 5리에 있다.

궁실 宮室

객관(客館)

향사당(鄕射堂) 객관 동남쪽에 있다.

요산루(樂山樓) 객관 북쪽에 있다. 하륜(河崙)의 기문이 있다.

우역郵驛

영유역(靈楡驛) 군 북쪽 15리에 있다.

남원(南院) 군 남쪽 3리에 있다.

고다원(古多院) 군 동쪽 25리에 있다.

관량關梁

대교(大橋) 군 남쪽 7리에 있다.

구량교(九良橋) 군 북쪽 15리에 있다. 구량포에 놓여 있다.

고다나루〔古多渡〕 군 동쪽 29리에 있다. 일명 고성진(古城津)이라고 한다. 길이 석성과 이산(尼山)으로 통하고, 물살이 사납고 급하다.

강경나루〔江景渡〕 군 동남쪽 28리, 은진현(恩津縣) 경계에 있다.

남당나루〔南堂渡〕 군 남쪽 14리에 있다. 일명 용연진(龍淵津)이라고 한다. 길이 용안과 함열로 통한다.

○ 이상의 세 나루는 모두 금강의 나루이다.

사묘祠廟

사직단(社稷壇) 군 서쪽에 있다.

문묘(文廟) 향교에 있다.

성황사(城隍祠) 산성 안에 있다.

여단(厲壇) 군 북쪽에 있다.

남당사(南堂祠) 군 남쪽 14리, 남당나루 가에 있다. 강물이 조수와 연결되어 물살이 빠르고 급해서 두려워할 만하다. 이 때문에 왕래하는 상선(商船)은 반드시 북 치고 노래하면서 제사 지낸다.

사찰寺刹

향덕사(香德寺) 일명 오덕사(五德寺)라고 한다.

향림사(香林寺) 모두 천등산(天燈山)에 있다.

동자복사(東資福寺) 성흥산(聖興山)에 있다. 절 앞에 석장(石檣 돌 돛대)이 있다.

서자복사(西資福寺) 건지산(乾止山)에 있다. 절 남쪽에 석장이 있다.

용연암(龍淵菴) 남당나루 서쪽의 사인암(舍人巖) 위에 있다. 높은 곳에 위치하여 강을 굽어보고 있으므로 경치가 뛰어나다.

서부도암(西浮圖菴) 성주산(聖住山)에 있다.

보광사(普光寺) 성주산에 있다. 절에 차군루(此君樓)가 있다. 세상에 전해지기를 "고려의 승(僧) 충감(沖鑑)이 중국에 들어가 오(吳)·초(楚) 땅을 노닐다가, 철산(鐵山)의 경선사(瓊禪師)를 스승으로 삼았다. 경선사와 함께 우리나라로 돌아왔다가 3년 뒤에 경선사는 하직하고 돌아갔고 충감은 남아 국사(國師)가 되었다. 15년 만에 다시 중국에 돌아가려고 하였는데, 충혜왕(忠惠王)이 사람을 보내 뒤쫓아 임주(林州)까지 가서 그를 만류하게 하였다. 이에 충감이 이 절을 증축하고 거주하였으며 이곳에서 시적(示寂)하였다." 하였다. 원나라 위소(危素)가 지은 〈중창비(重創碑)〉가 있다. ○ 고려 강호문(康好文)의 시에,

수석은 천년 내려온 그 땅이고 水石千年地
향등은 일 묘의 궁 안이로다[252] 香燈一畝宮
늙은 승은 열반을 담론하고 老僧談寂滅
어린 동자는 관음에게 예 드리네 童子禮圓通
산마루 위에 드리운 구름 희디희고 嶺上雲多白
창문 틈새로 비치는 해 이미 붉어라 窓間日已紅
거사 숨은 굴을 찾으려 하니 欲尋居士窟
나는 듯한 높은 길이 공중에 서려 있네 飛路迥盤空

하였다.

명환 名宦

본조

유현(兪顯), **안상진**(安尙縝), **이영손**(李永孫) 모두 임천 군수가 되었는데, 은혜로운 정사를 행하였다.

252 향등(香燈)은……안이로다 : 절이 있는데, 규모가 작은 절임을 말한 것이다. 일 묘의 궁은 작은 집을 뜻하는 말로 《예기》 〈유행(儒行)〉의 "유자는 일 묘의 담장을 두른 집에서 산다.〔儒有一畝之宮.〕"라는 말에서 나왔다.

이항(李恒) 명종조(明宗朝)에 유일(遺逸)로 부름을 받아 임천 군수가 되었다. 지푸라기 하나라도 의롭지 않은 일은 범하지 않았으므로[253] 사민(士民)들이 존경하고 감복하였다.

인물人物

본조

조지서(趙之瑞) 경상도 진주(晉州)에 보인다.

상진(尙震) 어려서는 호탕하여 말타기와 활쏘기만 하다가 자라서는 발분하여 학문에 힘썼다. 공희왕(恭僖王 중종)조에 과거에 급제하고 누차 옮겨 병조 판서에 이르렀다. 명종조에 의정부 영의정에 제수되었다. 세 왕조를 내리 섬겼는데, 맡은 직임이 모두 걸맞았다. 상부(相府)의 직책에 16년 있으면서 근후하고 충신하였으며, 정사를 함에 대강(大綱)에 역점을 두었다. 인재를 논함에 반드시 신중하게 하였고 옛 법을 준수함을 우선으로 삼았으니, 세상에서 어진 재상이라고 일컬었다. 일찍이 그 아들에게 말하기를 "내가 죽어도 기술할 만한 행적은 없으니, 다만 '초야에서 일어나 세 번 영상을 지냈고, 늘그막에 거문고를 배워 항상 〈감군은(感君恩)〉 한 곡을 탔다.'[254]라고 하면 충분하다." 하였다. 시호는 성안(成安)이다.

253 지푸라기……않았으므로 : 《맹자》 〈만장 상(萬章上)〉에 "의에 맞지 않고 도에 맞지 않으면 지푸라기 하나도 남에게 주지 않고, 지푸라기 하나도 남에게서 받지 않는다.〔非其義也, 非其道也, 一介不以與人, 一介不以取諸人.〕"라고 한 데서 인용한 말이다.

254 초야에서……탔다 : 〈자명(自銘)〉이다. 《泛虛亭集 卷5》

한산군韓山郡

동쪽으로 임천군(林川郡) 경계까지 15리이고, 남쪽으로 전라도 임피현(臨陂縣) 경계까지 14리, 같은 도 함열현(咸悅縣) 경계까지 13리이고, 서쪽으로 서천군(舒川郡) 경계까지 19리이고, 북쪽으로 홍산현(鴻山縣) 경계까지 29리이다. 서울과의 거리는 459리이다.

한전旱田

수전水田

건치연혁建置沿革

본래 백제의 마산현(馬山縣)이다. 신라에서 그대로 따라 가림군(嘉林郡) 영현(領縣)으로 삼았다. 고려 초에 한산(韓山)으로 고치고 그대로 가림(嘉林)에 편입시켰다. 명종(明宗) 때에 다시 한산현(韓山縣)을 설치하고 홍산현을 겸관하게 하였다가 뒤에 한주(韓州)로 승격하였다. 본조 공정왕(恭定王 태종) 13년(1413)에 한산군으로 고쳤다. 관장하는 면은 8개이고, 관원은 군수와 훈도이다. 각 1인이다.

군명郡名

마산(馬山), 한주(韓州)

산천山川

건지산(乾至山) 군 서쪽 1리에 있다. 진산(鎭山)이다.

취봉산(鷲峯山) 군 남쪽 5리에 있다.

기린산(麒麟山) 군 서쪽 5리에 있다.

월명산(月明山) 군 북쪽 11리에 있다.

원산(圓山) 군 남쪽 17리, 와포(瓦浦)와 아포(芽浦) 사이에 있다.

기현(箕峴) 군 서쪽 5리에 있다.

적현(赤峴) 군 서쪽 6리에 있다.

곡현(曲峴) 군 북쪽 25리에 있다.

금강(錦江) 임천군(林川郡)에서 흘러 들어와 군 남쪽 14리를 지나면서 전라도 함열(咸悅), 임피(臨陂)와 경계를 나누고 또 서쪽으로 흘러 서천군(舒川郡) 경계로 들어가 바다에 도달한다. 본군 및 서천군 경계에 있는 것은 진포(鎭浦)라 한다.

사근포(沙斤浦) 일명 후포(朽浦)라고 한다. 군 동쪽 11리에 있다. 월명산에서 발원하여 금강으로 들어간다.

아포(芽浦) 군 남쪽 20리에 있다. 금강 하류가 곡현의 물 및 서천군 금복현(金福峴)과 비인현(庇仁縣) 모동(茅洞)의 물과 이곳에서 합류하여 바다로 들어간다.

와포(瓦浦) 군 남쪽 14리에 있으니, 바로 금강이 바다로 들어가는 지점에 있는 외딴 포구이다.

토산土産

모시〔苧〕, 옻〔漆〕, 대나무〔竹〕, 감〔柿〕, 산무애뱀〔白花蛇〕, 뱅어〔白魚〕, 숭어〔秀魚〕, 웅어〔葦魚〕, 농어〔鱸魚〕, 민어(民魚), 게〔蟹〕, 토화(土花 미네굴), 중하(中蝦)

성곽城郭

군성(郡城) 돌로 쌓았고, 둘레가 4070자이다. 안에 도랑 하나와 우물이 4개 있다. 본조 공희왕(恭僖王 중종) 때 쌓았다.

건지산성(乾至山城) 흙으로 쌓았고, 둘레가 3061자이다. 안에 샘 7개와 못이 하나 있었고, 군창(軍倉)이 있었다. 지금은 허물어졌다.

학교學校

향교(鄕校) 군 서쪽 2리에 있다.

문헌서원(文獻書院) 군 서쪽에 있으니, 바로 이색(李穡)의 옛 집터이다. 선조(宣祖) 때 본군의 선비들이 서원과 사당을 짓고 이곡(李穀)과 이색을 향사하고, 또 이종학(李種學)과 이자(李秄)를 배향하였다.

궁실宮室

객관(客館)

취읍정(翠挹亭) 군 남쪽에 있다. 이파(李坡)의 기문이 있다.

우역郵驛

신곡역(新谷驛) 군 서쪽 11리에 있다.

간법암원(看法巖院) 군 동쪽 14리에 있다.

숭정원(崇井院) 군 서쪽 7리에 있다.

곡화원(曲火院) 군 북쪽 25리에 있다.

길산원(吉山院) 군 서쪽 13리에 있다.

관량關梁

길산포교(吉山浦橋) 군 서쪽 22리에 있다.

나시나루〔羅施渡〕 군 남쪽 12리에 있다. 혹 죽산나루〔竹山渡〕라고도 칭하니, 바로 금강의 나루이다. 길이 임피현(臨陂縣)으로 통한다.

사묘祠廟

사직단(社稷壇) 군 서쪽에 있다.

문묘(文廟) 향교에 있다.

성황사(城隍祠) 군 서쪽에 있다.

여단(厲壇) 군 북쪽에 있다.

능묘陵墓

이곡(李穀) 묘 군 남쪽 4리, 기현(箕峴)에 있다.

이색(李穡) 묘 군 서쪽 5리, 가지현(加知峴)에 있다. 하륜(河崙)이 비문(碑文)을 지었다.[255]

사찰寺刹

일광사(日光寺) 취봉산(鷲峯山)에 있다. 절은 절벽에 위치에 있으니, 고려 이색(李穡)의 시[256]에,

편평한 들판에 우뚝 꽂힌 듯 서서	崔嵬揷平野
아스라하게 먼 하늘을 굽어보네	縹緲俯長天
푸른 석벽의 조그마한 승방엔	翠壁僧窓小
불등이 반공에 걸리어 있네	佛燈半空懸

하였다.

숭정사(崇井寺) 기린산(麒麟山)에 있다.

255 하륜(河崙)이 비문(碑文)을 지었다 : 〈유명 조선국……이공 신도비(有明朝鮮國……李公神道碑)〉이다. 《牧隱藁 卷首》

256 이색(李穡)의 시 : 〈우리 집이 있는 한산은 비록 작은 고을이지만……그러므로 팔영을 짓는다〔吾家韓山雖小邑……故作八詠云〕〉 중 〈일광석벽(日光石壁)〉이다. 《牧隱藁 牧隱詩藁 卷3》

고석사(孤石寺) 월명산(月明山)에 있다.

회사(回寺) 건지산(乾至山) 북쪽에 있다.

영모암(永慕菴) 건지산 북쪽에 있다. 이색의 화상(畫像)이 있다.

명환名宦

본조

이심(李審) 한산 군수가 되었다. 온화하고 선량하며 청렴하고 신중하였다.

권옹(權雍) 한산 군수가 되었다. 청렴하고 신중하며 지조가 있었다.

박순(朴淳) 명종조(明宗朝)에 한산 군수가 되었다. 청렴결백하고 스스로 엄격하였다. 관청의 일이 끝나기만 하면 바로 송정(松亭)에 가서 매일 독서를 하였으니, 이웃 고을의 학자들도 배우려고 서로 모여들었다. 1년을 재임하고, 징소(徵召)되어 보덕이 되었다. 온 고을 사람들이 사모하였다.

인물人物

고려

이지명(李知命) 많은 책을 널리 읽었으며 사부(詞賦)를 잘 지었고 초서(草書)와 예서(隷書)를 잘 썼다. 과거에 급제하여 황주 서기(黃州書記)에 임명되었는데, 재직하는 동안 청렴하고 정직하였으며 백성들이 굶주리자 진심을 다해 구휼하였다. 뒤에 충주 판관(忠州判官)이 되었을 때도 황주에서

와 같이 정무를 행하니, 사람들이 은혜로운 정사에 감복하였다. 명종이 즉위하자, 이지명이 문장과 덕행이 있다고 하여 간관(諫官)에 발탁하였다. 누차 옮겨 간의대부, 한림학사, 승지를 역임하였으며, 관직이 정당문학(政堂文學), 태자소부(太子少傅)에 이르렀다. 시호는 문평(文平)이다. 재상이 되어서는 옛 대신의 기풍이 있었다.

이당모(李唐髦) 이지명의 아들이다. 시문의 수사(修辭)가 매우 풍부하여 아버지의 문풍이 있었다. 과거에 장원 급제하여 관직이 국자감 사업(國子監司業)에 이르렀다.

이순효(李純孝) 고종조(高宗朝)에 여러 관직을 역임하고 전라도 도순문사(全羅道都巡問使)에 이르렀다. 자신을 단속하여 청렴결백하였고 정사를 처결하기를 물 흐르듯이 순탄하게 하였다. 일찍이 몽고에 사신 갔었는데 한 가지 물건도 가지고 돌아오지 않아 보따리와 전대가 모두 비어 있었다. 이에 여염의 아낙들과 역졸들조차 모두 그 청렴결백함에 탄복하여 말하기를 "참된 관인(官人)이로다." 하였다.

이곡(李穀) 아버지 이자성(李自成)은 군리(郡吏)를 지냈다. 이곡은 어려서부터 행동거지가 남달랐다. 충숙왕조(忠肅王朝)에 과거에 급제하고 예문관 검열에 올랐다. 충숙왕 복위 1년(1332)에 정동성(征東省) 향시(鄕試)의 제일명(第一名)으로 합격하고, 마침내 원나라 조정의 제과(制科)에서 제이갑(第二甲)으로 뽑혀 한림국사원 검열(翰林國史院檢閱)에 제수되었다. 중국의 학사(學士)들과 교유하여 조예가 더욱 깊어졌고, 문장을 지음에 붓을 잡으면 바로 완성하되 전아(典雅)하고 고고(高古)하였으므로 감히 외국인이라고 얕보지 못하였다. 조서를 받들고 본국으로 돌아왔다가 얼마 뒤에 다시 원나라로 갔는데, 중서성 좌우사원외랑(中書省左右司員外郎)

에 제수되었다. 원나라가 누차 어린 여자를 보내도록 본국에 요구하자 이곡이 글을 올려 그만두게 하였다. 충혜왕(忠惠王) 복위 2년(1341)에 표문을 받들고 원나라로 갔다가 그대로 머물러 거주하였다. 충목왕조(忠穆王朝)에 본국으로 돌아와 누차 옮겨 정당문학이 되고 한산군(韓山君)에 봉해졌으며 도첨의찬성사(都僉議贊成事)가 되었다.[257] 충정왕(忠定王)이 즉위하자, 이곡은 전에 공민왕(恭愍王)을 옹립하기를 청한 일로 스스로 마음이 편치 않아서 관동 지방을 유람하였다. 원나라에서 또 봉의대부(奉議大夫) 정동행중서성 좌우사낭중(征東行中書省左右司郎中)에 제수하였다. 졸한 뒤에 문효(文孝)의 시호를 받았다. 성품이 단엄(端嚴)하고 강직하여 사람들이 모두 공경하였다. 《가정집(稼亭集)》이 세상에 전한다.

이색(李穡) 이곡의 아들이다. 타고난 자품이 명민하고 많은 서적을 널리 보았으며, 시문(詩文)을 지음에 붓을 잡으면 바로 썼다. 공민왕조에 과거에 장원 급제하였다. 또 정동행성(征東行省) 향시(鄕試)에 제일명으로 합격하고 서장관(書狀官)에 충원되어 원나라에 가서 정시(廷試)에 응시하였다. 구양현(歐陽玄)이 이색의 대책문(對策文)을 보고 크게 칭찬하여 마침내 제이갑에 발탁되었고, 칙명으로 한림원 동지제고(翰林院同知制誥)에 제수되었다. 1년 남짓 만에 천하가 장차 어지러워질 것을 알고 관직을 버리고 본국으로 돌아와 여러 관직을 거쳐 문하시중(門下侍中)에 이르렀으며, 국가의 문한(文翰)을 수십 년 동안 관장하여 중국 사람들에게 칭찬을 받았다. 후학(後學)을 진취시키기에 힘썼으며, 유학(儒學)을 일으키는 것

257 정당문학이……되었다 : 1346년(충목왕2) 여름 정당문학에 임명되고 그해 가을 한산군(韓山君)에 봉해졌으며, 1348년 도첨의찬성사가 되었다. 《稼亭集 稼亭先生年譜》

을 본인의 임무로 삼으니, 학자들이 모두 우러러 사모하였다. 평소 말이나 기색을 황급하게 하는 법이 없고 규각(圭角)을 드러내지 않았으며, 나라가 변혁되는 시기에 처해도 끝내 신하로서의 지절은 변치 않았다. 본조에 들어와서 한산백(韓山伯)에 봉해졌다. 시호는 문정(文靖)이다. 《목은고(牧隱藁)》 50여 권이 세상에 전한다. 아들 이종덕(李種德)은 지밀직사사(知密直司事)를 지냈다.

이종학(李種學) 이종덕의 아우이다. 성품이 정직하였고, 벼슬은 첨서밀직사사에 그쳤다. 고려 왕조에 충절을 다하였는데, 정몽주(鄭夢周)의 당이라는 이유로 먼 지역에 유배되어 죽었다.[258] 《인재집(麟齋集)》이 남아 있다.

본조

이종선(李種善) 이종학의 아우이다. 일찍 과거에 급제하여 여러 관직을 거쳐 지중추원사에 이르렀다. 아들 이계린(李季疄)은 세조(世祖) 때에 좌찬성을 지냈다. 아들 이계전(李季甸)도 세조 때 공신이 되어 한성부원군(韓城府院君)에 봉해지고 대제학을 지냈다.

이맹균(李孟畇) 이종덕의 아들이다. 일찍 과거에 급제하여 여러 관직을 거쳐 의정부 우찬성에 이르렀다.

이숙치(李叔畤) 이종학의 아들이다. 세종조(世宗朝)에 누차 대사헌이 되었는데, 청렴하고 정직함으로 세상에 이름이 났다. 관직이 의정부 좌참찬에 이르렀다. 시호는 순절(順節)이다.

258 먼……죽었다 : 1392년(태조1) 8월 함창(咸昌)에서 장사현(長沙縣)으로 이배되던 도중에 무촌역(茂村驛)에서 교살(絞殺)당하였다. 《국역 태조실록 1년 8월 23일》

우맹선(禹孟善) 고려 때의 단양백(丹陽伯) 우현보(禹玄寶)의 후손이다. 아버지 우종손(禹從孫)은 무예로 진출하여 동래 현령(東萊縣令)이 되었다. 우맹선은 기량이 크고 강인하면서 지략이 있었다. 무과에 급제하고 중종조(中宗朝)에 누차 옮겨 한성부 좌윤이 되었다. 당시 조정에서 자성(慈城) 등 네 고을[259]을 회복하고자 하여 우맹선을 평안도 순찰사로 삼아, 가서 편부(便否)를 살피게 하였다. 돌아와 병조 판서가 되었다. 뒤에 오랑캐가 우리의 국경 지역까지 바짝 들어와 살자 다시 우맹선을 평안도 절도사로 삼으니, 알맞게 조치하여 서쪽 변방이 비로소 조용해졌다. 우맹선은 5도의 절도사를 역임하였는데, 청렴결백함이 비할 데가 없었고 사졸들을 위무하여 죽을힘을 다해 싸울 각오를 하도록 하였다. 부모 봉양을 위해 사직하기를 여러 번 빌었으나, 재차 충청도 수사에 제수하였다. 연로하여 물러나서는 물고기 잡고 유유자적하면서 생을 마쳤다.

열녀 列女

윤씨(尹氏) 사성(司成) 윤기(尹耆)의 누이로서, 경전(經傳)을 제법 잘 알았다. 그 지아비 나계문(羅繼門)이 본조 세조 때에 재상 홍윤성(洪允成)의 가노(家奴)에게 죽음을 당하였다. 이에 윤씨가 슬피 울부짖으며 복수할 뜻을

259 자성(慈城)……고을 : 폐사군(廢四郡)을 말한다. 두만강·압록강 건너편의 여진족이 침입하는 것을 방비하기 위해서 조선 세종 때에 최윤덕(崔潤德)을 시켜서 압록강 상류 지역에 여연(閭延)·자성(慈城)·무창(茂昌)·우예(虞芮) 네 고을에 군(郡)을 설치하였다가 1455년(단종3) 우예·무창·여연 3개 군을 폐하고, 1459년(세조5) 자성군마저 폐하여 이후 폐사군으로 불렀다.

늘 품고 있었다. 세조가 온양(溫陽)으로 거둥하자 윤씨가 직접 소장을 만들어 억울함을 호소하였는데 사연이 비통하면서 이치에 들어맞았다. 세조가 이에 홍윤성의 가노를 거열형에 처하고, 해마다 쌀을 하사하고 부역을 면제해 주었다.

전의현全義縣

동쪽으로 청주(淸州) 경계까지 18리이고, 남쪽으로 연기현(燕岐縣) 경계까지 18리이고, 서쪽으로 천안군(天安郡) 경계까지 11리이고, 북쪽으로 목천현(木川縣) 경계까지 12리이다. 서울과의 거리는 243리이다.

한전旱田

수전水田

건치연혁建置沿革

본래 백제의 구지현(仇知縣)이다. 신라 경덕왕(景德王) 때에 금지(金池)로 '지(池)'는 '지(地)'라고도 썼다. 고치고 대록군(大麓郡) 영현(領縣)으로 삼았다. 고려 때 전의(全義)로 고치고, 뒤에 청주(淸州)에 편입시켰다. 본조 태조(太祖) 4년(1395)에 다시 전의현(全義縣)을 설치하였고, 공정왕(恭定王 태종) 14년(1414)에 연기(燕岐)에 병합하고 전기현(全岐縣)이라 칭하였으며, 16년에 다시 분리하여 전의현이라 하였다. 관장하는 면은 6개이고, 관원은 현감과 훈도이다. 각 1인이다.

군명郡名

금지(金池)

형승形勝

세 산봉우리가 들판을 에웠고, 두 강물이 성을 둘렀다. 김휴(金休)의 시

산천山川

증산(甑山) 현 서북쪽 5리에 있다. 진산(鎭山)이다.

율현(栗峴) 현 동쪽 14리에 있다.

고산(高山) 현 동쪽 8리에 있다.

용자산(龍子山) 현 동쪽 16리에 있다.

운주산(雲住山) 현 남쪽 7리에 있다. 증산, 고산과 함께 셋이 솥발처럼 벌여 서 있다.

금성산(金城山) 현 남쪽 8리에 있다. 옛 석성(石城)이 있다.

고라원천(高羅院川) 현 동쪽 13리에 있다. 율현에서 발원한다.

생졸천(生拙川) 현 서남쪽 5리에 있다. 공주 경계의 망현(芒峴)에서 발원하여 현 남쪽에 이르러 옛 이성(李城)의 작은 시내와 합류하고, 호암(狐巖)을 지난 다음 또 대부천(大部川)과 합류한다. 현은 두 내[260] 사이에 있다.

대부천(大部川) 현 북쪽 6리 대부향(大部鄕)에 있다. 구리옹현(仇里瓮峴)에

260 두 내 : 생졸천(生拙川)과 대부천(大部川)을 말한다.

서 발원하여 고산의 작은 시내와 합류하고, 호암을 지나 생졸천으로 들어간다.

토산土産

철(鐵), 현 동쪽 서방리(西房里)에서 난다. 석회(石灰), 자기(磁器), 지치〔紫草〕, 복령(茯苓), 안식향(安息香), 차조〔朮〕

학교學校

향교(鄕校) 현 동쪽 1리에 있다.

궁실宮室

객관(客館)

풍화루(風化樓) 객관 동쪽에 있다.

우역郵驛

고라원(高羅院) 현 동쪽 16리에 있다. 일명 경원(鯨院)이라고 한다.

송현원(松峴院) 현 남쪽 8리에 있다.

사묘祠廟

사직단(社稷壇) 현 서쪽에 있다.

문묘(文廟) 향교에 있다.

성황사(城隍祠) 현 동북쪽 1리에 있다.

여단(厲壇) 현 북쪽에 있다.

능묘陵墓

이도(李棹) 묘 현 서쪽 6리에 있다.

사찰寺刹

원적사(元寂寺) 용자산(龍子山)에 있다.

고정암(高正菴) 고산(高山)에 있다.

연수암(延壽菴) 현 남쪽에 있다.

운점사(雲岾寺) 운주산(雲住山)에 있다.

고적古蹟

이성(李城) 운주산 북쪽 봉우리에 있다. 돌로 쌓았고, 세상에는 이도가 살았던 곳이라 전해진다. 둘레가 1184자이며, 안에 우물이 하나 있었다. 지금은 없어졌다.

고산산성(高山山城) 돌로 쌓았고, 둘레가 5132자이다. 안에 우물이 3개 있었다. 지금은 없어졌다.

금이성(金伊城) 운주산에 있다. 돌로 쌓았고, 둘레가 1528자이다. 안에 우물이 하나 있었다. 지금은 없어졌다.

증산산성(甑山山城) 현 서북쪽 5리에 있다. 돌로 쌓았고, 둘레가 932자이다. 안에 우물이 하나 있었다. 지금은 없어졌다.

포곡역(蒲谷驛) 옛터가 현 동쪽 80리에 남아 있다.

인물 人物

고려

이도(李棹) 태조(太祖)가 남쪽으로 정벌하러 갈 때 금강(錦江)에 이르자 물이 불어 있었다. 이때 이도가 보호하여 건너게 한 공이 있어서 '도'라는 이름을 하사하였다. 관직이 태사(太師) 삼중대광(三重大匡)에 이르렀다.

이혼(李混) 이도의 7대손이다. 원종조(元宗朝)에 과거에 급제하여 충선왕(忠宣王)까지 두루 섬기면서 여러 관직을 거쳐 첨의정승(僉議政丞)에 이르러 치사(致仕)하였다. 호는 몽암(蒙菴)이다. 일찍이 영해부(寧海府)로 좌천되었는데, 바다에 뜬 뗏목을 가져다가 무고(舞鼓)를 제작하였으니, 악부(樂府)에 전해지고 있다.

이언충(李彦沖) 이혼의 형의 아들로, 과거에 급제하여 여러 관직을 역임하고 정당문학(政堂文學)에 이르렀다.

본조

이정간(李貞幹) 이혼의 아우 이자화(李子華)의 증손이다. 효행(孝行)이 있었다. 세종조(世宗朝)에 도관찰사(都觀察使)로서 치사(致仕)하고 집에서 지냈는데, 어머니 김씨(金氏)의 나이가 102세였다. 정간도 80세였는데, 어머니 앞에서 새 새끼를 가지고 노는 등 노래자(老萊子)와 같은 어리광을 부렸다. 이에 세종이 글을 내려 그 효성을 표창하고, 이어 궤장을 하사하였으며, 특별히 올려 중추원사(中樞院使)에 제수하니, 당시 사람들이 모두 영예롭게 여겼다. 졸한 뒤에 효정(孝靖)의 시호를 받았다.

이사관(李士寬) 이정간의 아들이다. 관직이 부윤에 이르렀다. 여섯 아들이 모두 과거에 급제하였으니, 이의장(李義長)은 무과에 급제하였고, 이예장(李禮長)은 병조 참의가 되었고, 이지장(李智長)과 이함장(李諴長)은 예조 참판이 되었고, 이효장(李孝長)은 관찰사가 되었고, 이서장(李恕長)은 전성군(全城君)에 봉해졌다.

이의흡(李宜洽) 과거에 급제하고 여러 관직을 거쳐 중추원 부사가 되었다. 아들 이신효(李愼孝)는 형조 참의가 되었고, 이원효(李元孝)는 과거에 급제하여 첨지중추사가 되었다.

김익정(金益精) 상락백(上洛伯) 김방경(金方慶)의 후손이다. 김익정은 어려서부터 학문에 힘써서 태종조(太宗朝)에 과거에 장원 급제하고, 관직이 이조 참판에 이르렀다. 문장으로 명성이 있었다. 아우 김익렴(金益濂)도 과거에 급제하고 관직이 사헌부 지평에 이르렀다. 형제가 모두 효성으로 이름이 났다.

김수녕(金壽寧) 김익정의 손자이다. 18세에 과거에 장원 급제하였고 강정왕(康靖王 성종)을 섬겨 호조 참판이 되고, 좌리 공신(佐理功臣)에 참여하였으며,[261] 복창군(福昌君)에 봉해졌다. 시호는 문도(文悼)이다. 문장으로 세상에 이름이 났다.

261 좌리 공신(佐理功臣)에 참여하였으며 : 《국역 성종실록》 2년 3월 27일 기사에 성종을 보필한 공으로 여러 신하에게 공신호를 내린 내용이 있다.

정산현定山縣

동쪽으로 공주(公州) 경계까지 21리이고, 북쪽으로 같은 주 경계까지 15리이고, 남쪽으로 부여현(扶餘縣) 경계까지 31리이고, 서쪽으로 청양현(青陽縣) 경계까지 17리이다. 서울과의 거리는 349리이다.

한전旱田

수전水田

건치연혁建置沿革

본래 백제의 열기현(悅己縣)이다. 일명 두릉윤성(豆陵尹城)이라고 한다. 신라 경덕왕(景德王) 때에 열성(悅城)으로 고치고 부여군(扶餘郡) 영현(領縣)으로 삼았다. 고려 초에 정산(定山)으로 고치고, 현종(顯宗) 때에 공주(公州)에 편입시켰다가 뒤에 다시 정산현(定山縣)을 설치하였다. 본조에서 그대로 따랐다. 관장하는 면은 □개이고, 관원은 현감과 훈도이다. 각 1인이다.

군명郡名

열기(悅己), 열성(悅城)

산천山川

대박곡산(大朴谷山) 현 북쪽 7리에 있다. 진산(鎭山)이다.

계봉산(鷄鳳山) 일명 백곡산(白谷山)이다. 현 동쪽 9리에 있다.

칠갑산(七甲山) 현 서쪽 16리에 있다. 옛 성터가 남아 있으니 이름은 자비성(慈悲城)이라고 한다. 청양현에도 보인다.

광생산(光生山) 현 남쪽 3리에 있다.

송현(松峴) 현 북쪽 10리에 있다.

호현(狐峴) 현 동쪽 3리에 있다.

장항현(獐項峴) 현 서쪽 5리에 있다.

직현(直峴) 현 남쪽 10리에 있다.

대현(大峴) 현 서쪽 10리에 있다.

금강천(金剛川) 현 서쪽 32리에 있다. 청양현 칠갑산 남쪽에서 발원하여 남쪽으로 흘러 부여현 땅에 이르러 백마강으로 들어간다. 부여현에도 보인다.

금강(錦江) 공주 경계에서 흘러오는 물이 현 남쪽 26리를 지난다. 나루가 있는데 왕지진(王之津)이라고 한다.

토산土産

철(鐵), 현 남쪽 5리 수한리(水閑里)에 철공소가 있다. 자기(磁器), 모시

〔苧〕, 옻〔漆〕, 꿀〔蜂蜜〕, **황랍**(黃蠟), **복령**(茯苓), **산무애뱀**〔白花蛇〕

학교學校

향교(鄕校) 현 동쪽 1리에 있다.

궁실宮室

객관(客館)

우역郵驛

유양역(楡楊驛) 현 동쪽 5리에 있다.

미륵원(彌勒院) 현 서쪽 12리에 있다.

장수원(長壽院) 현 서쪽 27리에 있다.

수덕원(修德院) 현 북쪽 7리에 있다.

사묘祠廟

사직단(社稷壇) 현 서쪽에 있다.

문묘(文廟) 향교에 있다.

성황사(城隍祠) 산성 안에 있다.

여단(厲壇) 현 북쪽에 있다.

사찰寺刹

정혜사(淨慧寺) 칠갑산(七甲山)에 있다.

계봉사(鷄鳳寺) 계봉산에 있다. 산 이름이 절에서 온 것이다.

남포사(藍浦寺), **서련사**(瑞蓮寺) 모두 계봉산에 있다.

도림사(道林寺), **묘봉사**(妙峯寺) 모두 칠갑산에 있다.

고적古蹟

백곡리(白谷里) 백곡산 아래에 있다. 마을 부로들이 서로 본현의 옛터라고 전한다.

계봉산성(鷄鳳山城) 돌로 쌓았고, 둘레가 1200자이다. 안에 우물이 하나 있었다. 지금은 없어졌다.

명환名宦

본조

김장생(金長生) 소경왕(昭敬王 선조) 때 현감이 되었다.[262] 당시 왜구의 침략을 당해 군무(軍務)가 한창 바빴는데, 김장생이 접응하고 무마하는 일에 모두 정성을 다하였다.

262 소경왕(昭敬王)……되었다 : 김장생(金長生)은 1591년(선조24) 윤3월 정산 현감(定山縣監)에 제수되었다.《沙溪全書 卷43 年譜》

은진현恩津縣

동쪽으로 연산현(連山縣) 경계까지 8리이고, 남쪽으로 전라도 여산군(礪山郡) 경계까지 17리이고, 서쪽으로 석성현(石城縣) 경계까지 13리, 임천군(林川郡) 경계까지 25리이고, 북쪽으로 이산현(尼山縣) 경계까지 21리이다. 서울과의 거리는 412리이다.

한전旱田

수전水田

건치연혁建置沿革

본래 백제 덕근군(德近郡)이다. 신라 경덕왕(景德王) 때에 덕은(德殷)으로 고쳤다. 고려 초에 덕은군(德恩郡)으로 고쳤으며, 현종(顯宗) 때에 공주(公州)에 편입시켰다. 본조 태조(太祖) 6년(1397)에 다시 덕은현(德恩縣)을 설치하고 시진(市津)을 병합하였으며, 세종(世宗) 1년(1419)에 은진현(恩津縣)으로 고쳤다. 관장하는 면은 12개이고, 관원은 현감과 훈도이다. 각 1인이다.

군명郡名

덕은(德殷), 덕은(德恩)

산천山川

마야산(摩耶山) 현 남쪽 24리에 있다. 진산(鎭山)이다.

황화산(皇華山) 현 서쪽 10리에 있다. 산에 평평하고 널찍한 큰 돌이 있어 나루의 물을 굽어보고 있으니 이름을 황화대(皇華臺)라고 한다. 세상에서 전하기를 "백제 의자왕(義慈王)이 그 위에서 연회를 벌이고 놀았다."라고 한다.

반야산(般若山) 현 북쪽 7리에 있다.

불명산(佛明山) 현 동쪽 33리에 있다. 전라도 고산현(高山縣) 경계에 있다.

금강(錦江) 부여(扶餘)와 석성(石城)에서부터 현 서쪽 26리를 지나 임천군(林川郡)과 경계를 나누고 또 서쪽으로 흘러 전라도 여산(礪山)과 용안(龍安) 경계로 들어간다. 바다 조수와 서로 통한다.

시진포(市津浦) 옛 시진현(市津縣)에 있으니, 지금 치소(治所)와의 거리는 서북쪽으로 12리이다. 세속에서는 사진(私津)이라고 부르니, 바로 연산현(連山縣) 초포(草浦)의 하류로서, 서쪽으로 흘러 금강의 강경나루〔江景渡〕로 들어간다. 바다 조수와 서로 이어져서 상선(商船)들이 모이는 곳이니, 돛대와 노가 연접하고 사람들과 물품이 잡다하게 이르러 교역하므로 그러한 이름이 붙여졌다. 본조 윤회(尹淮)가 말하기를 "예전에 이루진(利樓津)

이 있었다고 하였는데, 혹시 이곳이 아닌가 한다."[263] 하였다.

증산포(甑山浦) 현 서쪽 21리에 있다. 전라도 여산군(礪山郡)에서 발원하여 금강의 강경나루에 들어간다.

인천(仁川) 현 동북쪽 10리에 있다. 일명 율령천(栗嶺川)이라고 한다. 전라도 고산현의 탄현(炭峴)에서 발원하여 연산현 경계를 지나 시진포로 들어간다.

남제지(南堤池) 현 남쪽 4리에 있다. 둑 길이는 280보이고 둘레는 3리이다.

대정(大井) 현 남쪽 20리, 마야산 아래에 있다. 세속에서는 옛 나라의 어정(御井)이었다고 일컫는다. 그 서쪽에는 곤룡곶(袞龍串)이 있다.

토산 土産

백옥석(白玉石), 현 남쪽 구좌곡(仇佐谷)에서 난다. 석회(石灰), 죽전(竹箭), 현 서쪽 25리, 채운향(彩雲鄉)에서 난다. 감〔柿〕, 일찍 익으므로 세속에서 조홍(早紅)이라고 칭한다. 산무애뱀〔白花蛇〕, 뱅어〔白魚〕, 웅어〔葦魚〕, 숭어〔秀魚〕, 붕어〔鯽魚〕, 은구어(銀口魚 은어), 게〔蟹〕

학교 學校

향교(鄕校) 현 북쪽 2리에 있다.

263 예전에……한다 : 윤회가 신장(申檣) 등과 함께 찬수한 《세종실록》 〈지리지 충청도 공주목〉 은진현에 실려 있다.

궁실宮室

객관(客館)

향사당(鄕射堂) 객관 서쪽에 있다.

봉수烽燧

강경산 봉수(江景山烽燧) 남쪽으로 전라도 용안현(龍安縣)의 광두원산(廣頭院山)에 응하고, 북쪽으로 황화산에 응한다.

황화산 봉수(皇華山烽燧) 남쪽으로 강경산에 응하고, 북쪽으로 이산현(尼山縣) 성산(城山)에 응한다.

우역郵驛

남항원(娚項院) 현 남쪽 5리에 있다.

관량關梁

조암교(潮巖橋) 일명 국정교(國正橋)라고 한다. 증산포에 있다. 석교(石橋)로 길이는 20보이다.[264] 아래에 바위가 있는데, 조수가 물러가면 보이므로

264 석교(石橋)로 길이는 20보이다 : 《신증동국여지승람》 권18 〈충청도 은진현〉 교량조(橋梁條)에는 "예전에는 돌다리가 있었는데, 그곳 주민들이 술사의 말을 믿고 그 돌을 다 물에 던져 버렸다. 지금은 나무로 다리를 놓았다.〔舊有石橋, 居人信術者言, 盡投其石于水. 今用木爲橋.〕"라고 되어 있다.

이름을 조암이라 하였다.

시진교(市津橋) 시진포에 있다. 만력(萬曆) 연간에 다리가 무너져서 상류 7리에 옮겨 설치하고 답산교(畓山橋)라고 칭하였다. 길이는 40보이다.

강경나루〔江景渡〕 현 서쪽 26리에 있으니, 바로 금강(錦江)의 나루이다. 길이 임천(林川), 한산(韓山)으로 통한다.

사묘祠廟

사직단(社稷壇) 현 서쪽에 있다.

문묘(文廟) 향교에 있다.

성황사(城隍祠) 덕은(德恩)의 옛 읍에 있다.

여단(厲壇) 현 북쪽에 있다.

능묘陵墓

견훤(甄萱) 묘 현 남쪽 12리 풍계촌(風界村)에 있다. 세속에서는 왕 무덤이라고 칭한다.

성삼문(成三問) 묘 현 동남쪽 15리 굴현(屈峴)에 있다. 성삼문이 죽음을 당했을 때 여기에 그 몸의 일부를 장사했다고도 한다.

사찰寺刹

관촉사(灌燭寺) 반야산(般若山)에 있다. 돌미륵이 있는데 높이가 54자이다.

세상에 전해지기를 "고려 광종(光宗) 때에 반야산 기슭에서 큰 돌이 솟아 나와 승 혜명(慧明)이 조탁해서 불상을 만들었다."라고 한다.

쌍계사(雙溪寺) 불명산(佛明山)에 있다.

금지암(金地菴), **염불암**(念佛菴), **정토암**(淨土菴) 모두 마야산(摩耶山)에 있다.

고적古蹟

고덕은(古德恩) 지금의 치소(治所) 동남쪽 12리에 있다.

시진폐현(市津廢縣) 황화산(皇華山) 서남쪽에 있다. 본래 백제 가지내현(加知乃縣)으로 일명 신포현(新浦縣)이라고 한다. 신라 경덕왕 때에 시진(市津)으로 고쳐 덕은군(德恩郡) 영현(領縣)으로 삼았다. 고려 현종 때에 공주(公州)에 편입시켰다. 본조 태조 6년(1397)에 현에 병합하였다. 산 위에 옛 성이 있으니 둘레가 1650자이다. 세속에서는 황화성(皇華城)이라고 칭한다.

마야산고성(摩耶山古城) 돌로 쌓았고, 둘레가 5710자이다. 안에 우물이 2개 있었다. 지금은 없어졌다.

인물人物

본조

강응정(姜應貞) 아버지 강의(姜毅)는 중추부사를 지냈다. 강응정은 어려서부터 효성으로 소문이 났으니, 부모가 병에 걸리자 3년 동안 약시중을 드느라 잠을 자지 않았고 항상 변을 가져다 맛을 보았다. 향을 피우고 하늘에 기도하여 자신으로 대신하게 해 달라고 빌었는데, 신령의 감응이 있어 효험을 얻었다. 부모가 돌아가시자 상을 치르는 데 예를 극진히 하니, 향리에서는 다른 사람이 미칠 수 없는 지극한 효행에 탄복하였다. 성종(成宗)이 듣고 정려(旌閭)하고 복호(復戶)하도록 명하였다. 강응정은 성균관 생원에 선발되어 경전을 잘 강(講)하였고 《소학(小學)》을 독실히 믿었다. 또 의약(醫藥)과 복서(卜筮) 같은 술학(術學)에도 통달하였으며, 함께 교유한 이들은 모두 당대의 현사(賢士)들이었다.

열녀列女

민씨(閔氏) 고려 사람 김계전(金繼佃)의 아내이다. 김계전이 일찍 죽자 민씨는 예제를 넘을 정도로 몹시 슬퍼하였고, 종신토록 반드시 묘소에 제사한 뒤에 음식을 먹었는데 비바람이 쳐도 변함이 없었다. 향리에서 그 절행(節行)을 올려 정표(旌表)하였다.

회덕현懷德縣

동쪽으로 옥천군(沃川郡) 경계까지 22리이고, 남쪽으로 전라도 진산군(珍山郡) 경계까지 30리이고, 서쪽으로 공주(公州) 경계까지 9리이고, 북쪽으로 문의현(文義縣) 경계까지 29리이다. 서울과의 거리는 320리이다.

한전旱田

수전水田

건치연혁建置沿革

본래 백제의 우술군(雨述郡)이다. 일명 후천(朽淺)이라고 한다. 신라 경덕왕(景德王) 때에 비풍군(比豐郡)으로 고쳤다. 고려 초에 회덕(懷德)으로 고치고, 현종(顯宗) 때에 공주(公州)에 편입시켰으며, 명종(明宗) 초에 다시 회덕현(懷德縣)을 설치하였다. 본조에서 그대로 따랐다. 관장하는 면은 7개이고, 관원은 현감과 훈도이다. 각 1인이다.

군명郡名

우술(雨述), 비풍(比豐)

산천山川

계족산(鷄足山) 현 동쪽 3리에 있다. 진산(鎭山)이다. 세상에 전해지기를 "가뭄 때 산이 울면 반드시 비가 내린다."라고 한다.

식장산(食藏山) 현 남쪽 23리에 있다.

질현(迭峴) 현 동쪽 12리에 있다.

동자암현(童子菴峴) 현 동쪽 8리에 있다.

금강(錦江) 옥천(沃川)과 회인(懷仁)에서 흘러 들어와서 현의 북쪽 경계를 거쳐 이원나루〔利遠渡〕를 지난 다음 서쪽으로 흘러 공주 경계로 흘러 들어간다.

갑천(甲川) 현 서쪽 5리에 있다. 계룡산(鷄龍山)과 대둔산(大芚山)에서 발원하여 공주의 유성폐현(儒城廢縣)을 거쳐 현 서쪽에 이르고, 또 북쪽으로 흘러 금강에 들어간다.

토산土産

석철(石鐵), 현 북쪽 직동(稷洞)에서 난다. 석회(石灰), 지치〔紫草〕, 복령(茯苓), 안식향(安息香), 송이버섯〔松蕈〕, 누치〔訥魚〕

학교學校

향교(鄉校) 현 북쪽 1리에 있다.

숭현서원(崇賢書院) 현 서쪽 5리에 있다. 선조(宣祖) 때에 읍인(邑人)이 서원을 짓고 사당을 세워 김정(金淨), 정광필(鄭光弼), 송인수(宋麟壽)를 제사 지냈다. 광해군조(光海君朝)에 사액(賜額)하고, 뒤에 또 김장생(金長生)을 함께 향사하였다.

궁실宮室

객관(客館)

쌍청당(雙淸堂) 현 동쪽 6리에 있다. 본현 사람 송유(宋愉)가 은거하여 벼슬길에 나아가지 않고 그 거처하는 곳을 쌍청이라 명명하였다. 박팽년(朴彭年)이 기문을 지어 주었다.[265]

봉수烽燧

계족산 봉수(鷄足山烽燧) 동쪽으로 옥천군(沃川郡) 환산(環山)에 응하고, 북쪽으로 문의현(文義縣) 소이산(所伊山)에 응한다.

265 박팽년(朴彭年)이……주었다 : 〈쌍청당기(雙淸堂記)〉이다. 《東文選 卷82》

우역郵驛

정민역(貞民驛) 현 서쪽 10리에 있다.

미륵원(彌勒院) 일명 굴파원(屈坡院)이라고 한다. 현 동쪽 24리에 있다. 남쪽에 누각이 있다.

덕창원(德昌院) 현 서쪽 2리에 있다.

총술원(寵述院) 현 북쪽 11리에 있다.

형지원(荊止院) 현 북쪽 27리에 있다.

여아원(餘兒院) 현 남쪽 21리에 있다.

관량關梁

이원나루〔利遠渡〕 현 북쪽 29리에 있으니, 바로 금강(錦江)의 나루터이다. 일명 형각진(荊角津)이라고 한다. 길이 문의(文義)로 통한다.

사묘祠廟

사직단(社稷壇) 현 서쪽에 있다.

문묘(文廟) 향교에 있다.

성황사(城隍祠) 현 북쪽 5리에 있다.

여단(厲壇) 현 북쪽에 있다.

능묘陵墓

유씨(柳氏) 묘 현 동쪽 25리에 있다. 고려 때의 절부(節婦)이다.

사찰寺刹

법천사(法泉寺) 계족산(鷄足山) 남쪽에 있다.

봉주사(鳳住寺) 계족산 동북쪽에 있다.

선랑사(禪郎寺), **고산사**(高山寺), **봉서사**(鳳棲寺) 모두 식장산(食藏山)에 있다.

고적古蹟

계족산성(鷄足山城) 돌로 쌓았고, 둘레가 1969자이다. 안에 우물이 하나 있었다. 지금은 없어졌다.

유우流寓

정광필(鄭光弼) 본조 공희왕(恭僖王 중종) 때에 영의정이 되었는데, 김안로(金安老)의 미움을 받아 상신(相臣)에서 파직되어 물러나 회덕(懷德)의 농가에 거처하며 유유자적하였다. 어느 날 집안사람이 김안로가 사죄(死罪)로 몰아간다는 말을 듣고 달려와 고하며 통곡하였다. 정광필은 한창 손님과 바둑을 두고 있었는데, 전혀 흔들리는 기색이 없었다. 이윽고 사죄를 면해 주고 김해(金海)에 유배한다는 통보가 오자, 밤에 평소와 같이 취침하고 다음 날 떠나 유배 길에 올랐다. 집안사람 중에 김안로를 원망하는 사람이 있자, 정광필이 만류하며 말하기를 "죽고 사는 것은 운명인데, 어찌 사람이 할 수 있는 것이겠는가." 하였다. 유배된 지 오래지 않아 김안로가 죽자 바로 소환되었다. 이에 도성 사람들이 손을 이마에 얹으며 환영하였다.

강학년(姜鶴年)[266]

인물人物

본조

송인수(宋麟壽) 가계는 은진(恩津) 출신이고, 여러 대가 회덕(懷德)에 살았다. 5대조 송유(宋愉)는 고상한 풍치(風致)가 있어서 벼슬하지 않고 은거하였고 자손이 매우 번성하였다. 송인수는 어려서부터 책 읽기를 좋아하고 효성과 우애가 남달랐다. 어머니의 상을 당하자 너무 슬피 곡하여 거적자리가 썩을 지경이었고, 흰 제비가 여막 위에 둥지를 지었는데 그 새끼들도 모두 흰색이었다.[267] 중종조(中宗朝)에 과거에 급제하여 누차 승진하여

266 강학년(姜鶴年) : 《연려실기술(燃藜室記述)》 별집 권4 〈사전전고(祀典典故)〉 서원(書院)에, 회덕의 용호사우(龍湖祠宇)에 제향된 기록이 있다. 《백호전서(白湖全書)》 권33 〈잡저(雜著) 경진일록(庚辰日錄)〉 4월 1일 기사에 "장령(掌令) 강학년을 찾아 약 문의를 하고, 올 때도 회덕에 들러 문병을 하고 밤에야 집에 돌아왔다."라고 하였다.

267 흰……흰색이었다 : 《을사전문록(乙巳傳聞錄)》 〈송인수전(宋麟壽傳)〉에는 "흰 제비가 여막에 집을 지은 이상한 일이 있었는데 사람들이 효성의 감응이라고 말하였다.〔有白燕巢廬之異, 人以爲孝感.〕"라고 하였다.

성균관 대사성이 되었다. 선비들을 가르침에 반드시 먼저 《소학(小學)》[268]을 읽게 하였으며, 부지런히 인도하여 각자 그 재주를 다 펴도록 하였다. 이조 참판을 거쳐 외직으로 나가 전라도 관찰사가 되었다. 인종(仁宗) 초에 대사헌이 되어서는 이기(李芑)와 윤원형(尹元衡)이 음사(陰邪)하여 국정에 해를 끼친다고 그들을 탄핵하였는데, 명종이 즉위한 뒤에 이기와 윤원형의 무고를 받아 죽음을 당하였다.[269] 송인수는 정주(程朱)의 서적을 손에서 놓은 적이 없다. 일찍이 연경(燕京)에 사신으로 갔을 때 다른 사신들의 종복들은 물품을 매매하느라 분주하였으나 송인수의 거처는 한적하여 사람 소리가 들리지 않았으니, 중국 사람들이 '한 조각 빙옥〔一片氷玉〕'이라고 칭송하였다. 호는 규암(圭菴)이고 뒤에 문충(文忠)의 시호를 받았다.[270]

송기수(宋麒壽) 송인수의 종제(從弟)이다. 과거에 급제하고 관직이 의정부 우참찬에 이르렀다. 김안국(金安國)이 일찍이 그의 단중(端重)하고 정량(貞亮)함을 칭찬하였다. 아들 송응개(宋應漑)는 대사간이 되었고, 송응순(宋應洵)은 부제학이 되었다.

강학년(姜鶴年)

268 소학(小學) : 《규암집(圭菴集)》 〈연보(年譜)〉에는 '소학 및 여러 성리서〔小學及性理諸書〕'라고 되어 있다.

269 명종이……당하였다 : 1547년(명종2) 양재역 벽서사건(良才驛壁書事件)에 연루되어 사사(賜死)되었다. 《明宗實錄 2年 9月 19日》

270 뒤에……받았다 : 1660년(현종1) 송준길(宋浚吉)의 계청으로 추시(追諡)하였다.

열녀列女

유씨(柳氏) 고려 말 사람 진사 송극기(宋克己)의 처이다. 일찍 과부가 되매 부모가 딸의 뜻을 꺾고자 하였는데, 유씨는 어린 아들을 안고 시댁으로 도망가 평생을 보냈다. 그 뒤에 자손이 매우 번성하였다.

진잠현鎭岑縣

동쪽으로 공주(公州) 경계까지 11리이고, 북쪽으로 같은 주 경계까지 10리이고, 남쪽으로 전라도 진산군(珍山郡) 경계까지 22리이고, 서쪽으로 연산현(連山縣) 경계까지 16리이다. 서울과의 거리는 397리이다.

한전旱田

수전水田

건치연혁建置沿革

본래 백제의 진현현(眞峴縣)이다. '진(眞)' 자는 '정(貞)' 자로도 쓴다. 신라 경덕왕(景德王) 때에 진령(鎭嶺)으로 고치고 황산군(黃山郡) 영현(領縣)으로 삼았다. 고려 초에 진잠(鎭岑)으로 고치고, 현종(顯宗) 때에 공주(公州)에 편입시켰다가 뒤에 다시 진잠현(鎭岑縣)을 설치하였다. 본조에서 그대로 따랐다. 관장하는 면은 5개이고, 관원은 현감과 훈도이다. 각 1인이다.

군명郡名

진현(眞峴), 진령(鎭嶺)

형승形勝

사방이 험지로 빈틈없이 막혀 있고 둘레가 바위로 굳게 가려져 있다. 본조 김세렴(金世濂)의 〈신도부(新都賦)〉

산천山川

산장산(産長山) 현 서쪽 5리에 있다. 진산(鎭山)이다. 바로 계룡산(鷄龍山)의 동쪽 줄기이다.

계룡산(鷄龍山) 현 서쪽 15리에 있다. 연산현(連山縣) 및 공주목(公州牧)에도 보인다.

압점산(押岾山) 일명 안평산(安平山)이라고 한다. 현 남쪽 22리에 있으니, 바로 진산군 대둔산(大芚山)의 동쪽 줄기이다. 산의 남쪽은 진산군의 경계이다.

구봉산(九峯山) 일명 소족산(所足山)이다. 현 남쪽 5리에 있다.

밀암산(密巖山) 현 남쪽 15리에 있다. 석봉(石峯)이 물에 임하여 절벽을 이루고 솟아 있다.

갑천(甲川) 현 동쪽 9리에 있다. 차탄(車灘)이라고도 부른다. 계룡산과 대둔산에서 발원하여 현 남쪽 10리에서 합친 다음 공주의 유성폐현(儒城廢縣)을 지나 동쪽으로 회덕현(懷德縣)에 이르러 금강(錦江)에 들어간다.

토산土産

백옥(白玉), 삼기산(三岐山)에서 난다. 자연동(自然銅), 구봉산(九峯山)에서 난다. 녹반(綠礬), 현 남쪽 16리 울어동(蔚於洞)에서 난다. 석회(石灰), 꿀〔蜂蜜〕, 황랍(黃蠟), 복령(茯苓), 안식향(安息香), 송이버섯〔松蕈〕

학교學校

향교(鄕校) 현 남쪽 2리에 있다.

궁실宮室

객관(客館)

우역郵驛

오산원(吾山院) 현 동쪽 9리에 있다.

지석원(支石院) 현 서쪽 15리에 있다.

사묘祠廟

사직단(社稷壇) 현 서쪽 5리에 있다.

문묘(文廟) 향교에 있다.

성황사(城隍祠) 현 남쪽 5리에 있다.

여단(厲壇) 현 북쪽에 있다.

사찰寺刹

정각사(正覺寺) 압점산(押岾山)에 있다.

회현사(晦見寺), 학운사(鶴雲寺) 모두 계룡산(鷄龍山)에 있다.

연산현連山縣

동쪽으로 진잠현(鎭岑縣) 경계까지 22리, 전라도 진산군(珍山郡) 경계까지 35리이고, 남쪽으로 같은 도 고산현(高山縣) 경계까지 19리, 은진현(恩津縣) 경계까지 26리이고, 서쪽으로 이산현(尼山縣) 경계까지 17리이고, 북쪽으로 공주(公州) 경계까지 32리이다. 서울과의 거리는 398리이다.

한전旱田

수전水田

건치연혁建置沿革

본래 백제의 황등야산군(黃等也山郡)이다. 신라 경덕왕(景德王) 때에 황산군(黃山郡)으로 고쳤다. 고려 초에 연산(連山)이라 고치고, 현종(顯宗) 때에 공주에 편입시켰다가 뒤에 다시 연산현(連山縣)을 설치하였다. 본조에서 그대로 따랐다. 관장하는 면은 8개이고, 관원은 현감과 훈도이다. 각 1인이다. 지금 증보하건대, 인조(仁祖) 25년(1647)에 본현 및 이산(尼山)과 은진(恩津)을 혁파하고 이 지역 사람들이 서로 모여 변란을 도모했기 때문에 혁파하였다. 합하여 은산현(恩山縣)을 설치하고 평천역(平川驛)에 읍치를 두었다.[271] 효종(孝宗) 6년(1655)에 각각 예전대로 회복시켰다.

군명郡名

황산(黃山)

형승形勝

산천이 웅장하고 아름답다. 본조 정이오(鄭以吾)의 〈향교기(鄕校記)〉

평탄하고 넓은 땅이 적다. 본조 이첨(李詹)의 〈의창기(義倉記)〉

산천山川

계룡산(鷄龍山) 현 북쪽 27리에 있다. 우리 태조(太祖)가 처음 즉위하였을

271 인조(仁祖)……두었다 : 1646년(인조24) 3월 유탁(柳濯), 권대용(權大用), 안익신(安益信) 등이 꾀한 역변을 가리킨다. 이산현(尼山縣)의 출신(出身) 이석룡(李碩龍)과 교생(校生) 김충립(金忠立) 등이 "같은 고을 사람인 유탁이 서울에 사는 진사 권대용 등과 반역을 공모하여 임경업(林慶業)이 대장이 되었다고 사칭하며 어리석은 백성을 속여서 유인하고 군사를 몰래 모아 장차 4월 1일 거사하려 한다."라고 고변하면서 발단한 사건이다. 《인조실록》 24년 5월 1일 기사에 "이산(尼山), 연산(連山), 은진(恩津)을 혁파하고 1개 현으로 합하여 은산현(恩山縣)이라고 한다."라는 내용이 있고 《대동지지(大東地志)》 등 지리지에 '인조 24년'으로 기록된 것으로 보면, 원문의 '인조 25년'은 '인조 24년'의 오기인 듯하다.

때, 산 남쪽으로 도읍을 옮기려고 친히 와서 순시하고 길지(吉地)를 택하여 대략 그 기지를 정하고는 역사(役事)를 시작하였다가 결국 조운(漕運)의 길이 멀다는 이유로 이를 그만두었는데, 지금까지도 그곳을 신도(新都)라 부르고 있으며, 도랑과 주춧돌이 아직 남아 있다.

황산(黃山) 고려 태조가 이름을 천호산(天護山)으로 고쳤다. 현 동쪽 5리에 있다. ○ 신라의 김유신(金庾信)이 군사를 거느리고 당(唐)나라 소정방(蘇定方)과 함께 백제를 공격하니, 백제의 장군 계백(階伯)이 황산 벌판에서 신라 군사를 방어하기 위해 3개의 병영을 설치하여 네 번 싸워 모두 이겼다. 그러나 병사가 적고 군력이 다하여 전사하였다. ○ 견훤(甄萱)이 고려 태조를 따라 그의 배반한 아들 신검(神劍)을 토벌하였는데, 신검이 싸움에 패하여 항복하자 태조가 사면하고 죽이지 않았다. 이에 견훤이 근심하고 분개하다가 등창이 발생하여 수일 만에 황산의 절에서 죽었다.

도솔산(兜率山) 현 동쪽 15리에 있다. 옛 성터가 남아 있다.

마고평(馬皐坪) 현 서쪽 19리에 있다. 북쪽으로는 이산(尼山)에 이르고, 남쪽으로는 은진(恩津)에 이른다.

용천동(龍泉洞) 계룡산 남쪽에 있다. 두 산봉우리가 하늘을 향해 입을 벌린 듯이 솟아 있고, 그 가운데 큰 바위가 있는데, 절구 모양과 같은 굴이 파여 있다. 산의 물이 여기로 모여 넘쳐흐르는데 깊이를 알 수 없다. 잠연(潛淵)이라고도 한다. 세속에서 전하기를 "항상 용이 구름의 기운을 타고 드나드는데, 가뭄이 들 때 비를 빌면 매번 효험이 있다." 한다.

봉림동(鳳林洞) 계룡산 동쪽에 있다. 깊은 골짜기는 입을 딱 벌린 듯이 벌어져 있는데, 큰 바위가 가로누워 버티고 있고 그 가운데 구멍이 만들어져서 물이 그 안으로 흘러들고 가득 차면 넘쳐서 폭포가 된다. 세속에서 전하기를 "용이 그 안에 숨어 있다." 한다.

인천(仁川) 현 남쪽 10리에 있다. 일명 태계(苔溪)라고 하고, 일명 거사천(居士川)이라고 하니, 바로 고산현(高山縣) 용계천(龍溪川) 하류로, 은진현 북쪽을 지나 시진(市津)으로 들어간다.

사계(沙溪) 현 서쪽 2리에 있다. 계룡산에서 발원하여 서쪽으로 흘러 현 서쪽 20리에 이르러 이산의 대천(大川)과 합류하여 초포(草浦)가 된다.

초포(草浦) 현 서쪽 20리에 있으니, 사계의 물과 이산의 대천이 서로 합류하는 곳이다. 또 서쪽으로 흘러 시진이 된다.

토산土産

철(鐵), 자연동(自然銅), 석유황(石硫黃), 녹반(綠礬), 현 동쪽 20리 대야동(大也洞)에서 난다. 모시〔苧〕, 꿀〔蜂蜜〕, 황랍(黃蠟), 감〔柿〕, 송이버섯〔松蕈〕, 은구어(銀口魚 은어), 게〔蟹〕

학교學校

향교(鄕校) 현 북쪽 1리에 있다.

사계서원(沙溪書院) 현 서쪽 7리에 있다. 인조 말기에 읍인이 세우고 사당을 지어 김장생(金長生)을 향사하였으며, 김집(金集)을 종향(從享)하였다. 효종조에 사액(賜額)하였다.

궁실宮室

객관(客館)

현감아(縣監衙) 객관 남쪽에 있다.

향사당(鄕射堂) 현감아 서쪽에 있다.

우역郵驛

평천역(平川驛) 현 서쪽 18리에 있다.

반야원(般若院) 현 서쪽 2리에 있다.

초포원(草浦院) 초포 남쪽 언덕에 있다.

관량關梁

학교(鶴橋) 객관 북쪽에 있다.

초포교(草浦橋) 초포에 있으니, 바로 이산현(尼山縣) 경계이다.

사묘祠廟

사직단(社稷壇) 현 서쪽에 있다.

문묘(文廟) 향교에 있다.

성황사(城隍祠) 현 북쪽에 있다.

여단(厲壇) 현 북쪽에 있다.

능묘陵墓

허씨(許氏) 묘 현 서남쪽 8리, 고정산(高井山)에 있다. 바로 김문(金問)의 처이다.

김국광(金國光) 묘 현 동쪽 20리에 있다.

김장생(金長生) 묘 허씨 묘 옆에 있다.

김집(金集) 묘 현 동쪽 15리, 고운사(孤雲寺) 위에 있다.

사찰寺刹

만운사(萬雲寺) 계룡산(鷄龍山) 남쪽에 있다.

고운사(孤雲寺) 천호산(天護山) 동쪽에 있다.

고적古蹟

북산성(北山城) 현 북쪽 3리에 있다. 돌로 쌓았고, 둘레가 1740자이며, 안에 우물이 하나 있다. 지세가 험악하여 예전에 군창(軍倉)을 설치하면서 수축하였는데, 지금은 허물어졌다.

개태사(開泰寺) 예전에는 천호산 아래에 있었다. 고려 태조의 진전(眞殿)이 있었고 불전과 행랑의 규모가 비할 데 없이 광대하였다. 본조 초기까지도 있었는데, 그 후 병란 때에 없어졌다. 지금 유지(遺址)만 남아 있다. ○ 고려 태조 19년(936)에 백제를 정벌하여 큰 승리를 거두어서 하내(河內)의 30여 군(郡)과 발해국(渤海國)까지 얻으니 사람들이 모두 귀순하였다. 드디어 유사(有司)에게 명하여 개태사를 창건하고 친히 발원문(發願文)을 지어 손수 이를 썼는데, 그 대략에 "생민(生民)들이 온갖 근심을 만나니, 많은 고통을 이겨 낼 수 없었습니다. 병란이 지역을 휘감아서 재난이 진한(辰韓)을 시끄럽게 하니, 사람들은 살아갈 길이 없고, 가옥들은 온전한 담이 없었습니다.……하늘에 고하여 맹세하기를 '매우 간악한 무리를 베고 평정하여 도탄에 빠진 생민을 구해 내고 농사와 길쌈을 제 고향 땅에서 마음대로 할 수 있게 하겠습니다.' 하였습니다. 위로는 부처님의 힘에 의탁하고 다음에 하늘의 위엄에 의지하여, 20여 년간의 수전(水戰)과 화공(火攻) 속에서 몸소 시석(矢石)을 무릅쓰고 천 리 길을 남으로 치고 동으로 공격하며 직접 간과(干戈)를 베개로 삼았습니다. 병신년(936) 가을 9월에 숭선성(崇善城) 가에서 백제의 군사와 대진(對陣)하였는데, 한 번 부르짖으니 흉악하고 미친 무리가 와해(瓦解)되었고, 두 번째 북을 울리니 역당(逆黨)이 얼음 녹듯 소멸되어 개선의 노래가 하늘 높이 오르고 환호의 소리는 땅을 뒤흔들었습니다.……들판의 도적과 산골의 흉도들이 저희들의 죄과를 뉘우쳐 새사람이 되겠다고 이윽고 귀순해 왔습니다. 모(某 왕건(王建))는 간사한 자를 누르고 악한 자를 제거하며, 약한 자를 구제하고 기울어진 것을 붙들어 일으키는 데 뜻이 있으므로 털끝만큼도 침범하지 않고 풀잎 하나도 다치게 하지 않았습니다.……부처님께서 지켜 주신 은덕에 보답하고 산신령님께서 도와주신 은혜를 갚으려고 담당 관청에 특명을 내려 사찰을 창건하였습니다. 이에 산의 이름을 '천호(天護)'라 하고, 절의 이름을 '개태(開泰)'라 하였습니다." 하였다.

봉림사(鳳林寺) 계룡산 봉림동(鳳林洞)에 있었다. 지금은 없어지고 유지만 남아 있다. 그 서쪽 골에 또 상암(上菴)이 있었는데, 지금은 역시 없어지고 유지만 남아 있다.

인물人物

본조

김국광(金國光) 그 선조는 광주(光州) 사람이다. 관찰사 김약채(金若采)의 증손으로, 대대로 연산(連山)에 살았다. 과거에 급제하여 혜장왕(惠莊王 세조), 강정왕(康靖王 성종) 두 왕조를 섬겨 익대 적개 좌리 공신(翊戴敵愾佐理功臣)이 되고 광산부원군(光山府院君)에 봉해졌으며, 관직은 좌의정에 이르렀다. 시호는 정정(丁靖)이다. 아들 김극인(金克忉)은 관직이 대사간에 이르렀다.

김겸광(金謙光) 김국광의 아우이다. 과거에 급제하여 성종조(成宗朝)에 관직이 의정부 좌참찬에 이르고, 좌리 공신으로 광성군(光城君)에 봉해졌다. 청렴결백하다는 명성이 있었고, 시호는 공안(恭安)이다. 아들 김극개(金克愷)는 관직이 예조 참판에 이르렀고, 손자 김헌윤(金憲胤)은 호조 참의가 되었다.

김계휘(金繼輝) 김국광의 현손이다. 어려서부터 총명하였고 널리 경서를 통달하여 열 줄을 동시에 읽어 내려갔다. 명종조(明宗朝)에 과거에 급제하고 오래도록 대각(臺閣)에 있었는데 강직하다는 명성이 있었다. 선조조(宣祖朝)에 관직이 사헌부 대사헌에 이르렀다. 일찍이 황해도, 경상도, 평안도, 전라도의 관찰사가 되었는데 판결이 물 흐르듯 순조로워서 항상 여유있고 한가하였으므로 이민(吏民)이 신명(神明)하다고 칭송하였다. 성품은 청렴하고 검소하였고 전고(典故)에 밝고 숙련되어 고금의 사위(事爲)와 인물의 현회(顯晦)부터 산천(山川)·성읍(城邑)에 이르기까지, 우리나라로부터 천하에 이르기까지 꿰뚫어 통달하지 않음이 없었다. 그가 죽자 사람들이 보감(寶鑑) 하나를 잃었다고 하였다.

김장생(金長生) 김계휘의 아들이다. 어려서부터 장중(莊重)하고 학문을 좋아하였고 이이(李珥)를 스승으로 모셨다. 선조조에 천거로 관직을 제수받고 옮겨서 군수에 이르렀다. 인조가 즉위하자 불러들여 사헌부 장령에 제수하였는데, 얼마 뒤에 사직하고 돌아왔다. 이괄(李适)의 반란 때 상이 남쪽으로 행차하자 김장생이 행재소(行在所)에 달려갔다가 내처 어가를 따라 서울로 들어가 공조 참의에 제수되었는데, 상소를 올려 시정(時政)을 논하고 면직을 청하여 물러났다. 뒤에 형조 참판에 제수되었는데 노쇠함을 이유로 사양하고 나아가지 않았다. 84세에 죽었다. 김장생은 조행(操行)이 확고하여 늙어서까지 변함이 없었다. 예에 대해 고증(考證)함이 정밀하고 박식하여《의례문해(疑禮問解)》,《가례집람(家禮集覽)》 등의 저서를 남겼다. 양호(兩湖)의 학자들이 그 문하에서 많이 배출되었고 사계(沙溪) 선생이라고 호칭하였다. 시호는 문원(文元)이다.

김집(金集) 김장생의 아들이다. 몸가짐과 행실이 단정하고 삼갔으며 효성과 근실함으로 소문이 났고 예학(禮學)을 깊이 연구하였다. 처음에는 음사(蔭仕)로 누차 주현(州縣)의 수령을 지냈고, 인조 말기에 좌승지가 되었다. 효종 초기에 이조 판서에 제수되었는데, 오래지 않아 사직하고 향리에 돌아가 죽었다. 김집이 선대를 이어 유학으로 드러나매 조야(朝野)에서 명망이 중해졌다. 시호는 문경(文敬)이다. 아우 김반(金槃)은 과거에 급제하여 이조 참판이 되었다. 김반의 아들 김익희(金益熙)는 이조 판서가 되었다.

열녀 列女

허씨(許氏) 본조 초기 인물인 대사헌 허응(許應)의 딸로, 검열 김문(金問)의 처이다. 17세에 지아비가 죽자 부모가 불쌍히 여겨 개가시키려고 하여 혼인이 이미 정해졌는데, 허씨가 이 사실을 알고 갓난아이를 업고 시댁으로 도망가서 평생을 보냈다. 일이 알려지자 정려(旌閭)하였다. 손자 김국광과 김겸광이 모두 대관(大官)에 이르고 자손이 매우 번성하니, 사람들은 허씨의 뛰어난 행실로 인한 경복(慶福)이라고 하였다.

이산현尼山縣

동쪽으로 연산현(連山縣) 경계까지 11리이고, 남쪽으로 같은 현 경계까지 16리이고, 서쪽으로 석성현(石城縣) 경계까지 25리이고, 북쪽으로 공주(公州) 경계까지 10리이다. 서울과의 거리는 377리이다.

한전旱田

수전水田

건치연혁建置沿革

본래 백제의 열야산현(熱也山縣)이다. 신라 경덕왕(景德王) 때에 이산(尼山)으로 고치고 웅주(熊州) 영현(領縣)으로 삼았다. 고려 현종(顯宗) 때에 그대로 공주(公州)에 편입시켰다가 뒤에 다시 이산현(尼山縣)을 설치하였다. 본조에서 그대로 따랐다. 관장하는 면은 7개이고, 관원은 현감과 훈도이다. 각 1인이다.

군명郡名

산천山川

노산(魯山) 현 북쪽 3리에 있다. 진산(鎭山)이다. 일명 성산(城山)이라고 한다.

고랑원(高浪原) 속칭 고랑(高浪)이라고 부른다. 현 남쪽 3리에 있다. 큰 언덕이 우뚝 솟아 있고 길이 그 위로 나 있다.

대천(大川) 현 동쪽 5리에 있다. 계룡산(鷄龍山)에서 발원하여 남쪽으로 흘러 현 남쪽 15리에 이르고 연산(連山)의 사계(沙溪)와 합하여 초포(草浦)가 된다. 또 서쪽으로 흘러 은진현(恩津縣)의 시진(市津)이 된다.

장자지(長者池) 현 남쪽 15리에 있다. 너비가 10여 보이고, 길이가 300보나 되어 관개(灌漑)하는 면적이 매우 넓다.

토산土産

철(鐵), 현 남쪽 천동(泉洞)에서 난다. 모시〔苧〕, 게〔蟹〕, 붕어〔鯽魚〕

학교學校

향교(鄕校) 현 북쪽 2리에 있다.

궁실宮室

객관(客館)

향사당(鄕射堂) 객관 북쪽에 있다.

봉수烽燧

성산 봉수(城山烽燧) 남쪽으로 은진현 황화산(皇華山)에 응하고, 북쪽으로 공주(公州) 월성산(月城山)에 응한다.

우역郵驛

오덕원(吾德院) 현 남쪽 10리에 있다.

궁정원(弓井院) 현 북쪽 9리에 있다.

사묘祠廟

사직단(社稷壇) 현 서쪽에 있다.

문묘(文廟) 향교에 있다.

성황사(城隍祠) 성산에 있다.

여단(厲壇) 현 북쪽에 있다.

사찰寺刹

탑사(塔寺) 성산(城山)에 있다.

고적古蹟

노산성(魯山城) 돌로 쌓았고, 둘레는 1950자이다. 안에 우물이 5개 있었다. 예전에 수축(修築)하였으나 지금은 모두 허물어지고 없어졌다.

명환名宦

본조

예승석(芮承錫)

경연(慶延) 성종(成宗) 때에 행의(行義)로 부름을 받아 주부(主簿)에 제수되었다. 외직으로 나가 이산 현감이 되었는데 정사가 물과 같이 맑아서 이민(吏民)이 감복하였다. 5년을 재임하고 관아에서 죽으니, 고을 사람들이 장수(葬需)와 유밀(油蜜)을 마련하여 보내자 그 아내가 말하기를 "어찌 감히 내 지아비가 평소 행한 덕에 누를 끼치겠는가." 하고 모두 받지 않았다.

인물人物

본조

윤황(尹煌) 어려서부터 학문에 힘썼고 지행(志行)이 있었다. 광해군(光海君) 때에 과거에 급제하였다. 인조(仁祖) 때에 누차 옮겨 사간원 대사간이 되었는데 청직(淸直)으로 명성이 드러났다. 14년(1636) 봄에 재차 상소를 올려 하늘이 노하고 백성들이 원망하며 오랑캐가 반드시 나라를 흔들어 필시 망하게 될 형세를 말하고, 내수사를 없애고 궁녀를 줄이며 공헌(貢獻)을 없애어 백성들을 보전하고 군사를 기르는 계책을 청하였다. 8월에 또 상소를 올려 힘써 간언하였으나 끝내 쓰이지 않았다. 이해 겨울에 오랑캐가 쳐들어와 나라를 위태롭게 하니 상이 남한산성(南漢山城)에 들어갔다. 상이 성을 나온 뒤에 윤황은 탄핵을 받아 유배되었다. 유배에서 풀려 집으로 돌아와서는 문밖을 일절 나가지 않고 지내다 죽었다. 아들 윤문거(尹文擧)는 청렴하고 대범하였으며, 겸양하여 물러나기를 잘하였다. 관직이 대사헌에 이르렀다.

윤문거(尹文擧)

윤선거(尹宣擧)

부여현扶餘縣

동쪽으로 공주(公州) 경계까지 24리, 석성현(石城縣) 경계까지 15리이고, 남쪽으로 임천현(林川郡) 경계까지 20리이고, 서쪽으로 청양현(青陽縣) 경계까지 37리, 홍산현(鴻山縣) 경계까지 19리이고, 북쪽으로 정산현(定山縣) 경계까지 21리이다. 서울과의 거리는 396리이다.

한전旱田

수전水田

건치연혁建置沿革

본래 백제 소부리군(所夫里郡)인데, 일명 사자(泗泚)라고 한다. 백제 성왕(聖王)이 웅천(熊川)에서 이곳으로 도읍을 옮기면서 남부여(南扶餘)라 불렀다. 의자왕(義慈王) 20년(660)에 당 고종(唐高宗)이 소정방(蘇定方)을 보내 신라와 함께 공격하여 멸망시켰다. 성왕(聖王)에서 이때까지 122년이다. 당나라 군사가 떠난 뒤에 신라가 그 땅을 병합하였고 문무왕(文武王) 12년(672)에 총관부(摠管府)를 설치하였으며, 경덕왕(景德王)

때에 부여군(扶餘郡)으로 고쳤다. 고려 현종(顯宗) 때에 공주(公州)에 편입시켰고, 명종(明宗) 초기에 다시 부여현(扶餘縣)을 설치하였다. 본조에서 그대로 따랐다. 관장하는 면은 8개이고, 관원은 현감과 훈도이다. 각 1인이다.

군명郡名

사자(泗泚), '자(泚)'는 '비(沘)'라고도 쓴다. 남부여(南扶餘) 별호는 여주(餘州)이다.

형승形勝

탄현(炭峴)과 백마(白馬) 백제 성충(成忠)이 의자왕에게 간언한 글에 나온다.

백마강(白馬江)의 형승에 자리 잡고 있다. 본조 허목(許穆)의 서(序)[272]에 "여주는 옛 백제의 유지(遺址)로서 백마강의 형승에 자리잡았고, 또 풍요로운 광야(廣野)와 방죽이 있다." 하였다.

동쪽으로는 공산(公山)에 접하고, 서쪽으로는 홍양(洪陽)에 통한다. 산을 등지고 강을 베고 있으며, 평평한 언덕에 들판은 기름지다.

272 허목(許穆)의 서(序) : 〈부여 현감으로 부임하는 임백심을 전송하는 서〔送任伯深扶餘赴任序〕〉이다. 《記言 別集 卷8》

풍속風俗

백성들이 꼼꼼하고 검소해서 재물을 저축하는 데 힘쓴다. 본조 허목의 서(序)[273]에 "그곳 백성들은 꼼꼼하고 검소해서 재물을 저축하는 데에 힘쓴다. 따라서 다스리는 자가 만약 훌륭한 정사로 임한다면 재력이 쉽게 넉넉해져서 백성들의 먹을 것이 풍족하게 될 것이니, 먹을 것이 풍족하면 가르칠 수가 있다." 하였다.

무격(巫覡)을 좋아하고 음사(淫祠)를 좋아한다.

산천山川

부소산(扶蘇山) 현 북쪽 2리에 있다. 진산(鎭山)이다. 동쪽 봉우리에 비탈진 언덕이 있는데, 영월대(迎月臺)라고 부르고, 서쪽 봉우리는 송월대(送月臺)라고 한다.

부산(浮山) 현 서쪽 6리에 있다. 백마나루〔白馬渡〕가 평지에 불쑥 튀어나와 마치 떠 있는 것 같아서 그렇게 이름 붙였다. 그 동쪽 절벽이 강에 임하여 층층의 바위가 깎은 듯이 서 있으니 바라보면 기이한 절경이다.

취령산(鷲靈山) 현 서쪽 20리에 있다.

망월산(望月山) 현 동쪽 15리에 있다. 석성현(石城縣)에도 보인다.

오산(烏山) 현 남쪽 7리에 있다.

호암산(虎巖山) 현 북쪽 10리에 있다. 산은 높거나 험준하지 않고, 동쪽으로 강물에 닿아 있으며, 산 정상에 바위가 있는데 천정대(天政臺)라 한다.

273 허목의 서(序) : 330쪽 주272 참조.

대 아래에 또 바위가 하나 있는데 위에 호랑이 발자국이 나 있으므로 그렇게 이름 붙였다.

나소현(羅所峴) 현 서쪽 30리 청양현(靑陽縣) 경계에 있다. 일명 나발현(羅發峴)이라고 한다.

탄현(炭峴) 현 동쪽 14리, 공주(公州) 경계에 있다. ○ 살피건대 세상에서 고을 앞의 백마강(白馬江)과 이 고개가 성충(成忠)과 흥수(興首)가 말한 백마(白馬)와 탄현을 가리킨다고 말한다. 과연 이와 같다면 백마와 탄현은 모두 도성에서 지극히 가까운 곳에 있고 또 험한 요새지도 아닌데, 무엇 때문에 지리를 잘 택하여 상류에 처하며 험요한 지역에 가서 지키라고 말하였겠는가. 필시 그렇지 않았다는 것을 알 수 있다. 본전(本傳)에는 백마강을 일명 기벌포(伎伐浦)라고 하고, 탄현을 일명 침현(沈峴)이라고 하였다.[274] 지금 비록 그곳을 알지 못하지만 지형이나 사리로 추측해 보면 백마는 필시 백마강 하류가 바다로 들어가는 포구이고, 탄현은 필시 신라 군사가 오는 길의 험요한 곳이었을 것이다. 삼국 시대에 지금의 영동(永同), 황간(黃澗) 등지가 모두 신라와의 경계가 되고, 주줄산(珠崒山), 계룡산(鷄龍山)의 일대 산맥이 이어져 동서를 가로막고 있다. 그리고 지금의 연산(連山), 고산(高山), 진산(珍山) 사이에 탄현이라는 곳이 있는데 험하기가 비할 데 없으니, 아마 이러한 곳을 가리키는 듯하다.

낙화암(落花巖) 현 북쪽 2리에 있다. 절벽을 이루어 우뚝 서서 강물에 임해 있다. 백제 의자왕이 당나라 군사에게 패배를 당하자 궁녀들이 달아나 이

274 본전(本傳)에는……하였다 : 《삼국사기(三國史記)》 권28 〈백제본기(百濟本紀) 6〉 의자왕(義慈王) 20년 기사에 보인다.

바위에 올라 스스로 강물에 떨어졌으므로 그렇게 이름 붙였다. ○ 본조 홍춘경(洪春卿)의 시[275]에,

나라 망하니 산과 물이 예전과 다른데	國破山河異昔時
홀로 남은 강 달이 몇 번이나 차고 기울었나	獨留江月幾盈虧
낙화암 가의 꽃은 아직도 남아 있으니	落花巖畔花猶在
그 당시 비바람이 다 불어 날리지 못하였군	風雨當年不盡吹

하였다.

금강(錦江) 예전에는 사자하(泗泚河)라고 칭하였다. 공주 경계에서 유입되어 현 서쪽 5리를 지나고 남쪽으로 돌아 임천(林川)과 석성(石城)의 경계로 들어가는데, 현 경계에 있는 것을 백마강이라고 이름한다. ○ 백제 의자왕 때에 물고기가 죽어 수면 위로 떠올랐는데, 길이가 3장이었고, 그것을 먹은 자는 죽었다. 또 물빛이 피처럼 붉은색으로 바뀌었다.

대왕포(大王浦) 현 남쪽 7리에 있다. 오산 서쪽에서 발원하여 금강에 들어간다. 백제 무왕(武王)이 매양 뭇 신하들을 거느리고 이곳에서 놀며 잔치를 벌였는데, 술에 취하면 반드시 거문고를 뜯으며 직접 노래를 부르고 수행한 이들에게 일어나 춤추게 하였다. 이 때문에 당시 사람들이 대왕포라 일컬었다.

양단포(良丹浦) 현 서쪽 7리에 있다. 나소현에서 발원하여 동쪽으로 흘러 금강에 들어간다.

금강천(金剛川) 현 북쪽 23리에 있다. 바로 정산현(定山縣)의 금강천(金剛

275 홍춘경(洪春卿)의 시 : 《송계만록(松溪漫錄)》 상(上)에 실려 있는데 '관찰사 홍춘경의 〈백마강〉 시〔洪觀察春卿甫之白馬江詩〕'라고 소개하여 인용하였다.

川) 하류이니, 금강(錦江)에 들어간다.

석탄(石灘) 현 동쪽 12리에 있으니, 바로 금강(錦江) 여울이다. ○ 고려 이존오(李存吾)가 여울 위에 정자를 짓고 노닐며 시를 읊으면서 여생을 보냈다. 일찍이 시를 짓기를,[276]

백제 옛 나라 긴 강 굽이에	百濟古國長江曲
석탄의 밝은 달 주인 없은 지 몇 해인가	石灘明月閑幾年
들불로 사른 언덕 손바닥같이 반듯한데	野火燒原平如掌
때때로 누렁소가 묵정밭을 가네	時有觳觫耕菑田
내가 와 정자 짓고 승경을 더듬으니	我來構亭探勝景
온갖 경치 아양 떨며 다투어 나아오네	萬景媚嫵爭來前
구름과 연기 교룡의 굴에 가물거리고	雲煙明滅蛟龍窟
산 아지랑이 아물아물 먼 하늘에 떠 있다	山翠空濛浮遠天
흰 모래 언덕 뚝 끊기매 갯물이 들어오고	白沙岸斷浦溆入
큰 암석이 연달아 물가에 누워 있구나	傑石邐迤橫江邊
조각배 저어 남쪽으로 돌면 더욱 그윽하고	扁舟南轉尤裊窕
돌난간 계수나무 기둥이 맑은 못에 임해 있다	石欄桂柱臨澄淵
돌부처여, 그대는 의자왕 대의 일을 보았으리라	石佛應見義慈代
오직 들두루미 와서 참선할 뿐이로다	惟有野鶴來參禪
생각하니, 옛날 당나라 장수가 배 타고 왔을 때	憶昔唐將航海至

276 고려……짓기를 : 〈석탄행(石灘行)〉이다. 《石灘集 卷上》 이존오(李存吾)는 신돈(辛旽)의 횡포를 탄핵하여 장사현 감무(長沙縣監務)로 폄직된 후 1368년(공민왕17) 석탄에 우거하여 석탄으로 자호를 삼고 여기서 생을 마쳤다.

웅병 십만에 북소리 둥둥 울렸으리　　雄兵十萬鼓淵淵
도문 밖 한 번 싸움에 나라 힘을 다했으나　　都門一戰謾傾國
임금이 두 손 모아 결박을 당하였다　　君王拱手被拘攣
용도 넋이 빠져 제자리 못 지킨 듯　　神物慘淡亦不守
바위[277] 위에 남긴 자취 아직도 완연하다　　石上遺蹤猶蜿蜒
낙화암 아래에는 물결만 출렁대고　　落花巖下波浩湯
흰 구름 천년 동안 유유히 떠 있네　　白雲千載空悠然

하였다.

토산土産

모시〔苧〕, 복령(茯苓), 웅어〔葦魚〕, 농어〔鱸魚〕, 숭어〔秀魚〕, 뱅어〔白魚〕, 붕어〔鯽魚〕

학교學校

향교(鄕校) 현 서쪽 1리에 있다.

궁실宮室

객관(客館)

277 바위 : 바위는 부소산(扶蘇山) 아래에 있는 조룡대(釣龍臺)를 지칭한다.

원우당(遠憂堂) 백마나루〔白馬渡〕 서쪽 둔덕의 석벽 위에 있어서 강물을 굽어본다. 좌의정 이경여(李敬輿)의 별서(別墅)로, 강호에 거처하면서 그 임금을 근심하는 뜻을 취하였다. 백강정(白江亭)이라고도 칭한다. 김상헌(金尙憲)이 기문을 지었다.[278]

호암정(虎巖亭) 호암산 동쪽에 있다. 동쪽으로 강물에 임하여 있으며, 경치가 뛰어나다.

우역 郵驛

은산역(恩山驛) 현 서쪽 15리에 있다.

용전역(龍田驛) 현 동쪽 8리에 있다.

고성원(古省院) 현 서쪽 5리에 있다.

복천원(福泉院) 현 북쪽 20리에 있다.

금강원(金剛院) 금강천(金剛川) 둔덕에 있다.

관량 關梁

양단교(良丹橋) 양단포(良丹浦)에 놓여 있다.

금강교(金剛橋) 금강천(金剛川)에 놓여 있다.

백마나루〔白馬渡〕 현 서쪽 5리에 있으니, 바로 금강(錦江)의 나루터이다. 당(唐)나라 소정방(蘇定方)이 백제를 정벌할 때, 백마(白馬)를 미끼 삼아

278 김상헌(金尙憲)이 기문을 지었다 : 〈원우당기(遠憂堂記)〉이다. 《淸陰集 卷38》

용을 낚아서 군사를 건너게 했으므로 이 때문에 백마라 이름한다. ○ 본조 박순(朴淳)의 시[279]에,

유유히 흐르는 백마강 나루는	悠悠白馬渡
예전에 임금의 배 매어 있던 곳	昔日繫龍舟
옛 나라엔 왕의 기운 가시었고	故國收王氣
긴 강에는 나그네 시름만 가득	長江滿客愁
모래톱 물새들 지는 해 향해 날아오르고	沙鷗飛落日
고깃배 피리 소리 찬 강물 따라 흐르네	漁笛下寒流
그때 그 일 묻고 싶지만	欲問當時事
공연히 역사에 부끄러워라	空餘汗簡羞

하였다.

사묘祠廟

사직단(社稷壇) 현 서쪽에 있다.

문묘(文廟) 향교에 있다.

성황사(城隍祠) 부소산(扶蘇山) 정상에 있다.

현의사(顯義祠) 망월산(望月山) 서쪽에 있다. 선조(宣祖) 초기에 현감 홍가신(洪可臣)이 세워서 백제의 성충(成忠), 흥수(興首), 계백(階伯) 및 고려의 이존오(李存吾)를 향사하였다. 또 옆에 서재(書齋)를 지어 고을 선비들이 학문을 연마하는 장소로 삼도록 하였다. 이이(李珥)가 기문을 지었다.

279 박순(朴淳)의 시 : 〈백마강(白馬江)〉이다. 《思菴集 卷2》

여단(厲壇) 현 북쪽에 있다.

능묘陵墓

사찰寺刹

숭각사(崇角寺), **도천사**(道泉寺) 모두 취령산(鷲靈山)에 있다.

경룡사(驚龍寺), **보각사**(普覺寺), **망월사**(望月寺) 모두 망월산에 있다.

호암사(虎巖寺) 호암산 천정대(天政臺) 아래에 있다.

고란사(高蘭寺) 혹 이름을 고란(皐蘭)이라고도 한다. 부소산 북쪽에 있으며 강물을 굽어보고 있다. 낙화암(落花巖)이 그 서쪽에 있고 조룡대(釣龍臺)가 그 동쪽에 있다. ○ 본조 유근(柳根)의 시[280]에,

강 가운데 한 조각 조룡대 있고	江心一片釣龍臺
대 옆의 푸른 물결 흘러 아니 돌아오네	臺畔滄波去不迴
반월성은 텅 비어 고목만 남아 있고	半月城空餘古木
낙화암은 오래되어 푸른 이끼뿐	落花巖老只蒼苔
비는 현경 연간에 세워졌고[281]	碑從顯慶年間立
절은 단구협 안쪽에 자리 잡았지	寺向丹丘峽裏開

280 유근(柳根)의 시 : 〈고란사에 오르다〔登皐蘭寺〕〉이다. 《西坰詩集 卷3》

281 비(碑)는……세워졌고 : 비는 소정방(蘇定方)의 비석을 가리키는 듯하다. 당 고종(唐高宗) 현경(顯慶) 5년(660) 소정방이 황제의 조칙을 받고 10도(道)의 강병(强兵)과 누선(樓船) 1만 척을 이끌고 와서 백제를 대파하였는데, 본현에 그 공적을 기리는 비석을 세웠다.

흔적이 아득하여 물을 곳 없는데 陳迹悠悠問無處
고승은 웃으며 날아가는 새 가리키네 高僧笑指鳥飛來

하였다. ○ 본조 이경석(李景奭)의 시[282]에,

백마강 머리에 조수 일어나려 하고 白馬江頭潮欲生
부소산 너머로 석양이 밝게 비치네 扶蘇山外夕陽明
흥망성쇠 옛 자취 찾을 곳 없고 興亡舊迹尋無處
오직 고란사에서 울리는 경쇠 소리뿐 唯有皐蘭一磬鳴

하였다.

망심사(望心寺) 취령산에 있다.

부산암(浮山菴) 부산(浮山)에 있다. 층층의 암벽 사이에 자리 잡고 있으면서 강물을 굽어보고 있다.

고적古蹟

반월성(半月城) 돌로 쌓았고, 둘레가 1만 3006자이니, 바로 옛 백제의 도성(都城)이다. 부소산(扶蘇山)을 안고 쌓아 양쪽 머리가 백마강(白馬江)에 닿아 있으니 모양이 반달 같기 때문에 그렇게 이름 붙였다. 지금 현(縣)의 치소(治所)가 그 안에 있다.

증산성(甑山城) 현 서쪽 14리에 있다. 돌로 쌓았고, 둘레가 1269자이다. 안에 우물이 하나 있었다. 지금은 없어졌다.

청산성(青山城) 현 동쪽 1리에 있다. 돌로 쌓았고, 둘레가 1800자이다. 안에

282 이경석(李景奭)의 시 : 〈백마강에 배 띄우고 읊다(泛舟白馬江口號)〉이다. 《白軒集 卷11》

우물이 3개 있다.

천정대(天政臺) 현 북쪽 10리쯤에 있는 호암산(虎巖山) 정상에 마치 대(臺)와 같은 바위가 있고 아래로는 강물에 닿아 있다. 민간에서 말하기를 "백제 말기에 재상을 제수하고자 하면 선발할 자의 이름을 써넣은 함을 봉하여 바위 위에 두었다가 잠시 뒤에 가져다 보고 이름 위에 낙인 자국이 있는 자를 재상으로 삼았으므로 그렇게 이름 붙였다." 한다. 혹은 정사암(政事巖)이라고도 칭한다.

조룡대(釣龍臺) 부소산(扶蘇山) 아래에 괴석이 강가에 걸쳐 있고 바위 위에는 용이 할퀸 흔적이 있다. 세상에 전해지기를 "당나라 소정방(蘇定方)이 백제를 공격할 때, 강에 이르러 물을 건너려고 하는데 홀연 비바람이 크게 일어났다. 이에 백마를 미끼로 삼아 용 한 마리를 낚으니, 잠깐 사이에 날이 개어 드디어 군사를 건너게 하여 백제를 정벌하였다. 이 때문에 이름을 조룡대라고 하였다."라고 한다.

자온대(自溫臺) 현 서쪽 5리에 있다. 백마나루〔白馬渡〕 아래에 괴암(怪巖)이 물가에 걸터앉은 듯이 있으니 10여 인은 앉을 수 있다. 민간에 전해지기를 "의자왕이 매양 이 바위에서 놀았는데, 그때마다 바위가 저절로 따뜻해졌으므로 그렇게 이름 붙였다."라고 한다. 본조 이춘영(李春英)의 시[283]에,

천 길 철벽에 구름이 걷히니	千尋鉄壁捲雲根
이곳 높은 누대 이름이 자온이다	是處高臺號自溫
망국은 자취 없으니 어디다 물어볼거나	亡國如鴻那可問
돌이끼 부질없이 자라니, 비 온 뒤의 흔적이네	石苔空長雨餘痕

283 이춘영(李春英)의 시 : 〈자온대(自溫臺)〉이다. 《體素集 卷上》

하였다.

의염창(義鹽倉) **옛터** 현 동쪽 10리에 있다. 옛날에 연해에 있는 각 고을의 소금을 수납하여 곡식을 화매(和買)하였다.

소정방(蘇定方) **비**(碑) 현 서쪽 2리에 있다. 당 고종(唐高宗)이 소정방을 보내 신라 김유신(金庾信)과 함께 백제를 정벌하여 멸망시키게 하고, 빗돌을 세워 공적을 기록하였다.

명환名宦

본조

홍가신(洪可臣) 선조조(宣祖朝)에 부여 현감이 되어 청렴하고 간소하며 백성들을 사랑하였다. 요역을 균평하게 하고 농상(農桑)을 권장하였으며, 학교를 일으키고 풍속을 교화하는 것을 급선무로 삼았으니, 재임한 5년 동안 한 고을이 크게 다스려졌다. 소명을 받고 조정에 들어가 지평이 되었다.

유우流寓

이존오(李存吾) 고려 때 경주(慶州) 사람이다. 공민왕(恭愍王) 때에 정언이 되었는데, 글을 올려 신돈(辛旽)을 논박한 일로 장사 감무(長沙監務)로 좌천되었다. 관직을 떠난 뒤에는 석탄(石灘)에 거처하였으니, 석탄 위에 정자를 짓고 시를 읊고 노래하며 한가롭게 노닐었다. 나랏일이 날로 잘못되어 가는 것을 보고는 걱정과 분노로 인해 병에 걸렸다. 병이 위독해지자 사람들에게 부축해 일으키게 하고 말하기를 "신돈의 세력이 아직도 치성한가? 신돈이 망해야만 내가 죽을 것이다." 하고는 자리에 돌아와 편안히 눕기도 전에 죽었다. 죽은 지 석 달 뒤에 신돈이 주벌되었다. 왕이 그의 충심을 추모하며 특별히 성균관 대사성에 증직하였다.

정인지(鄭麟趾) 본조 세종(世宗) 때에 정인지의 아버지인 현감 정흥인(鄭興仁)이 부여(扶餘)에서 노년을 보내고 있으므로 특별히 정인지를 제수하여 본도 관찰사로 삼았다. 아버지가 죽자 정인지는 3년간 여묘하였다. 세조(世祖) 때에 영의정이 되었는데, 유교와 불교의 시비를 논하다가 왕의 뜻을 거슬러서 부여에 유배되었다가 오래지 않아 소환되었다. 개성부(開城府)에 상세히 나온다.

이경여(李敬輿) 한성(漢城) 사람이다. 인조(仁祖) 때에 부여에 우거하여 원우당(遠憂堂)을 짓고, 자호를 백강(白江)이라 하였다. 당시에 이경여는 이미 귀하고 현달한 신분이었는데도 빈한한 선비처럼 검약하게 지냈다. 뒤에 조정에 들어가 좌의정이 되었다.

인물人物

백제

성충(成忠) 의자왕(義慈王) 때 좌평(佐平)이 되었다. 왕이 궁녀들과 더불어 음란하게 연락(宴樂)에 빠져 지내기를 그치지 않으므로 성충이 극력 간하였더니, 왕이 노하여 옥(獄)에 가두었다. 성충이 병이 들어 죽을 지경이 되자 글을 올려 간하기를 "충신은 죽어도 임금을 잊지 않는 법이니, 한 말씀

올리고 죽고자 합니다. 신이 시변(時變)을 관찰해 보니 반드시 병란이 있을 것입니다. 무릇 용병(用兵)은 그 지리(地利)를 살펴 선택해야 하니, 상류에 진을 치고 적군을 맞아 싸워야만 보전할 수 있을 것입니다. 만약 적국의 군대가 쳐들어오면 육로로는 탄현(炭峴)을 넘지 못하게 하며 수군(水軍)은 백강(白江)에 들어오지 못하게 하여 그 요해처를 점거하고 막아야만 방어할 수 있을 것입니다." 하였으나, 왕이 깨닫지 못하였다. 당나라와 신라의 군사가 탄현과 백강을 넘어서 승세(勝勢)를 타고 성 가까이까지 쳐들어오자 왕은 패배를 면하지 못할 것을 알고 탄식하기를 "성충의 말을 듣지 않아 이 지경이 된 것을 후회하노라." 하였다.

계백(階伯) 계백은 백제에서 벼슬하여 달솔(達率)이 되었다. 당나라 소정방이 신라의 군사와 합세하여 침략해 오자 계백이 장군이 되어 황산(黃山)의 벌판에 이르러 삼영(三營)을 설치하였다. 신라 군사를 만나 싸우려 할 때, 군중에 맹세하여 말하기를 "옛날에 월(越)나라 구천(句踐)이 5000명 병력으로 능히 오(吳)나라의 70만 대군을 격파한 바 있다. 오늘 마땅히 각기 분발하여 기필코 승리하여 국은(國恩)에 보답해야 한다." 하였다. 드디어 격전이 벌어지자 군사 1명이 모두 적군 1000명을 당해 내니, 신라의 군사가 마침내 퇴각하였다. 이와 같이 진퇴를 거듭하여 네 번까지 교전하였는데, 힘이 다하여 죽었다.

흥수(興首) 의자왕 때에 좌평이 되었다. 죄를 받아 고마미지현(古馬彌知縣)에 유배되었다. 당나라 군사가 덕물도(德物島)에 다다르자 왕이 사람을 보내 마땅한 전수(戰守) 계책을 물어보니, 흥수가 말하기를 "백강과 탄현은 병사 하나가 창 한 자루로 싸우더라도 1만 명의 군사가 대적하지 못합니다. 용감한 병사를 선발하여 그곳에 가서 지키게 하여, 당나라 병사들을 백강으로 들어올 수 없게 하고 신라 병사들이 탄현을 넘어오지 못하게 해야 합니다. 그리고 대왕께서는 관문을 엄중히 닫고 견고하게 지키면서 저들의 군량이 떨어지고 병졸이 지치기를 기다렸다가 떨쳐 일어나 그들을 공격하면 틀림없이 격파할 수 있을 것입니다." 하였다. 이에 대신(大臣)들이 말하기를 "흥수는 오래도록 유배된 처지라 임금을 원망하고 있을 것이니, 그의 말을 써서는 안 됩니다." 하자, 왕이 그렇다고 여겨 따르니 마침내 멸망당하였다.

복신(福信) 무왕(武王)의 조카이다. 의자왕이 항복하자, 복신이 승려 도침(道琛)과 더불어 주류성(周留城)에 웅거하고 왕자 부여풍(扶餘豐)을 맞이하여 왕으로 세웠다. 군사가 매우 성대해지자 군사를 이끌고 당나라 장수 유인원(劉仁願)이 있는 도성을 포위하였다. 유인궤(劉仁軌)가 신라와 합공하여 그 포위를 풀자 복신이 임존성(任存城)으로 물러가 지키면서 자칭 상잠장군(霜岑將軍)이라 하였다. 뒤에 부여풍에게 살해되었다.

흑치상지(黑齒常之) 서부(西部) 사람으로, 신장이 7척이 넘었으며, 날래고 강인하며 지략이 있었다. 의자왕 때에 달솔 겸 풍달군장(達率兼風達郡將)이 되었다. 소정방이 의자왕을 잡고는 이어 군병을 풀어 노략질하게 하니, 흑치상지가 10여 명과 더불어 빠져나가서 도망한 자를 불러 모아 임존성산(任存城山)에 의거하여 자력으로 견고하게 하였다. 이에 10일이 못 되어 귀의(歸依)하는 자가 3만 명이나 되었다. 소정방이 공격하였으나 이기지 못하였다. 마침내 200여 개의 성(城)을 회복하고, 별부장(別部將) 사타상여(沙吒相如)와 더불어 복신과 호응하였는데, 용삭(龍朔) 연간[284]에 당나

284 용삭(龍朔) 연간 : 용삭은 당 고종(唐高宗)대의 연호(661~663)이다. 《동사강목》 제4상

라 고종이 사신을 보내어 항복하기를 권유하니 드디어 유인궤에게 나아가 항복하고 당나라에 들어갔다. 누차 연연도 대총관 무위대장군(燕然道大摠管武衛大將軍)이 되었고 연국공(燕國公)에 봉해졌다.

지수신(遲受信) 유인궤가 백마강(白馬江)에 이르러 부여풍을 구원하는 왜병(倭兵)과 만나 네 번 싸워서 모두 이기니, 부여풍은 몸을 빼 달아나고 왕자 부여충승(扶餘忠勝), 부여충지(扶餘忠志) 등은 왜인과 함께 모두 항복하였다. 그런데 유독 지수신만이 임존성에 웅거하였으니, 지대가 험하고 성곽이 견고한 데다 저축한 군량도 많아서 30일간의 공격에도 함락되지 않았다. 급기야 성이 함락되자 처자를 버리고 고구려로 달아났다.

〈계해년 신라 문무왕(文武王) 3년〉에는 용삭 3년(663) 11월 흑치상지가 당나라에 항복하였다고 기록되어 있다.

석성현石城縣

동쪽으로 이산현(尼山縣) 경계까지 16리이고, 남쪽으로 은진현(恩津縣) 경계까지 24리이고, 서쪽으로 임천군(林川郡) 경계까지 12리이고, 북쪽으로 부여현(扶餘縣) 경계까지 17리이다. 서울과의 거리는 392리이다.

한전旱田

수전水田

건치연혁建置沿革

본래 백제 진악산현(珍惡山縣)이다. 신라 경덕왕(景德王) 때에 석산(石山)으로 고치고 부여군(扶餘郡) 영현(領縣)으로 삼았다. 고려 초기에 석성(石城)으로 고치고, 현종(顯宗) 때에 공주(公州)에 편입시켰다. 명종(明宗) 초기에 다시 석성현(石城縣)을 설치하였다가 얼마 뒤에 도로 편입시켰다. 공민왕(恭愍王) 때에 다시 떼어 부여현에서 겸관(兼管)하게 하였다. 공양왕(恭讓王) 초기에 다시 현을 설치하였다. 본조에서 그대로 따랐다. 관장하는 면은 8개이고, 관원은 현감과 훈도이다. 각 1인이다.

군명郡名

석산(石山)

산천山川

망월산(望月山) 현 북쪽 13리에 있다.

파진산(波鎭山) 현 서쪽 4리에 있다.

불암산(佛巖山) 현 남쪽 8리에 있다. 아래로 금강(錦江)에 임하고, 위에는 옛 성이 있으니, 둘레가 1리쯤 된다.

태조봉(太祖峯) 현 북쪽 9리에 있다.

봉황암(鳳凰巖) 현 동쪽 5리에 있다.

장군동(藏軍洞) 현 북쪽 9리에 있다. 태조봉과 마주 보고 있고, 가운데에 큰 길이 나 있다. 골짝 입구가 굽고 좁아 지나는 사람이 보고 골짝이 없는 것 같다고 의심하는데, 점점 그 안에 들어가면 매우 광활하여 만여 명의 군사를 수용할 만하다. 세상에서 전하기를 "당나라 장수 소정방(蘇定方)이 백제를 정벌할 때에 이곳에 병사를 숨겨 놓았으므로 장군동이라고 이름 붙였다."라고 한다.

금강(錦江) 부여현(扶餘縣)에서 흘러 들어와 현 서쪽 10리를 거쳐 은진현(恩津縣) 경계를 지나 전라도 여산군(礪山郡) 경계로 들어간다. 그 서쪽은 바로 임천군(林川郡) 지역이다.

수탕천(水湯川) 발원지는 두 곳이니, 하나는 이산현(尼山縣) 북쪽 금굴이(金堀伊)에서 나오고, 하나는 부여현 원식동(元息洞)에서 나온다. 두 물이 현 동쪽 7리에서 합류하여 이 물이 되는데, 흘러 현 남쪽에-저포(猪浦)라 한다.- 이르러 금강에 들어간다.

삼제지(三堤池) 현 동쪽 11리에 있다. 제방은 300보이고, 둘레가 4리이다. 그 서북쪽에 또 일제지(一堤池), 이제지(二堤池) 두 못이 있으니 모두 관개(灌漑)에 유용하다.

토산土産

모시〔苧〕, 반하(半夏), 웅어〔葦魚〕, 뱅어〔白魚〕, 게〔蟹〕, 숭어〔秀魚〕, 붕어〔鯽魚〕

학교學校

향교(鄕校) 현 북쪽 1리에 있다.

궁실宮室

객관(客館)

우역郵驛

수탕원(水湯院) 현 동쪽 13리에 있다.

임강원(臨江院) 현 서쪽 12리에 있다.

관량關梁

관음교(觀音橋) 현 남문(南門) 밖에 있다.

수탕천교(水湯川橋) 현 동쪽 13리에 있다.

저포천교(猪浦川橋) 현 남쪽 5리에 있다.

고다나루〔古多渡〕 현 서쪽 12리에 있다. 일명 고성진(古城津)이라고 하니, 바로 금강의 나루이다. 길이 임천군으로 통한다.

사묘祠廟

사직단(社稷壇) 현 서쪽에 있다.

문묘(文廟) 향교에 있다.

성황사(城隍祠) 현 북쪽 7리에 있다.

여단(厲壇) 현 북쪽에 있다.

사찰寺刹

정각사(正覺寺), 도솔암(兜率菴) 모두 망월산(望月山)에 있다.

고적古蹟

연기현燕岐縣

동쪽으로 청주(淸州) 경계까지 15리, 문의현(文義縣) 경계까지 15리이고, 남쪽으로 공주(公州) 경계까지 13리이고, 서쪽으로 같은 주 경계까지 13리이고, 북쪽으로 전의현(全義縣) 경계까지 26리이다. 서울과의 거리는 287리이다.

한전旱田

수전水田

건치연혁建置沿革

본래 백제의 두잉지현(豆仍只縣)이다. 신라 경덕왕(景德王) 때에 연기(燕岐)로 고치고 연산군(燕山郡) 영현(領縣)으로 삼았다. 고려 현종(顯宗) 때에 청주(淸州)에 편입시켰으며, 명종(明宗) 때에 다시 연기현(燕岐縣)을 설치하였고, 뒤에 목주(木州)를 겸관하게 하였다. 본조 공정왕(恭定王 태종) 6년(1406)에 다시 현을 설치하고, 14년(1414)에 전의(全義)와 병합하였으며, 16년(1416)에 다시 떼어 내어 현을 설치하였다. 관장하는 면은 8개이고, 관원은 현감과 훈도이다. 각 1인이다.

군명郡名

풍속風俗

백성들이 농사일에 부지런히 힘쓴다.

고자질하는 풍습이 없다.

산천山川

성산(城山) 현 동쪽 1리에 있다. 진산(鎭山)이다.

원수산(元帥山) 현 남쪽 5리에 있다. ○ 고려 충렬왕(忠烈王) 17년(1291)에 합단(哈丹)이 침범해 왔다. 왕이 구원병을 원나라에 청하니, 세조(世祖)가 평장사(平章事) 설도간(薛闍干)으로 하여금 군사를 거느리고 가서 돕게 하였다. 충렬왕이 한희유(韓希愈), 김흔(金忻) 등을 보내 3군(軍)을 거느리고 원나라 군사와 함께 본현 북쪽 청주 경계에 위치한 정좌산(正左山) 아래에서 합단의 군사와 싸우게 하였는데, 크게 이겼다. 공주의 웅진(熊津)까지 추격하니, 땅에 깔린 시체가 30여 리에 달하였으며 참수(斬首)하거나 포로로 잡은 수는 이루 다 헤아릴 수 없었다. 세속에서 지금까지도 그 군사가 주둔하였던 곳을 원수산이라 부른다.

정좌산(正左山) 현 북쪽 15리, 청주 경계에 있다.

오봉산(五峯山) 현 북쪽 13리에 있다.

동진수(東津水) 현 동쪽 5리에 있다. 그 원류는 둘인데, 하나는 진천현(鎭川縣) 두타산(頭陁山)에서 나와 청주를 지나 작수(鵲水)가 되고, 하나는 전의현에서 나와 남쪽으로 흐른다. 이 두 물이 합쳐져서 공주의 금강(錦江)에 들어간다.

토산土産

자기(磁器), 도기(陶器), 게〔蟹〕, 누치〔訥魚〕, 쏘가리〔錦鱗魚〕

학교學校

향교(鄕校) 현 서쪽 1리에 있다.

궁실宮室

객관(客館)

향사당(鄕射堂) 객관 북쪽에 있다.

연희루(燕喜樓) 객관 동쪽에 있다. 앞에 작은 못이 있다.

우역郵驛

금사역(金沙驛) 현 남쪽 5리에 있다.

송현원(松峴院) 현 북쪽 21리에 있다.

신원(新院) 현 동쪽 14리에 있다.

동진원(東津院) 현 동쪽 5리에 있다.

사묘祠廟

사직단(社稷壇) 현 서쪽에 있다.

문묘(文廟) 향교에 있다.

성황사(城隍祠) 현 동쪽 1리에 있다.

여단(厲壇) 현 북쪽에 있다.

송재사(松齋祠) 현 북쪽 7리에 있다. 금상(今上) 조정에서 세웠다.[285]

사찰寺刹

안선사(安禪寺), 흥천사(興泉寺) 모두 오봉산(五峯山)에 있다.

고적古蹟

성산성(城山城) 돌로 쌓았고, 둘레는 2671자이다. 지금은 없어졌다.

285 금상(今上) 조정에서 세웠다 : 송재사(松齋祠)가 다른 문헌에는 기재되어 있지 않은데, 뒤에 사액될 때에 봉암서원(鳳巖書院)으로 명명한 듯하다. 《연기지(燕岐誌)》 서원조(書院條)에 "봉암서원은 효종 2년(1651)에 세웠고 현종 6년(1665)에 사액되었다. 송재 한충(韓忠)을 향사하고, 사계 김장생(金長生), 우암 송시열(宋時烈), 동춘 송준길(宋浚吉)을 배향하였다."라고 하였다. 이를 근거로 보면 여기서 금상은 효종을 지칭한다.

명환名宦

본조

허만석(許晩石) 연기 현감이 되어 정무를 부지런하고 검소하게 행하였다. 현 북쪽 15리에 큰 제방을 쌓아, 저수한 물을 천여 경(頃)의 전답에 관개(灌漑)하였는데, 허만석이 직접 그 역사를 감독하였다. 제방은 청주(淸州) 경계에 있어서 청주 사람들이 무리 지어 와서 불손한 말을 해 대며 허만석이 기대고 있는 호상(胡床)을 부러뜨렸는데, 허만석은 꿈쩍도 하지 않았다. 제방이 완성되자 백성들이 그 이익을 얻었고, 지금까지도 칭송되고 있다.

인물人物

본조

김준손(金俊孫) 문과에 합격하여 공희왕조(恭僖王朝 중종)에 정국 공신(靖國功臣)에 참여하고 연성군(燕城君)에 봉해졌다. 관직이 지중추부사에 이르렀다.

홍주목洪州牧

동쪽으로 대흥현(大興縣) 경계까지 25리, 청양현(靑陽縣) 경계까지 50리이고, 남쪽으로 홍산현(鴻山縣) 경계까지 52리, 보령현(保寧縣) 경계까지 29리이고, 서쪽으로 결성현(結城縣) 경계까지 9리, 해안(海岸)까지 30리이고, 북쪽으로 덕산현(德山縣) 경계까지 16리, 임내(任內)인 신평현(新平縣) 대진(大津)까지 100리이다. 서울과의 거리는 345리이다.

한전旱田

수전水田

건치연혁建置沿革

본래 백제 땅이다. 고려 초에 운주(運州)가 되었다. 고려의 《태조실록(太祖實錄)》 10년(927) 기사에 "왕이 운주에 입성하였다." 하고, 그 주(註)에 "곧 지금의 홍주이다."라고 하였다.[286] ○ 살펴보건대 지금의 홍주는 백제와 신라

286 태조실록……하였다 : 《고려사》 권56 〈지리지 1 양광도 홍주〉에 실려 있다. 《고려사》

의 지지(地志)에 모두 보이지 않는데, 이곳 사방의 여러 소현(小縣)은 모두 기록에 실려 있으니, 이 주만 유독 누락될 리가 없다. 이 주 동쪽으로 대흥현 경계에 옛 임존성(任存城)이 있는데, 주치(州治)와 거리가 겨우 10여 리이다. 임존성은 백제 때에 이름 있는 성이었고 신라 때에도 그대로 임성군(任城郡)이 되었으니, 모두 작은 속현에 비할 바가 아니다. 필시 지금의 주치가 백제 때의 임존성 지역이고 신라 때의 임성군 지역일 텐데, 신라 말 혹은 고려 초에 처음 이곳에 운주를 설치하니, 동사(東史)에서는 일반 군현에 별도로 설치한 새 읍들에 대해서 단지 아무 때에 모읍(某邑)이 되었다고만 하고 그 전에는 모읍 지역이었는지 기록할 줄을 몰랐으므로 이와 같은 일이 많이 있게 된 것이다. 현종(顯宗) 때 홍주(洪州)로 고치고, 공민왕(恭愍王) 때 목(牧)으로 승격하였다. 본조에서 그대로 따르다가 세조(世祖) 때 진(鎭)을 설치하였다. 금상(今上) 때 홍양현(洪陽縣)으로 강등하였고 얼마 뒤에 다시 홍주로 삼았다.[287] 관장하는 면은 27개이고, 진관(鎭管)은 군(郡) 5개, 서천(舒川), 서산(瑞山), 태안(泰安), 면천(沔川), 온양(溫陽) 현(縣) 14개이다. 평택(平澤), 홍산(鴻山), 덕산(德山), 청양(靑陽), 대흥(大興), 비인(庇仁), 남포(藍浦), 결성(結城), 보령(保寧), 아산(牙山), 신창(新昌), 예산(禮山), 해미(海美), 당진(唐津) 관원은 목사, 판관, 교수이다. 각 1인이다.

권1 〈태조세가〉 10년 3월 기사에는 "신유일에 왕이 운주로 쳐들어가 성주 긍준을 성 밑에서 격파하였다.〔辛酉, 王入運州, 敗其城主兢俊於城下.〕"라고 되어 있다.

287 금상(今上)……삼았다 : 금상은 현종을 말한다. 《현종실록》 2년 윤7월 10일 기사에 "홍주목(洪州牧)을 강등하여 홍양현(洪陽縣)으로 삼았는데, 이는 전패(殿牌)에 변고가 있었기 때문이다." 하였고, 《대동지지(大東地志)》 권5 〈충청도 홍주〉 연혁조(沿革條)에 "현종조에 홍양현으로 강등하였다가 이윽고 다시 승격하였다.〔顯宗朝, 降洪陽縣, 尋復陞.〕"라고 하였다. 이후 홍주로 승격한 시기는 불분명하다.

군명郡名

운주(運州), 홍양(洪陽) 별호는 안평(安平)이다.

형승形勝

남쪽은 오악(烏嶽)[288]을 진산(鎭山)으로 삼고 북쪽은 대진(大津)과 닿아 있고 동쪽은 여러 산에 막혀 있고 서쪽은 큰 바다에 연결되어 있다.

호서의 큰 고을이다. 본조 조위(曺偉)의 〈홍양관기(洪陽館記)〉[289]에 "홍주는 호서의 큰 고을로서 땅이 비옥하면서 넓고, 백성들이 번성하여 많다."라고 하였다.

오산(烏山)이 앞에서 우뚝하고 발해(渤海)가 오른쪽으로 두르고 있다.

산을 안고 들을 지고 있어 지역이 한 방면을 총괄한다.

○ 이상은 모두 주지(州志)에 실려 있다.

풍속風俗

농사짓는 일에 힘쓰고 저축하기를 좋아한다. 주지

288 오악(烏嶽) : 오서산(烏棲山)을 말한다. 《대동여지도(大東輿地圖)》에는 '오사산(烏史山)'으로 되어 있다.

289 조위(曺偉)의 홍양관기(洪陽館記) : 〈홍주 객관기(洪州客館記)〉이다. 《梅溪集 卷4》

산천山川

월산(月山) 주 서쪽 3리에 있다. 진산(鎭山)이다.

오서산(烏棲山) 오성산(五聖山)이라고도 한다. 주 남쪽 18리에 있다. 여러 산 가운데 가장 우뚝하고, 그 위는 높고 평평하여 병풍을 편 듯하다. 보령현(保寧縣)과 결성현(結城縣)에도 보인다.

삼존산(三尊山) 주 서쪽 10리에 있다.

팔봉산(八峯山) 주 북쪽 8리에 있다. 일명 용봉산(龍鳳山)이라고 한다. 산 위로 석봉(石峯)이 마치 톱니처럼 나란히 솟아 있으니, 세상 사람들이 소금강(小金剛)이라고 일컫는다. 또 장군석(將軍石)이 있는데, 고려 최영(崔瑩)이 일찍이 노닐고 쉬던 곳이므로 그렇게 이름이 붙여졌다. ○ 본조 이수광(李睟光)의 시[290]에,

여덟 개 산봉우리 기세가 하늘 찌르니	八箇峯巒勢揷天
과아[291]가 하나하나 공들여 다듬었겠지	夸娥一一費雕鐫
기이한 경관 굳이 많을 것 뭐 있나	奇觀不必多爲勝
금강산 일만 이천 봉 말하지 말게나	休道金剛萬二千

하였다.

파성산(巴城山) 주 동쪽 4리에 있다. 작은 산이다.

대흥산(大興山) 일명 봉수산(鳳首山)이라고 한다. 주 동쪽 20리, 대흥현(大興縣) 경계에 있다. 그 남쪽 언덕에 옛 임존성(任存城)이 있다.

290 이수광(李睟光)의 시 : 〈팔봉산(八峯山)〉이다.《芝峯集 卷13 洪陽錄》

291 과아(夸娥) : 중국 고대 신화에 나오는 괴력을 지닌 신인(神人)이다. 옛날에 우공(愚公)이 집 앞을 가로막고 있는 산을 옮길 때 하늘의 상제가 우공의 정성에 감동하여 과아를 내려보내 산을 옮기게 하였다고 한다.《文選 張衡 西京賦》《列子 湯問》

삼봉산(三峯山) 주 동북쪽 23리에 있다. 가운데 봉우리에 최영 사당이 있다.

오리현(吾里峴) 주 남쪽 47리, 청양현(靑陽縣) 경계에 있다.

바다〔海〕 신평(新平), 고구(高丘), 홍양(興陽)이 모두 바닷가에 있다.

삽천(霅川) 세속에서 금마천(金馬川)이라고 부른다. 주 동남쪽 20리에서 나와 주 동쪽 5리를 거쳐 북쪽으로 흘러 덕산현(德山縣) 경계에 들어간다.

내천(滦川) 세속에서 여양천(驪陽川)이라고 부른다. 오서산 동쪽에서 발원하여 여양폐현(驪陽廢縣) 남쪽에서부터 북쪽으로 흘러 대흥현 경계에 들어간다.

대진포(大津浦) 신평폐현(新平廢縣) 북쪽에 있으니, 주와의 거리는 북쪽으로 112리이다. 수원(水原), 아산(牙山), 신창(新昌), 면천(沔川)의 모든 물이 모이는 곳으로, 서쪽으로 큰 바다에 이어진다. 바위가 중류(中流)에 서 있는데, 높이가 50여 장(丈) 되고 가파른 바위가 우뚝 솟아 있다. 세속에서 재신영공암(宰臣令公巖)이라고 부른다.

합덕지(合德池) 합덕폐현(合德廢縣) 동쪽에 있다. 제방의 길이는 300보이고, 둘레가 20리 정도 된다. 관개(灌漑)하는 지역이 매우 넓어서 백성들이 그 혜택을 입는다.

홍양곶(興陽串) 바로 옛 홍양현(興陽縣)이다. 둘레가 49리이고, 목장(牧場)이 있다.

대산곶(大山串) 대산부곡(大山部曲)에 있다. 서산군(瑞山郡) 경계에 이어져 있고, 둘레가 90리이다. 목장이 있다.

원산도(元山島) 주 남쪽 바다에 있다. 해안과의 거리는 □□리이고, 둘레가 47리이다. 남북으로 다니는 배가 경유하는 지역이다. 목장이 있다.

석비도(石非島) 세속에서 돌비도(乭乙非島)라고 한다. 원산도 옆에 있다.

둘레가 113리이다.

삽시도(鍤是島) 세속에서 삽시도(沙邑時島)라고 한다. 둘레가 59리이다.

유도(流島) 세속에서 흐름도(興兒音島)라고 한다. 둘레가 73리이다.

고태도(古台島) 둘레가 29리이다.

장고도(長鼓島) 고태도와 마주 보고 있다. 둘레가 10리이다.

인도(人島) 세속에서 사람도(沙兒音島)라고 한다. 둘레가 25리이다.

횡건도(橫巾島) 둘레가 13리이다.

오호도(嗚呼島) 세속에서 잉분도(芿盆島)라고 한다. 물길로 200여 리 떨어져 있으며, 둘레가 95리이다. 토지가 매우 비옥하며 닥나무와 죽전(竹箭)이 생산된다. 옛 성궐의 유지(遺址)가 있어 돌계단이 완연한데, 지금은 거주자가 없다. 세상에서 이곳을 전횡(田橫)[292]이 들어온 곳이라고 한다. 그러나 《대명일통지(大明一統志)》에 "내주(萊州)는 바로 묵현(墨縣)이고, 동북쪽 100리 되는 곳에 전횡도(田橫島)가 있으니, 해안에서 25리 떨어져 있다. 전횡의 무리 500인이 이곳에서 죽었다."라고 하였다. 그렇다면 이곳을 전횡이 들어온 곳으로 여기는 것은 맞지 않다.

외안도(外安島) 일명 외안대도(外安代島)라고 한다. 오호도 동쪽에 있으며, 둘레가 30리이다. 죽전이 생산된다.

○ 이상의 섬은 모두 주 남쪽 바다에 있다.

292 전횡(田橫) : 진(秦)나라 말기의 제왕(齊王)으로, 한 고조(漢高祖)에 반기를 들고 500여 명과 함께 해도(海島)로 도피했다가 자결하였다. 《史記 田儋列傳》

토산土産

철(鐵), 천생포(天生浦)에서 난다. **이석**(膩石), 상전소(上田所)에서 난다. 돌의 결이 가늘고 매끄러워 돌솥과 도서(圖書)를 만들기에 적합하다. **석회**(石灰), **완석**(莞席 왕골자리), **죽전**(竹箭), **감**〔柹〕, **석창포**(石菖蒲), **천문동**(天門冬), **맥문동**(麥門冬), **숭어**〔秀魚〕, **조기**〔石首魚〕, **청어**(靑魚), **광어**(廣魚), **준치**〔眞魚〕, **상어**〔鯊魚〕, **뱅어**〔白魚〕, **밴댕이**〔蘇魚〕, **홍어**(洪魚), **농어**〔鱸魚〕, **오징어**〔烏賊魚〕, **황소어**(黃小魚), **전어**(錢魚), **삼치**〔麻魚〕, **전복**〔鰒〕, **낙지**〔絡締〕, **게**〔蟹〕, **조개**〔蛤〕, **굴**〔石花〕, **토화**(土花 미네굴), **대하**(大蝦), **자하**(紫蝦), **꼬막**〔江瑤柱〕, **김**〔海衣〕, **황각**(黃角), **청각**(靑角)

성곽城郭

주성(州城) 돌로 쌓았고, 둘레가 4915자이다. 문 4개를 세웠으니, 동문은 □□, 남문은 □□, 서문은 □□, 북문은 □□이라고 하였다. 성안에 샘이 3개 있다.

학교學校

향교(鄕校) 주 북쪽 3리에 있다.

궁실宮室

홍양관(洪陽館) 바로 객관(客館)이다.

향사당(鄕射堂) 객관 서남쪽에 있다.

연무당(鍊武堂) 성 북문 밖에 있다.

계풍루(繫風樓) 객관 동쪽에 있다. 관찰사 조위(曺偉)가 영훈(迎薰)으로 이름을 고쳤다. ○ 본조 이승소(李承召)의 시[293]에,

구름 높고 바람 급해 가을철 다가오는데	雲輕風緊近秋天
원객 누정에 올라 보니 마음 갑절 어둡구나	遠客登臨倍黯然
물가 고장에선 한창 농어회 맛날 때이거니	澤國正逢鱸膾美
고향에선 멀리 소식 전해 오길 생각하리	故鄕遙憶雁書傳
천 겹 푸른 숲은 높고 낮게 나뉘었고	千重碧樹分高下
한 가닥 푸른 산은 앞과 뒤를 싸안았네	一抹靑山擁後前
수레 몰아 가려 해도 돌아갈 수 없거니와	命駕欲歸歸未得
맘은 짐짓 현명했던 계응[294]에게 부끄럽네	故應慚愧季鷹賢

하였다. ○ 이성중(李誠中)의 시[295]에,

남쪽 고을 새 관부 풍요한 홍주라 말하니	南州新府說饒洪
이득은 모두 어염에서 얻어 부세가 상중이다	利盡魚鹽賦上中

293 이승소(李承召)의 시 : 〈홍주의 계풍루(洪州繫風樓)〉이다. 《三灘集 卷4》

294 계응(季膺) : 진(晉)나라 사람 장한(張翰)의 자(字)이다. 맑은 지조로 이름 높았던 장한이 고향을 떠나 낙양(洛陽)에서 벼슬살이를 하던 중 가을바람이 부는 것을 보자 오중(吳中)의 순챗국과 농어회가 생각나서 말하기를 "인생살이는 뜻에 맞게 사는 것이 귀한 법인데, 어찌 벼슬에 얽매여서 수천 리 밖을 떠돌면서 명예와 관작을 노리겠는가." 하고는 드디어 수레를 타고 고향으로 돌아간 고사가 있다. 《晉書 張翰列傳》

295 이성중(李誠中)의 시 : 〈계풍루(繫風樓)〉이다. 《坡谷遺稿》 이성중은 1591년(선조24) 충청도 관찰사로 부임하였는데, 이때 지은 시로 보인다.

천연으로 이루어진 누대에 옥절 머물러 두고[296] 天作樓臺淹玉節
땅이 뿜는 나쁜 기운 멀리 훌훌 털어 버리네 地蒸氛祲射瑤空
복사꽃 심으니 마을 조용하여 사람들 일이 없고[297] 桃花村靜人無事
흰 꿩 올리니 파도 잠잠하여 바다에 바람 없어서지[298] 白雉波恬海不風
도독은 평소 명망 못 받음 스스로 아는 터고 都督自知非雅望
이 좋은 자리가 외려 모든 이 중에 영웅이로다 勝筵猶是百夫雄

하였다.

사달정(四達亭) 목사 아문 북쪽에 있다. 못을 파서 연(蓮)을 심었는데, 정자가 못 안에 있다. ○ 본조 이수광(李睟光)의 시[299]에,

한낮 되니 겹주렴에 비단 물결 일렁이고 重簾日午展緗波
짙은 버들 그림자에 물굽이 그늘 드리우네 曲渚陰陰柳影多
정자 안의 기막힌 절경 알고 싶다면 欲識亭中奇絶處
모름지기 비 오는 날 갓 핀 연 보아야지 也須乘雨看新荷

하였다.

296 옥절(玉節) 머물러 두고 : 이성중이 관찰사로 부임해 온 것을 말한다.
297 복사꽃……없고 : 아름다운 고을을 지칭하거나 혹은 복사꽃처럼 아름답게 잘 다스려지는 고을을 비유하는 말이다. 진(晉)나라 때 문인(文人) 반악(潘岳)이 일찍이 하양 영(河陽令)으로 있을 적에 복사꽃, 오얏꽃 나무를 온 고을에 두루 심었으므로, 당시 사람들이 "하양 온 고을이 꽃이다.〔河陽一縣花〕"라고 했던 고사가 있다.《白氏六帖 卷21》
298 흰……없어서지 : 지금 세상이 성군(聖君)이 덕정(德政)을 펴고 있는 태평성대라는 말이다. 주 성왕(周成王) 때에 주공(周公)이 섭정하여 천하가 태평해지자, 월상씨(越裳氏)가 와서 주공에게 '흰 꿩〔白雉〕'을 바치며 "우리나라 노인들이 말하기를 '하늘에 풍우가 거세지 않고 바다에 해일이 일지 않은 지 지금 3년이 되었다. 아마도 중국에 성인이 계신 듯한데, 어찌하여 가서 조회하지 않는가.〔天之不迅風疾雨也, 海不波溢也, 三年於玆矣. 意者中國殆有聖人, 盍往朝之?〕'라고 하기에 조공을 바치러 왔다."라고 하였다.《韓詩外傳 卷5》
299 이수광(李睟光)의 시 : 〈사달정에서 보이는 그대로 읊다〔四達亭卽事〕〉이다.《芝峯集 卷13》

남관(南館) 객관 서남쪽에 있다. 일명 망일헌(望日軒)이라고 한다.

봉수烽燧

홍양곶 봉수(興陽串烽燧) 동쪽으로 보령현(保寧縣) 조침산(助侵山)에 응하고, 북쪽으로 결성현(結城縣) 고산(高山)에 응한다.

고구성산 봉수(高丘城山烽燧) 남쪽으로 결성현 고산에 응하고, 서쪽으로 서산군(瑞山郡) 도비산(都飛山)에 응한다.

우역郵驛

세천역(世川驛) 주 동쪽 3리에 있다. ○ 지금은 옮겨 주 남쪽 15리에 있다.

용곡역(龍谷驛) 주 남쪽 45리에 있다.

여양원(驪陽院) 여양현에 있다.

인후원(仁厚院) 주 동쪽 23리에 있다.

홍천원(弘天院) 주 북쪽 11리에 있다.

관량關梁

서천교(西川橋) 성의 서문(西門) 밖에 있다.

대진나루〔大津渡〕 신평현(新平縣) 북쪽 대진포(大津浦)에 있다. 나루 너비는 20리이다. 그 북쪽은 바로 경기 수원부(水原府) 경계이다. 바람 불 때는 파도가 매우 험하게 친다.

사묘祠廟

사직단(社稷壇) 주 서쪽에 있다.

문묘(文廟) 향교에 있다.

성황사(城隍祠) 월산(月山)에 있다.

여단(厲壇) 주 북쪽에 있다.

최영(崔瑩) 사당 삼봉산(三峯山) 위에 있다. 고을 백성들이 말하기를 "최영은 죽은 뒤에 사람의 화복(禍福)을 잘 다스리므로 모든 기도할 자들이 줄지어 모여든다."라고 한다. ○ 이수광(李睟光)의 시[300]에,

최 장군님은 진정한 장사이시니	崔將軍眞壯士
하늘이 우리나라 위해 이 땅에 보내셨지	天爲吾東生我地
손에 한 자루 검 들고 군흉을 섬멸하시고	手提一劍血群兇
좌로 홍건족 우로 왜적 물리치셨네	左馘紅巾右黑齒
압록강에 출정한 군대 돌릴 길 없었으니	旄旗鴨綠無回路
동시에서 참형될 때[301] 눈에 분노 가득하였지	東市衣冠眼猶怒
영혼이 적동에 돌아와 향사를 마련해 놓으니	魂歸赤洞鄕祠開
맹렬한 기운 생전처럼 고향의 곡식 드셨네	猛氣如存食故土
사후에는 되레 사람의 화복을 좌우하시어	死後還能禍福人

300 이수광(李睟光)의 시 : 〈최 장군 사당〔崔將軍祠〕〉이다.《芝峯集 卷13》

301 동시(東市)에서 참형될 때 : 최영의 죽음을 한 경제(漢景帝) 때의 강직한 신하인 조조(鼂錯)에 비유한 말이다. 조조가 제후의 세력을 약화시키고 천자의 권위를 강화시켜 사직(社稷)을 편안케 하고자 법령(法令) 30장(章)을 개정했다가 제후들의 반발과 간신배의 참소로 조복(朝服)을 입은 채 동시에서 처형된 고사가 있다.《史記 鼂錯列傳》 동시는 중국의 장안(長安) 동쪽 시가지로 여기에서 사형을 집행하곤 하였는데, 뒤에 형장의 뜻으로 쓰였다.

지금까지 분주히 홍양 백성들 분주하게 하셨네 至今奔走洪陽民
홍양의 백성들 장군을 제사하노니 洪陽之民祀將軍
금지며 취독[302]이며 천세토록 받들리라 金支翠纛千千春
강림하여 흠향하시라 타고를 치고 迎神盻蠁伐鼉鼓
빚은 술 구운 고기에 무무를 벌이는데 釀酒炮牲野巫舞
숲속 바람 불어와 지전[303] 재 흩뜨리고 林風吹散紙錢灰
대낮에도 왕왕 신령스러운 비 내렸지 白日往往神靈雨
단청은 벗겨 나가 대낮에도 귀신 소리 들리고 丹靑剝落鬼晝嘯
철갑 옷 다 삭아 이끼 꽃 선명하네[304] 鐵衣蝕盡苔花曉
한때의 공적이 만년토록 원한이 되었으니 一時之功萬世冤
송악산은 창창하고 월산은 쇠락한 것을 松嶽蒼蒼月山老

하였다.

능묘陵墓

성승(成勝) 묘 주 동쪽 20여 리, 인후원(仁厚院) 옆에 있다. ○ 지금 살펴보건대 경기 금천현(衿川縣) 노량(露梁)에 성씨(成氏) 부자의 묘가 있다. 그

302 금지(金支)며 취독(翠纛) : 금지는 한(漢)나라 때 궁중 악대(樂隊)의 화려함을 더하기 위한 유소(流蘇)와 우보(羽葆)의 자루를 황금으로 꾸민 것이다. 취독은 취기(翠旗)라고도 하는데 비취색의 꿩 꽁지 장식을 한 큰 깃대를 말한다. 모두 가무(歌舞)를 벌이는 상황을 형용한다.
303 지전(紙錢) : 종이를 돈 모양으로 만든 것을 말하는데, 풍속에 죽은 이를 제사할 때에 이것을 불태워 귀신의 노자로 삼기도 하고 혹은 공중에 흩거나 묘지에 걸어 놓기도 한다고 한다.
304 단청(丹靑)은……선명하네 : 세월이 오래 지나면서 후인들의 관심과 정성도 없어져서 사당이 허물어진 것을 형용한 것이다.

런데 전해 오는 말이 이와 같으니, 알 수 없다.

사찰寺刹

용봉사(龍鳳寺) 팔봉산(八峯山)에 있다. 산의 형세가 서로 끌어안고 있는 모양인데, 절은 산 중턱에 자리 잡고 있다. ○ 본조 이서(李舒)의 시에,

삼면에 기이한 봉우리가 절을 둘러싸고	三面奇峯繞梵宮
천 길 험한 절벽은 구름 속에 들어갔네	千尋峭壁入雲空
앞산은 툭 트이어 외론 마을 저 멀리에 있고	前山開豁孤村逈
가파른 비탈에 빙빙 돌아 길 하나 나 있네	絶磴縈迴一徑通
권상이 일찍이 노닐고 흔적을 남겼으니	權相曾遊遺舊跡
공무 보다가 어디에서 고상한 풍도 꿈꾸셨나	行公何處想高風
자리에 불어오는 솔바람 소리 청량하니	坐來松吹淸人耳
세상의 근심들 마음속에 근접 못 하네	世慮不干方寸中

하였다. ○ 이수광(李睟光)의 시[305]에,

지극히 맑고 아름다운 뜰이 자궁[306]과 가깝고	淸切珠庭近紫宮
여덟 봉우리 묶은 듯이 빼곡히 허공에 서 있네	八峯如束倚層空
처음엔 골짝에 절집 없으리라 여겼는데	初疑洞裏無僧住
수풀 속에 난 길 보고 문득 기뻐지누나	却喜林間有路通
용은 밤에 울어서 두 시내에 비 내려 주고	龍送夜吟雙澗雨

305 이수광(李睟光)의 시 : 〈용봉사 현판 시에 차운하다(次龍鳳寺板上韻)〉이다. 《芝峯集 卷13》

306 자궁(紫宮) : 천제의 궁궐을 말한다. 자미궁(紫微宮) 또는 자미원(紫薇垣)이라고도 한다.

학은 만 그루 솔바람에 가을 꿈 놀라 깨네　　鶴驚秋夢萬松風
산령은 남아 있는 게 적다고 분명 의심하리라　　山靈定怪分留少
노을 안개 거두어 소매 속에 가득 담아 왔으니　　收拾煙霞滿袖中

하였다.

청송사(青松寺), **영봉사**(靈鳳寺) 모두 팔봉산(八峯山)에 있다.

삼존사(三尊寺) 삼존산에 있다.

청광사(青光寺) 주 남쪽 15리, 청광산에 있다.

법화사(法華寺), **서방암**(西方菴) 모두 월산(月山)에 있다.

고적古蹟

신평폐현(新平廢縣) 주 북쪽 90리에 있다. 주 경계를 넘어 면천군(沔川郡) 북쪽 마을로 들어간다. 본래 백제의 사평현(沙平縣)이다. 신라 경덕왕(景德王) 때에 신평(新平)으로 고치고, 혜성군(槥城郡) 영현(領縣)으로 삼았다. 고려 현종 때에 편입시켰다. 본조에서 그대로 따랐다.

여양폐현(驪陽廢縣) 주 남쪽 37리에 있다. '여(驪)' 자는 '여(黎)' 자로도 쓴다. 본래 백제의 사시량현(沙尸良縣)으로, 일명 사라(沙羅)라고 한다. 신라 때 신량(新良)으로 고치고 결성군(潔城郡) 영현으로 삼았다. 고려 초기에 고쳐서 여양현(驪陽縣)을 설치하였고, 현종 때에 본주에 편입시켰다. 본조에서 그대로 따랐다. 산성이 있으니, 돌로 쌓았고, 둘레가 6040자이다. 안에 우물이 하나 있었다. 지금은 허물어지고 없어졌다.

고구폐현(高丘廢縣) 주 서쪽 30리에 있다. 본래 백제의 우견현(牛見縣)이다. 신라 때에 목우(目牛)로 고치고 이산군(伊山郡) 영현으로 삼았다. 고려 초기에 고구(高丘)로 고치고, 현종 때 본주에 편입시켰다. 본조에서 그대로 따랐다.

흥양폐현(興陽廢縣) 주 남쪽 50리에 있다. 옛 이름은 원군(遠軍)이다. 고려 현종 때에 흥양(興陽)으로 고치고 그대로 본주에 편입시켰다.

합덕폐현(合德廢縣) 주 북쪽 40리에 있다. 본래 덕풍현(德豐縣) 합덕부곡(合德部曲)이다. 고려 충렬왕(忠烈王) 때에 고을 사람인 환자(宦者) 황석량(黃石良)이 원나라 조정에 들어가 총애를 받았으므로 승격하여 현으로 삼았다. 뒤에 본주에 편입시켰다. 본조에서 그대로 따랐다.

대산부곡(大山部曲) 주 서쪽 90리에 있다. 주 경계를 넘어 서산군(瑞山郡) 동북쪽 마을로 들어간다. 목장이 있다.

화성부곡(化城部曲) 주 남쪽 50리에 있다.

운천향(雲川鄕) 주 서쪽 40리에 있다. 주 경계를 넘어 해미현(海美縣) 북쪽 마을과 서산군 동북쪽 마을로 들어간다.

옥사금소(玉賜金所) 주 남쪽 27리에 있다. 그 동쪽에 우물이 있는데, 옥사정(玉賜井)이라고 부른다.

상전소(上田所) 주 남쪽 74리에 있다. 주 경계를 넘어 청양현(青陽縣) 남쪽 마을로 들어간다.

명해소(明海所) 신평현(新平縣) 북쪽 104리에 있다.

미륵사(彌勒寺) 옛터가 주 동쪽 1리에 있다. 석장(石檣 돌 돛대)이 있다.

월산성(月山城) 돌로 쌓았고, 둘레가 9700자이다. 안에 우물이 하나 있었다. 지금은 없어졌다.

최영(崔瑩) 댁 주 동쪽 23리, 삼봉산(三峯山) 아래 적동리(赤洞里)에 있다. 뒤에 성삼문(成三問)의 거처가 되었다.

명환名宦

본조

안등(安騰)[307]

신유정(辛有定) 태종조(太宗朝)에 홍주 목사가 되었다. 청렴하고 간소하게 정사를 행하였고, 폐단을 제거하고 이로움을 흥기시키는 데에 힘써서 백성들이 그 은혜를 잊지 못하였다.

유사눌(柳思訥) 홍주 목사가 되었는데, 정사를 행함에 청렴하고 공평함을 우선하였다.

전흥(田興), 김예몽(金禮蒙), 정자제(鄭自濟) 모두 홍주 목사가 되었다.

김구(金鉤) 세종조(世宗朝)에 홍주 판관이 되었는데, 선정(善政)이 많았다.

이명신(李明晨) 홍주 목사가 되었는데, 청렴하고 간소하게 소신을 지켜 행하여, 이르는 곳마다 치적(治積)이 있었다.

이의무(李宜茂) 연산군(燕山君) 때에 외직으로 나가 홍주 목사가 되었는데, 은혜로운 정사가 있었다. 관아에서 죽으니, 백성들이 추모하였다.

소세양(蘇世讓) 중종조(中宗朝)에 정사룡(鄭士龍)의 뒤를 이어 목사가 되었다. 정사룡은 오로지 시 읊고 연회를 열어 즐기는 것만 일삼았는데, 소세양이 부임해서는 선정을 행하여 고을을 잘 다스렸다. 오래지 않아 본도 관찰사가 되자 아전과 백성들이 모두 "우리 공께서 오셨다." 하였다.[308]

307 안등(安騰) : 태종조에 홍주 목사가 되었다.《국역 태종실록 6년 7월 25일》

308 오래지……하였다 : 소세양은 1532년(중종27) 봄 홍주 목사에 제수되었고 1533년 3월 청홍도 관찰사(淸洪道觀察使)에 제수되었다.《양곡집(陽谷集)》〈양곡 선생 신도비명(陽谷先生神道碑銘)〉에 "관찰사가 되어 순행하던 중 홍주에 이르자 백성들이 모두 손을 이마에 대고

홍가신(洪可臣) 선조조(宣祖朝)에 홍주 목사가 되었다. 당시 왜란(倭亂)을 당하여 부지런히 위무하고 구휼하였다. 홍산(鴻山)의 반적(叛賊) 이몽학(李夢鶴)이 홍산 등 6개 군(郡)을 공격하여 함락하고 홍주를 포위하였다. 이때 홍가신이 성을 막고 적을 토벌하여 난을 평정하였으니, 이 일로 청난공신(淸難功臣)에 책훈되었다.

정엽(鄭曄) 선조조에 홍주 목사가 되었는데, 청렴하고 침착하게 은혜로운 정사를 행하였다. 뒤에 또 본도 관찰사가 되었다.

이수광(李睟光) 선조 말기에 이안눌(李安訥)의 뒤를 이어 홍주 목사가 되었다. 문인(文人)으로서 수령이 된 자로는 당시 일컫기를, 앞에는 정사룡(鄭士龍)과 소세양이 있고, 뒤에는 이안눌과 이수광이 있다고 하였다. 이수광은 관직 생활을 편안하고 조용히 보내고 백성들과 함께 휴식하였으며, 《홍양지(洪陽志)》를 저술하였다. 4년간 재임하고 조정에 들어가 예조 참판이 되었다.

유우流寓

성승(成勝) 그 선조는 창녕(昌寧) 사람으로, 본주 적동리(赤洞里)에 사는 박첨(朴瞻)의 사위가 되어 그대로 본주에 살았다. 아들 성삼문(成三問)이 이곳에서 태어나 자랐다. 성승은 무과(武科)로 벼슬길에 나아갔는데, 청직(淸直)하고 강개하였다. 세종과 문종(文宗) 두 왕조를 섬겨 도총관이 되었다.

서 '우리 공께서 오셨다' 하였다."라고 하였다.

세조(世祖) 초에 성삼문과 함께 충절을 지키다 죽었다.[309]

인물人物

고려

홍규(洪規) 태조(太祖)를 섬겨 관직이 삼중대광(三重大匡)에 이르렀다. 딸이 태조의 후비인 흥복원부인(興福院夫人)이 되었다.

진준(陳俊) 여양(驪陽) 사람이다. 용력이 있어 군졸의 대열에서 발탁되어 공로를 쌓아서 위장군(衛將軍)이 되었다. 명종(明宗) 때에 누차 관직을 옮겨 지추밀원사(知樞密院事)에 이르고 참지정사(參知政事)에 올랐다. 경계(庚癸)의 화란[310] 때에 문신(文臣)들의 집안이 진준에게 힘입어 온전히 살아난 자가 많아서 당시 사람들이 말하기를 "음덕이 있으니 후손이 반드시 창성할 것이다." 하였다.

진식(陳湜) 진준의 손자이다. 과거에 급제하였고 문명(文名)이 있었다. 관직은 어사대부(御史大夫)에 이르렀다.

진화(陳澕) 진식의 아우이다. 신종조(神宗朝)에 과거에 급제하여 한림원(翰

309 세조(世祖)……죽었다 : 성승(成勝)은 1456년(세조2) 단종(端宗) 복위 운동을 모의한 죄로 사육신(死六臣)과 함께 능지처사되었다.

310 경계(庚癸)의 화란 : 고려 때 경인년과 계사년에 일어난 두 차례의 화란을 말한다. 경인년의 난은 1170년(의종24) 정중부(鄭仲夫), 이의방(李義方) 등이 문신(文臣)들을 많이 죽이고 왕과 태자를 쫓아낸 사건이다. 계사년의 난은 1173년(명종3) 김보당(金甫當)이 전왕(前王)인 의종을 다시 세우려다 실패하여 문신들이 크게 화를 당한 사건을 말한다. 모두 무신들에 의해 문신들이 대거 화를 당한 사건이다.

林院)에 뽑혀 들어갔고, 우사간 지제고(右司諫知制誥)로서 외직으로 나가 지공주사(知公州事)를 지내다가 죽었다. 시를 잘 지었으며 문사(文辭)가 맑고 미려하였으니, 젊었을 때 이규보(李奎報)와 이름을 나란히 하였다.

최영(崔瑩) 그 선조는 철원(鐵原) 사람이다. 본주 적동리(赤洞里)에서 태어났다. 한림학사(翰林學士) 최옹(崔雍)의 손자이다. 풍채가 장대했고 무용(武勇)이 남보다 뛰어났다. 처음 양광도 도순문사(楊廣道都巡問使) 휘하에 예속되어 누차 왜적을 사로잡았다. 공민왕 3년(1354)에 대호군에 제수되어 유탁(柳濯)과 함께 원(元)나라로 가서 승상 탈탈(脫脫)을 따라 고우(高郵)를 정벌하였는데, 힘써 싸워 공을 세웠다. 귀국하여 누차 옮겨 좌산기상시(左散騎常侍)에 이르렀다. 홍건(紅巾)의 난리[311]에 안우(安祐), 이방실(李芳實) 등과 함께 서울을 수복하고 일등공신으로 녹훈되었다. 김용(金鏞)을 주벌하고, 덕흥군(德興君)을 축출하였으며, 합적(哈赤)을 토벌하고, 왜적을 격파하고, 임견미(林堅味)와 염흥방(廉興邦)을 주벌한 것이 모두 최영의 공력이었다. 철원부원군(鐵原府院君)에 봉해지고 영삼사사(領三司事)가 되었다. 최영은 청백한 성품을 천성적으로 타고나서, 상으로 밭과 백성을 하사하였으나 굳게 사양하며 받지 않았다. 군진(軍陣)에 임해서는 정신과 기운이 편안하고 여유가 있어서 눈앞에 시석(矢石)이 빗발쳐도 조금도 두려워하는 기색이 없었다. 크고 작은 온갖 전투에서 한 번도 패한 적이 없다. 장상(將相)을 한 몸에 도맡았는데도 뇌물이 통하지 않았으니 세상 사람들이 그 청렴함에 감복하였다. 힘써 대체(大體)를 지키고 매양

311 홍건(紅巾)의 난리 : 1361년(공민왕10) 홍건적(紅巾賊) 10만이 압록강을 건너 침입한 사건이다. 서울이 함락되자 왕은 남쪽으로 피신하고 최영 등을 보내 서울을 수복시켰다.

도당에 나아가서는 정색을 하고 직언하여 조금도 숨김이 없었다. 신우(辛禑) 때에 요동을 공격하기로 계책을 정하였는데, 태조가 회군(回軍)한 뒤에 붙잡혀 유배되었다가 대관(臺官)들이 탄핵하여 죽음을 당하였다. 사형 날에 도성 사람들이 시장을 파하였고 원근에서 그 소식을 들은 자들은 항간의 아동이나 부녀자들까지 모두 눈물을 흘렸다. 시호는 무민(武愍)이다.

본조

이첨(李詹) 고려 공민왕조(恭愍王朝)에 과거에 장원으로 뽑혀 세 번 옮겨 정언(正言)이 되었다. 공양왕(恭讓王) 때에 옮겨 대사성이 되었다. 일찍이 '아홉 가지 규범〔九規〕'을 진언하였으니,[312] 첫째는 덕을 기르는 것〔養德〕, 둘째는 일을 생각하는 것〔慮事〕, 셋째는 허물을 고치는 것〔改過〕, 넷째는 근본에 힘쓰는 것〔敦本〕, 다섯째는 자신을 겸허하게 하는 것〔謙己〕, 여섯째는 인을 베푸는 것〔施仁〕, 일곱째는 유사한 사례에 견주어 참고하는 것〔比類〕, 여덟째는 정사를 밝게 하는 것〔明政〕, 아홉째는 왕업(王業)을 보전하는 것〔保業〕이었다. 누차 승진하여 지신사(知申事)가 되었는데, 어떤 일로 말미암아 영산(靈山)의 계성(桂城)으로 귀양 갔다가 얼마 안 되어 석방되었다. 본조에 들어와서 전서(典書), 집현전 직학사(集賢殿直學士), 예문관 학사(藝文館學士), 지의정부사(知議政府事)를 역임하였다. 죽은 뒤에 문안(文安)의 시호를 받았고, 《쌍매당집(雙梅堂集)》이 세상에 전한다.

312 일찍이……진언하였으니 : 《고려사절요》 권35 〈공양왕(恭讓王) 2 신미 3년〉 11월 기사에, 좌대언(左代言) 이첨(李詹)이 '아홉 가지 규범〔九規〕'을 올렸다는 기사와 전문(全文)이 실려 있다.

이서(李舒) 고려 말에 우상시(右常侍)가 되었다. 본조에 들어와서 개국 공신(開國功臣)에 참여하였고, 관직이 영의정에 이르렀으며, 안평부원군(安平府院君)에 봉해졌다. 시호는 문간(文簡)이다. 효행이 있어서 정려되었다.

성삼문(成三問) 성승(成勝)의 아들이다. 사람됨이 호탕하고 정직하며 문장이 고상하고 깨끗하였다. 장헌왕조(莊憲王朝 세종)에 과거에 급제하고 오래도록 경연(經筵)에 있으면서 고문(顧問)에 응대하였다. 승진하여 좌승지에 이르렀다. 혜장왕(惠莊王 세조)이 왕위를 물려받자, 성삼문은 아버지 성승 및 박팽년(朴彭年), 하위지(河緯地), 유응부(兪應孚) 등과 함께 상왕(上王 단종)의 복위를 도모하였다. 일이 발각되어 상이 친국하자, 성삼문이 큰 소리로 말하기를 "내가 신하가 되어 차마 군부(君父)께서 폐위당하는 것을 볼 수가 없을 뿐이오. 천하에 누가 군부를 사랑하지 않겠소. 내 마음을 사람들이 모두 아는데 왕자는 무엇이 이상해서 물으시오." 하였다. 쇠를 달구어 그의 다리를 뚫기까지 하였으나 굴복하지 않았고 형을 받아 죽을 때에도 안색이 태연자약하였다. 세상에서 그들을 육신(六臣)이라 부른다.

복한(卜僩) 관직이 장령에 이르렀다. 효행으로 정문(旌門)이 세워졌다.

서기(徐起) 그 선조는 이천(利川) 사람인데, 뒤에 이사하여 본주 사람이 되었고, 집안이 대대로 한미하였다. 7세 때에 마을에서 공부하였는데, 향사(鄕師)가 그 사람됨을 기이하게 여겼다. 어려서부터 효성이 돈독하였고 조금 자라서는 더욱 학문에 힘써서 백가(百家)와 뭇 기예들을 두루 섭렵하였다. 20세 때에는 이지함(李之菡)을 만나 함께 사방을 유람하고 바다를 건너 한라산(漢拏山)에도 올라갔다 돌아와서는 이중호(李仲虎)에게 나아가 《대학》, 《중용》의 요지를 전수받았다. 30세 때에 비로소 향리로 돌아왔는데, 향리의 풍속이 비루하고 조악(粗惡)함을 탄식하여 향약(鄕約)을 시행하고자 하였다가 못된 소인배에게 미움을 받았다. 이에 지리산(智異山) 아래로 들어갔다가 뒤에 공주(公州)로 옮겼는데, 깊이 생각하고 힘써 행하였으며 이를 즐거워하여 밥 먹는 것도 잊었으니, 만년이 되어 덕이 더욱 완성되었다. 이에 원근의 학자들이 다투어 와서 스승으로 삼았다. 공주목(公州牧)에도 보인다.

박명현(朴名賢) 그 선조는 본래 죽산(竹山) 사람인데, 이사 와서 본주 사람이 되었다. 용맹하여 담력과 지략이 있었고 활 쏘는 솜씨가 동료 가운데 뛰어났다. 선조 때에 무과에 급제하여 누차 주(州), 진(鎭)을 맡았다. 홍산(鴻山)의 도적 이몽학(李夢鶴)이 반란을 일으켜 여러 고을을 함락하고 홍주를 치려고 둘러쌌는데, 박명현이 목사 홍가신(洪可臣)을 따라 토벌하여 평정하였다. 이에 책훈(策勳)되어 연창군(延昌君)에 봉해지고 지중추부사가 되었다. 광해군(光海君) 때에 무옥(誣獄)에 연루되어 죽음을 당하였다.

서천군舒川郡

동쪽으로 한산군(韓山郡) 경계까지 11리이고, 남쪽으로 전라도 옥구현(沃溝縣) 경계까지 25리이고, 서쪽으로 비인현(庇仁縣) 경계까지 9리이고, 북쪽으로 홍산현(鴻山縣) 경계까지 41리이다. 서울과의 거리는 470리이다.

한전旱田

수전水田

건치연혁建置沿革

본래 백제 설림군(舌林郡)인데, 일명 남양(南陽)이라고 한다. 신라 경덕왕(景德王) 때에 서림군(西林郡)으로 고쳤다. 고려 현종(顯宗) 때에 가림군(嘉林郡)에 편입시켰고 뒤에 다시 서림현(西林縣)을 설치하였다. 충숙왕(忠肅王) 초기에 서주(西州)로 승격하였다. 본현 사람 이언충(李彦忠)이 충선왕(忠宣王)을 위해 공로를 세웠으므로 승격한 것이다. 본조 공정왕(恭定王 태종) 13년(1413)에 서천군(舒川郡)으로 고쳤다. 관장하는 면은 11개이고, 관원은 군수와 훈도이다. 각 1인이다.

군명郡名

서림(西林), 서주(西州)

형승形勝

서남쪽은 강과 바다에 닿아 있고, 동북쪽은 산과 언덕에 막혀 있다.

풍속風俗

산천山川

오산(烏山) 군성(郡城) 북쪽에 있다. 진산(鎭山)이다.

운은산(雲銀山) 군 남쪽 7리에 있다.

영취산(靈鷲山) 군 남쪽 6리에 있다.

천방산(千方山) 군 동쪽 19리에 있다.

대수산(大藪山) 군 동북쪽 20리에 있다.

금복현(金福峴) 군 북쪽 20리에 있다.

저령(猪嶺) 군 북쪽 40리에 있다.

바다〔海〕 군 서쪽 15리에 있다.

금강(錦江) 한산군(韓山郡) 경계에서 흘러 들어와 군 남쪽 25리를 지나면서 전라도 옥구현(沃溝縣)과 경계를 나누고 서쪽으로 흘러 바다에 들어간다. 일명 진포(鎭浦)라고도 한다.

장교천(長橋川) 군 남쪽 4리에 있다. 비인현(庇仁縣) 부소현(扶蘇峴)에서 발원하여 같은 현 장배곶(長背串)에 들어간다.

아포(芽浦) 군 남쪽 10리에 있다. 한산군에 상세히 나온다.

길산포(吉山浦) 군 동쪽 13리에 있다. 저령에서 발원하여 남쪽으로 흘러 금강에 들어간다.

신지(新池) 성 남쪽 8리에 있다.

동지(東池), 서지(西池) 모두 성 동쪽 5리에 있다.

개야소도(開也召島) 둘레가 13리이다.

연도(煙島)

○ 이상의 두 섬 모두 군 서쪽 바다 가운데 있다.

토산 土産

모시〔苧〕, 대나무〔竹〕, 죽전(竹箭), 개야소도에서 난다. 감〔柿〕, 안식향(安息香), 숭어〔秀魚〕, 홍어(洪魚), 상어〔鯊魚〕, 오징어〔烏賊魚〕, 갈치〔刀魚〕, 부레〔魚鰾〕, 조기〔石首魚〕, 웅어〔葦魚〕, 전어(錢魚), 민어(民魚), 준치〔眞魚〕, 삼치〔麻魚〕, 농어〔鱸魚〕, 청어(青魚), 전복〔鰒〕, 홍합(紅蛤), 조개〔蛤〕, 토화(土花 미네굴), 굴〔石花〕, 낙지〔絡締〕, 대하(大蝦), 김〔海衣〕, 황각(黃角)

성곽 城郭

군성(郡城) 돌로 쌓았고, 둘레는 3525자이며, 동남쪽에 문이 있다. 안에는 5개의 샘과 2개의 못이 있다.

공서公署

서천포 만호진(舒川浦萬戶鎭) 군 남쪽 26리에 있다. 석성(石城)으로 둘레가 1311자이다. ○ 수군 만호(水軍萬戶) 1인이 있다. ○ 고려 때에 장암진(長巖鎭)이라 불렀다. 평장사(平章事) 두영철(杜英哲)이 일찍이 이 진에 유배되었는데, 어떤 노인과 친하게 지냈다. 조정의 부름을 받고 돌아갈 때에 노인이 구차하게 벼슬길에 나아가는 것에 대해 경계하니, 두영철이 그러겠다고 하였다. 훗날 지위가 평장사에 이르렀는데 과연 다시 죄에 걸려 좌천되어 그곳을 지나가니, 노인이 노래를 지어 그를 기롱하였다. 악부(樂府)에 〈장암곡(長巖曲)〉[313]이 있다.

학교學校

향교(鄕校) 예전에는 군 남쪽 10리에 있었는데, 지금은 옮겨 동문(東門) 밖에 있다.

궁실宮室

객관(客館)

313 장암곡(長巖曲) : 《고려사》 권71 〈악지(樂志) 2 속악(俗樂)〉에 보인다.

향사당(鄕射堂) 남문(南門) 밖에 있다.

연무청(鍊武廳) 남문 밖에 있다.

낙민당(樂民堂) 바로 공아(公衙) 밖의 동헌(東軒)이다.

망해정(望海亭) 객관 북쪽의 -원문 2, 3자 결락- 중에 있다. 군수 최치(崔淄)가 세웠다. 대해(大海)를 훤히 바라볼 수 있으므로 그렇게 이름 붙였다. ○ 본조 심수경(沈守慶)의 시[314]에,

큰 들판이 푸른 바다와 이어져 있어 大野連滄海
높은 정자 오르니 시야가 훤히 트이네 憑高一望平
파도는 아득히 멀리까지 일렁이고 波濤浮浩渺
섬들은 밝은 허공에 점점이 떠 있네 島嶼點空明
광활한 포구에 외론 배 떠나가는데 浦闊孤帆去
하늘 나직이 지는 해 비껴 있네 天低落日橫
실컷 놀고서도 다시 머리 들어 보니 倦遊猶矯首
아쉬움 달랠 길 없어 휘파람 부노라 吟嘯不勝情

하였다.

백사정(白沙亭) 군 서남쪽 13리에 있다.

봉수烽燧

운은산 봉수(雲銀山烽燧) 남쪽으로 전라도 옥구현(沃溝縣) 점방산(占方山)에 응하고, 북쪽으로 비인현(庇仁縣) 칠지산(漆枝山)에 응한다.

314 심수경(沈守慶)의 시 : 〈서천의 망해정〔舒川望海亭〕〉이다. 《聽天堂詩集》

우역郵驛

두곡역(豆谷驛) 군 남쪽 11리에 있다.

객망원(客望院) 군 서쪽 8리에 있다.

길산원(吉山院) 군 동쪽 9리에 있다.

관량關梁

장교(長橋) 군 서쪽 5리에 있다.

용당나루〔龍堂渡〕 군 남쪽 24리에 있으니, 바로 금강(錦江)의 나루이다. 길이 옥구(沃溝)와 임피(臨陂)로 통하고, 서쪽으로 바다 어구에 이어지는데, 물은 넓고 물살이 급하다.

사묘祠廟

사직단(社稷壇) 군 서쪽에 있다.

문묘(文廟) 향교에 있다.

성황사(城隍祠) 옛 읍성 안에 있다.

여단(厲壇) 군 북쪽에 있다.

용당사(龍堂祠) 군 남쪽 24리에 있다. 고려 때에 웅진명소(熊津溟所)[315]로 삼아 향과 축문을 내렸다. 지금은 본고을에서 치제(致祭)한다.

315 웅진명소(熊津溟所) : 명소는 수신(水神)에게 제사 지내는 곳을 말한다.

사찰寺刹

지원사(祗園寺) 영취산(靈鷲山)에 있다.

대둔사(大芚寺), 망덕사(望德寺), 천방사(千方寺) 모두 천방산에 있다.

고적古蹟

옛 읍성〔古邑城〕 영취산 정상에 있다. 돌로 쌓았고, 둘레가 1545자이다. 안에 우물이 하나 있다. 장헌왕(莊憲王 세종) 때에 그 지역이 한쪽으로 치우쳐 있고 길이 막혀 있다는 이유로 지금 치소로 옮겼다. 그 아래에는 또 옛 읍터가 남아 있다.

명환名宦

본조

정엽(鄭曄) 소경왕조(昭敬王朝 선조)에 서천 군수가 되었는데, 정성껏 보살피고 다스려서 한 지역이 편안히 안정되었으므로 비(碑)를 세워 덕을 기렸다. 뒤에 또 본도 관찰사가 되었다.

유우流寓

바닷가 어부 이지함(李之菡)이 일찍이 말하기를 "내가 방외(方外)에 노닐면서 일찍이 일사(逸士) 세 사람을 만났는데, 그중에 최상인 이는 바닷가 어부이고, 그다음이 서기(徐起)이다.[316] 어부는 항상 바닷가에 살면서 배를 부리며 고기 잡는 것을 업으로 삼았는데, 사는 곳도 일정하지 않았고 성명도 말해 주지 않았다. 처음 서천(舒川)의 바닷가에서 만났는데 아내와 딸 하나를 데리고 있었다. 큰 배를 부리지 않고 다만 중간 배를 썼으며, 고기 잡는 여가에 간혹 곡식을 운반해 주고 삯을 받아서 그것으로 생활을 하였다. 그런데 그 배는 300섬을 실을 수 있는데도 200섬만 차면 즉시 중지하여 운반비의 많고 적음은 개의하지 않았다. 그가 한번은 나를 데리고 멀리 고기잡이를 나갔는데, 조그마한 배를 타고 돛이 향하는 대로 가다 보니 마치 하늘 밖으로 나간 듯하여 다른 뭇 고기잡이들이 갈 수 있는 곳이 아니었다. 그가 키를 잡고 배를 운행하는 솜씨도 모두 신묘한 경지에 들었고 천문(天文)을 알아 조금도 어긋남이 없었다. 한번은 그가 외출했을 때 그의 아내는 우연히 이웃집에 가고 딸만 집에 있었다. 어떤 사람이 고기를 사러 왔는데 그 딸이 값을 조금 많이 받았다. 그의 아내가 돌아와 놀라면서 말하기를 '이 고기는 값이 얼마인데 네가 더 받았으니, 네 아버지가 들으면 반드시 화내실 것이다.' 하고는 급히 그 사람을 뒤따라가서 그 값을 감해 주고 돌아오게 하였으니, 여기에서 또한 그 일단(一端)을 볼 수 있겠다. 그 후 10년 뒤에 다시 전라도 바닷가에서 만났는데, 아, 애석하게도 그 사람의 이름을 알아내지 못하였다." 하였다.

316 내가……서기(徐起)이다 : 《백사집(白沙集)》 별집 권4 〈잡기(雜記)〉에 이 내용이 있는데, 《백사집》에서는 가장 고상한 이로 어부와 서치무(徐致武)를 들고, 다음가는 이로 서기(徐起)를 말하였다.

서산군瑞山郡

동쪽으로 해미현(海美縣) 경계까지 17리이고, 남쪽으로 요아량(要兒梁)까지 142리이고, 서쪽으로 태안군(泰安郡) 경계까지 24리이고, 북쪽으로 대산포(大山浦)까지 57리이다. 서울과의 거리는 402리이다.

한전旱田

수전水田

건치연혁建置沿革

본래 백제의 기군(基郡)이다. 신라 경덕왕(景德王) 때에 부성군(富城郡)으로 고쳤다. 고려에서 그대로 따르다가 인종(仁宗) 때에 현으로 강등하였다. 충렬왕(忠烈王) 때에 서산군(瑞山郡)으로 승격하였고 충렬왕 10년(1284)에 본현 사람 대호군 정인경(鄭仁卿)의 공로로 인해 승격한 것이다. 이윽고 또 서주목(瑞州牧)으로 승격하였다. 충선왕(忠宣王) 초기에 서령부(瑞寧府)로 강등하고 뒤에 또 서주(瑞州)로 삼았다. 본조 태종(太宗) 13년(1413)에 서산군(瑞山郡)으로 고쳤다. 관장하는 면은 16개이고, 관원은 군수와 훈도이다. 각 1인이다.

군명郡名

기군(基郡), 부성(富城), 서령(瑞寧), 서주(瑞州)

형승形勝

바다가 삼면을 두르고 있다. 박원형(朴元亨)의 시

풍속風俗

산천山川

성왕산(聖旺山) 군 북쪽 8리에 있다.

상왕산(象王山) 군 동쪽 30리, 해미현(海美縣) 경계에 있다.

팔봉산(八峯山) 군 북쪽 해안 15리에 있다.

도비산(都飛山) 군 남쪽 18리에 있다.

바다〔海〕 군 서쪽, 남쪽, 북쪽이 모두 바다이다.

용유천(龍遊川) 군 동쪽 18리에 있다.

판교천(板橋川) 군 남쪽 6리에 있다. 성왕산 남쪽에서 발원하여 바다에 들어간다.

흥인교천(興仁橋川) 군 서쪽 24리에 있다. 팔봉산 남쪽에서 발원하여 바다에 들어간다.

안면곶(安眠串) 예전의 안면소(安眠所)이다. 군 남쪽에 있는데, 육로로 100리 되는 곳에 바다를 사이에 두고 포구가 마주 보고 있다. 형상이 마치 띠를 풀어 놓은 것과 같은데, 바다에 둘러싸여 70여 리 이어진다. 거주민은 모두 염호(鹽戶)이고, 고려 시대부터 재목(材木)을 길러서 궁실과 배의 재목을 모두 여기서 가져다 쓴다. 태안군(泰安郡)에도 보인다.

위포곶(葦浦串) 예전의 위포소(葦浦所)이다. 군 남쪽 15리에 있다.

율곶(栗串) 군 남쪽 10리에 있다.

백사정(白沙汀) 군 북쪽 70리에 있다. 둘레가 10여 리이고, 가운데에 못이 있다.

간월도(看月島) 군 남쪽 35리에 있다.

파지도(波知島) 군 북쪽에 있다.

토산土産

철(鐵), 군 남쪽 마산리(馬山里)에서 난다. 모시〔苧〕, 지치〔紫草〕, 송이버섯〔松蕈〕, 소금〔鹽〕, 숭어〔秀魚〕, 청어(靑魚), 농어〔鱸魚〕, 오징어〔烏賊魚〕, 조기〔石首魚〕, 전복〔鰒〕, 준치〔眞魚〕, 삼치〔麻魚〕, 전어(錢魚), 상어〔鯊魚〕, 부레〔魚鰾〕, 낙지〔絡締〕, 조개〔蛤〕, 대하(大蝦), 자하(紫蝦), 꼬막〔江瑤柱〕, 해삼(海參), 붕어〔鯽魚〕, 은구어(銀口魚 은어), 게〔蟹〕, 산무애뱀〔白花蛇〕

성곽 城郭

군성(郡城) 돌로 쌓았고, 둘레가 3710자이다. 서쪽에 작은 내가 흐르는데, 이 냇물이 성안까지 들어온다.

공서 公署

파지도 만호진(波知島萬戶鎭) 군 북쪽 30리에 있다. ○ 수군 만호(水軍萬戶) 1인이 있다. ○ 본조 공희왕(恭僖王 중종) 때에 처음 석성(石城)을 쌓았는데, 둘레가 1337자이다. 안에 우물이 하나 있다.

학교 學校

향교(鄕校) 군 서쪽 1리에 있다.

궁실 宮室

객관(客館) 본조 조위(曺偉)의 시[317]에,

훈풍 부는 깊숙한 객관에 야당화 피었는데　　熏風深院野棠開
아전 떠난 빈 관아 뜰엔 풀이 자라 이끼 같네　　吏散庭空草似苔
위포의 조수 소리 바다로 돌아가 사라지고　　葦浦潮聲歸海盡

317 조위(曺偉)의 시 : 〈서산 객관에서 목은 선생의 운에 따라 짓다〔瑞山客館次牧隱先生韻〕〉이다.《梅溪集 卷2》

상산[318]의 구름 기운 하늘 맞닿아 오는구나 象山雲氣接天來
사암[319]이 살던 옛집 찾을 수 없고 思庵舊宅尋無處
학사[320]도 신선 되어 떠나고 안 돌아오네 學士仙蹤去不回
옛 자취 찾아보니 사람의 감개만 더할 뿐 訪古令人增感慨
한잔 술에 취하여 우레같이 코나 골거나 一尊須醉鼻如雷

하였다.

어풍루(御風樓) -원문 3, 4자 결락-에 있다.

청심당(淸心堂) 객관 동쪽에 있다. 연못이 있다. 군수 예충년(芮忠年)이 세웠다.

봉수烽燧

북산 봉수(北山烽燧) 동쪽으로 해미현(海美縣) 안국산(安國山)에 응하고, 서쪽으로 태안군(泰安郡) 백화산(白華山)에 응한다.

도비산 봉수(都飛山烽燧) 동쪽으로 홍주(洪州) 고구현(高丘縣) 성산(城山)에 응하고, 북쪽으로 태안 백화산에 응한다.

318 상산(象山) : 상왕산(象王山)을 지칭하는 듯하다.

319 사암(思庵) : 원주에 "사암은 고려 유숙(柳淑)의 별호이다."라고 하였다. 유숙은 이곳에서 만년을 보냈다.

320 학사(學士) : 한림학사(翰林學士)를 겸임한 최치원(崔致遠)을 가리킨다. 그 후 부성군 태수(富城郡太守)를 지내기도 하였다. 만년에 가야산에 들어가 신선이 되었다는 전설이 있다.

우역郵驛

풍전역(豐田驛) 군 서쪽 6리에 있다. 예전에 왜구(倭寇)로 인해 흩어져 없어졌다가 공민왕(恭愍王) 때에 다시 설치하고, 여미현(餘美縣) 득웅역(得熊驛)을 파하여 이곳에 예속시켰다.[321]

냉정원(冷井院) 군 남쪽 15리에 있다.

저지원(猪旨院) 군 남쪽 5리에 있다.

망현원(芒峴院) 군 서쪽 6리에 있다.

관량關梁

요아량수(要兒梁戍) 군 남쪽 142리에 있다. 수군절도사(水軍節度使)가 군대를 나누어 방수한다.

판교(板橋), 금강교(金剛橋) 용유천(龍游川)에 있다.

흥인교(興仁橋)

사묘祠廟

사직단(社稷壇) 군 서쪽에 있다.

문묘(文廟) 향교(鄕校)에 있다.

321 여미현(餘美縣)……예속시켰다 : 《세종실록》〈지리지 충청도 홍주목〉에는 "본조 공정왕 경진년(1400, 정종2)에 다시 두고, 여미현의 득웅역을 혁파하여 이곳에 붙였다.〔本朝恭靖王庚辰, 復置, 革餘美縣得熊驛以屬之.〕"라고 하였다.

성황사(城隍祠) 북산성(北山城) 안에 있다.
여단(厲壇) 군 북쪽에 있다.

능묘陵墓

정충신(鄭忠信) 묘 군 북쪽 30리에 있다.

사찰寺刹

개심사(開心寺), 문수사(文殊寺), 보현사(普賢寺) 모두 상왕산(象王山)에 있다.
운암암(雲巖菴) 팔봉산(八峯山)에 있다.
보원사(普願寺) 상왕산에 있다.
부석사(浮石寺) 도비산(都飛山)에 있다.
사리사(捨利寺) 팔봉산에 있다.

고적古蹟

지곡폐현(池谷廢縣) 군 북쪽 20리에 있다. 본래 백제의 지육현(知六縣)이다. 신라 때 지육(地育)으로 고치고 부성군(富城郡) 영현(領縣)으로 삼았다. 고려 때 지곡(池谷)으로 고치고 그대로 서산군에 편입시켰다. 본조에서 그대로 따랐다. 옛 석성(石城)이 있는데, 둘레가 1027자이다.
광지향(廣地鄉) 군 남쪽 93리에 있다.

안면소(安眠所) 광지향과 안면소 모두 군 경계를 넘어 태안군(泰安郡) 남쪽 마을로 들어간다.

조립부곡(助立部曲) 군 북쪽 53리에 있다. 지금은 대산곶(大山串)이라 칭한다.

북산성(北山城) 돌로 쌓았고, 둘레가 1680자이다. 안에 우물이 3개 있었다. 지금은 없어졌다.

고영풍창(古永豐倉)

명환名宦

신라

최치원(崔致遠) 진성왕(眞聖王) 때에 부성군 태수(富城郡太守)가 되었다. 왕이 불러 하정사(賀正使)로 삼았으나, 도적들이 한창 출몰하여 길이 막혀 가지 못하였다.

고려

김주정(金周鼎) 음관(蔭官)으로 부성위(富城尉)에 등용되었다. 당시 몽고 군사가 대거 침범해 왔는데 김주정이 조치를 적절히 하여 위엄과 은혜가 모두 떨쳐졌으므로 온 고을에서 그를 칭송하였다.

인물人物

고려

정인경(鄭仁卿) 고종(高宗) 말에, 몽고 군사가 직산(稷山)·신창(新昌) 두 고을에 와서 진을 치고 있었는데, 정인경이 밤에 공격하여 전공을 세우매 장교로 보임되었다. 충렬왕조(忠烈王朝)에는 공로가 있어서 서북면 도지휘사(西北面都指揮使)에 제수되었고, 관직이 중찬(中贊)에 이르렀다. 처음에는 역관(譯官)으로 이름이 알려졌고,[322] 이르는 곳마다 명성과 공적이 있었다. 시호는 양렬(襄烈)이다.

유숙(柳淑) 아버지 유성주(柳成柱)는 태상경(太常卿)이 되었다. 유숙은 사람됨이 주도면밀하였고 경사(經史)에 통달하였다. 충혜왕조(忠惠王朝)에 과거에 급제하였다. 공민왕(恭愍王)을 따라 원나라 조정으로 들어갔는데, 충목왕(忠穆王)이 즉위하자 공민왕의 요좌관(僚佐官)들이 대부분 그 절개를 지키지 않았으나 유숙만은 홀로 변하지 않았다. 공민왕이 즉위하자 대언(代言)에 제수되고, 연경(燕京) 왕저(王邸)에서 시종한 공로로 일등공신에 녹훈되어 판도 판서(版圖判書), 추밀원 직학사(樞密院直學士)를 역임하였다. 또 기철(奇轍)을 주벌한 공으로 녹훈되어 안사 공신(安社功臣)의 철권(鐵券)을 하사받았다. 뒤에 첨의찬성사(僉議贊成事)에 제수되었다. 그러나 신돈(辛旽)의 뜻에 거슬려 파직되고, 서령군(瑞寧君)에 봉해졌다. 유숙이 은퇴를 청하자 왕이 허락해 주었다. 장상(將相)과 대신(大臣),

322 알려졌고 : 《동사강목(東史綱目)》 제13상 〈을사년 충렬왕 31년〉 12월 기사에는 이 뒤에 "군공으로 현달하였다. 성품이 근실하고 곧았다.〔以軍功顯, 性謹直.〕"라는 구절이 더 있다.

문생(門生), 예전에 재임했던 관아의 이서(吏胥)들이 모두 교외까지 나와서 전송하였다. 이때 유숙이 시를 지었으니 그 끝 연(聯)에 "충성이 쇠퇴하고 성의가 박해진 것이 아니라, 큰 명성을 지니고 오래 있기가 어려운 것이네.〔不是忠衰誠意薄 大名之下久居難〕" 하였다. 유숙이 떠난 뒤에도 신돈은 유숙이 다시 등용될까 염려하여 유숙의 시를 가지고 왕에게 참소하여 말하기를 "유숙이 범려(范蠡)로 자처하고 왕을 구천(句踐)에 비유한 것입니다." 하니, 왕이 더욱 의심하여 이에 명하여 형장을 가하고 관작을 삭탈하고 가산을 몰수하도록 하였다. 신돈은 마침내 영광(靈光)에서 목을 매어 죽였다. 그 뒤에 신돈이 주벌되자 왕이 비로소 깨달아 몹시 애도하고, 그의 억울함을 씻어 주었다. 시호는 문희(文僖)이다. 뒤에 공민왕 묘정(廟庭)에 배향(配享)되었다.

유실(柳實) 유숙의 아들이다. 용맹하였고 말타기와 활쏘기를 잘하였다. 누차 전공을 세웠고, 관직이 밀직부사(密直副使)에 이르렀다.

본조

유방선(柳方善) 유숙의 증손이다. 시를 잘한다는 명성이 있었다. 태종 때에 가화(家禍)를 만나 영천(永川)으로 귀양 갔다. 뒤에 사명(赦命)을 받아 편리한 대로 살게 되자, 그를 따라 배우는 학자들이 많았다. 《태재집(泰齋集)》이 세상에 전한다.

유윤겸(柳允謙) 유방선의 아들이다. 과거에 급제하여 여러 관직을 역임하고 사간원 대사간에 이르렀다. 문장에 능하다는 명성이 있었다.

태안군泰安郡

동쪽으로 서산군(瑞山郡) 경계까지 12리이고, 남쪽으로 같은 군 경계까지 65리이고, 서쪽으로 소근포(所斤浦)까지 33리이고, 북쪽으로 서산군 경계까지 17리이다. 서울과의 거리는 439리이다.

한전旱田

수전水田

건치연혁建置沿革

본래 백제의 성대혜현(省大兮縣)이다. 신라 경덕왕(景德王) 때에 소태(蘇泰)로 고치고 부성군(富城郡) 영현(領縣)으로 삼았다. 고려 현종(顯宗) 때[323]에는 운주(運州)에 편입시켰고, 충렬왕(忠烈王) 때에 태안군(泰安郡)으로 승격하였다. 본군 사람인 환관 이대순(李大順)이 원나라의 총애를 받았으므로 승격하였다. 본조에서 그대로 따랐다. 관장하는 면은 6개

323 고려 현종(顯宗) 때 : 1018년(현종9)이다.《新增東國輿地勝覽 卷19 忠淸道 泰安郡》

이고, 관원은 군수와 훈도이다. 각 1인이다.

군명郡名

소태(蘇泰) 소주(蘇州)라고도 한다.

형승形勝

바다가 삼면을 둘러싸고 있다. 본조 박원형(朴元亨)의 말

변방 바다의 요해처이다. 본조 신숙주(申叔舟)의 〈객관기(客館記)〉[324]

비옥한 지역이라고 일컬어진다. 앞사람의 기문[325]에 "어염(魚鹽)의 이익이 있기 때문에 비옥한 지역이라고 일컬어진다." 하였다.

산천山川

백화산(白華山) 군 북쪽 3리에 있다. 사면이 모두 돌이다. 군 북쪽 13리에 또 백화산이 있는데, 또한 사면이 모두 돌로 되어 있어 두 산이 서로 비슷하다.

내산(柰山) 군 서쪽 23리에 있다.

금굴산(金屈山) 군 북쪽 13리에 있다.

324 신숙주(申叔舟)의 객관기(客館記) : 〈태안군 벽기(泰安郡壁記)〉이다. 《保閑齋集 卷14》
325 앞사람의 기문 : 위 기문이다.

물금산(勿金山) 군 동쪽 10리에 있다.

안면곶(安眠串) 군 남쪽 30리에 있다. 서산군(瑞山郡)에도 보인다.

안흥량(安興梁) 군 서쪽 34리에 있다. 예전에는 난행량(難行梁)이라고 불렀다. 바닷물이 험하여 조선(漕船)이 이곳에 이르러 자주 난파되었으므로, 사람들이 싫어하여 지금 이름으로 고쳤다.

지령산곶(知靈山串) 군 서쪽 25리에 있다.

대소산곶(大小山串) 군 서쪽 25리에 있다.

이산곶(梨山串) 군 북쪽 42리에 있다.

신곶(薪串) 군 북쪽 29리에 있다.

○ 이상의 4개 곶에는 모두 목장(牧場)이 있다.

바다〔海〕 군의 삼면이 모두 바다이다.

방이라도(方伊羅島) 군 북쪽 바다 안에 있다.

형도(兄島), 갈도(葛島), 죽도(竹島), 말응개도(末應介島), 가외도(加外島), 토도(兎島), 상산도(上山島), 굴조도(屈鳥島), 하초도(下草島), 옹부도(甕浮島), 적점도(積岾島), 거아도(居兒島), 한음산도(閒音山島), 나치도(羅治島), 군북파도(郡北波島)

○ 이상의 여러 도는 모두 서해 가운데에 있다.

하산도(下山島) 군 남쪽에 있다.

굴포(堀浦) 군 동쪽 13리에 있다. ○ 고려 인종(仁宗)이 "안흥정(安興亭) 아래의 물길이 여러 물과 부딪치고 또 암석이 있어 험하므로 가끔 배가 뒤집히니, 소태현(蘇泰縣) 경계에서 시작하여 도랑을 파서 물길을 통하게 하면 배가 다니는 데에 장애가 없을 것이다."라고 여겨, 정습명(鄭襲明)을 보내어 인근 군민(郡民) 수천 명을 징발하여 파게 하였으나 끝내 이루지 못하였다. 공양왕(恭讓王) 때에 종실(宗室) 왕강(王康)이 건의하기를 "예전에 파던 도랑은 깊이 판 곳은 10여 리나 되고 파지 못한 곳이 불과 7리인데, 만약 마저 다 파서 바닷물이 유통하게 한다면 매년 조운(漕運)할 때에 400여 리 되는 안흥량의 험한 물길을 경유하지 않을 것입니다." 하였다. 이때에 정부(丁夫)를 징발하여 파니, 돌이 물 밑에 깔려 있었고 또 조수가 드나들며 파는 대로 이를 메워 버리므로 끝내 공을 거두지 못하고 말았다. 본조 세조(世祖) 때에 헌의(獻議)하는 자가 혹은 팔 만하다 하고 혹은 팔 수 없다 하므로 세조가 안철손(安哲孫)을 보내어 시험해 보도록 하였는데, 일이 성사되지 못하였다. 이에 신숙주에게 명하여 자세히 살피게 하였으나 논의가 일치하지 않아서 중지되었다.

부포(釜浦) 군 서쪽 30리에 있다. 신라 애장왕(哀莊王) 5년(804)에 부포의 물이 피로 변하였다[326]고 하였으니, 바로 이곳이다.

토산土産

철(鐵), 다수산곶(多修山串)에서 난다. 백옥(白玉), 안흥량 바닷가에서 난다. 대나무〔竹〕, 죽전(竹箭), 죽도(竹島)와 탄항(炭項)에서 난다. 지치〔紫草〕, 송이버섯〔松蕈〕, 시호(柴胡), 방풍(防風), 소금〔鹽〕, 숭어〔秀魚〕, 조기〔石首魚〕, 청어(靑魚), 농어〔鱸魚〕, 전어(錢魚), 전복〔鰒〕, 상어〔鯊魚〕,

326 신라……변하였다 : 《삼국사기(三國史記)》 권10 〈신라본기(新羅本紀) 10〉 애장왕(哀莊王) 5년 7월 기사에 "웅천주 소대현 부포의 물이 피처럼 변하였다.〔熊川州蘇大縣釜浦, 水變血.〕"라고 하였다.

오징어〔烏賊魚〕, 부레〔魚鰾〕, 삼치〔麻魚〕, 갈치〔刀魚〕, 새우〔蝦〕, 조개〔蛤〕, 맛조개〔竹蛤〕, 굴〔石花〕, 해삼(海參), 소라(小螺), 꼬막〔江瑤柱〕, 김〔海衣〕, 황각(黃角), 참가사리〔細毛〕

성곽城郭

군성(郡城) 돌로 쌓았고, 둘레가 1561자이다. 남쪽으로 문이 하나 나 있고, 안에 우물이 4개 있다. ○ 남수문(南秀文)의 기문[327]에 "홍무(洪武) 계축년(1373, 공민왕22)에 군(郡)이 왜(倭)에게 몹시 참혹한 화를 입자, 군수는 겨우 한두 명의 아전을 데리고 서산군(瑞山郡)에 우거(寓居)하였다. 계해년(1383, 우왕9)에 또 예산현(禮山縣)으로 옮겼다. 경오년(1390, 공양왕2)에 이르러 왜적의 침략이 조금 그치자, 돌아와 서산에 성보(城堡)를 지어 이름을 순제(蓴堤)라 하고 해구(海寇)의 침입을 방비하고 군의 직무도 겸임하였다. 그러나[328] 군의 경내는 온통 가시덤불이 뒤덮인 황무지로 변하여 버려진 채 짐승의 소굴이 되었으므로 나라에서는 그대로 둔 채 강무장(講武場)을 설치하였다. 영락(永樂) 병신년(1416, 태종16)에 우리 태종께서 봄철 사냥에 행차하였다가 그 땅이 황폐한 것을 애석히 여기시고 마침내 군의 옛 치소를 다시 설치하였으며, 이듬해에는 또 성을 쌓았다." 하였다.

327 남수문(南秀文)의 기문 : 〈태안 객사 신창기(泰安客舍新刱記)〉이다. 《敬齋遺稿 卷1》

328 그러나 : 〈태안 객사 신창기〉에는 이 뒤에 "사방으로 흩어져 나간 백성들이 미처 돌아오지 않았다.〔流亢未歸.〕"라는 구절이 더 있다.

공서公署

소근포 첨절제사진(所斤浦僉節制使鎭) 일명 오근포(杇斤浦)라고 한다. 군 서쪽 33리에 있다. 중종 9년(1514)에 처음 석성(石城)을 쌓았는데, 둘레가 2160자이다. 당진포(唐津浦)와 파지도(波知島)를 관할하였다. ○ 수군 첨절제사(水軍僉節制使) 1인이 있다.

안흥량 첨절제사진(安興梁僉節制使鎭) 안흥량에 있다. 예전에는 소근포 첨절제사(所斤浦僉節制使)가 군병을 나누어서 방수하였다.

학교學校

향교(鄕校) 군 동쪽 1리에 있다. 어세겸(魚世謙)의 기문이 있다.

궁실宮室

객관(客館) 세종 20년(1438)에 군수 김흔지(金俒之)가 세웠다.[329] 신숙주(申叔舟)의 기문[330]이 있다.

329 세종……세웠다 : 〈태안 객사 신창기〉에 "기미년(1439, 세종21) 겨울 10월에 역사(役事)를 시작하여 신유년(1441) 가을 8월에 끝마쳤다."라고 하였다.

330 신숙주(申叔舟)의 기문 : 《보한재집(保閑齋集)》 권14 〈태안군 벽기(泰安郡壁記)〉를 지칭하는 듯하다.

봉수烽燧

백화산 봉수(白華山烽燧) 동쪽으로 서산군(瑞山郡) 북산(北山)에 응하고, 남쪽으로 같은 군 도비산(都飛山)에 응한다.

우역郵驛

하천역(下川驛) 군 동쪽 12리에 있다.

흥인원(興仁院) 군 동쪽 10리에 있다.

관량關梁

흥인교(興仁橋) 굴포(堀浦)에 있다.

사묘祠廟

사직단(社稷壇) 군 서쪽에 있다.

문묘(文廟) 향교에 있다.

성황사(城隍祠) 군 서북쪽 1리에 있다.

여단(厲壇) 군 북쪽에 있다.

사찰寺刹

안파사(安波寺) 지령산(知靈山)에 있다. 고려 때 물길이 험악해서 조운선

(漕運船)이 자주 난파하므로 이 절을 세웠다. 중간에 왜구의 침략을 당해 거의 다 파괴되었고, 본조 세조 때에 중건하였다.

홍주사(興住寺) 백화산(白華山)에 있다.

고적古蹟

고태안성(古泰安城) 굴포(堀浦)에 있다.

순성진(蓴城鎭) 군 동쪽 14리에 있다. 석성(石城)이 있었는데 둘레가 1353자이다. 지금은 없어졌다.

복평향(福平鄕) 군 서쪽 15리에 있다. 본래 서산군(瑞山郡) 지역인데, 우리 장헌왕(莊憲王 세종) 27년(1445)에 떼어 내어 본군에 편입시켰다.

백화산고성(白華山古城) 돌로 쌓았고, 둘레가 2042자이다. 안에 우물이 하나 있었다. 지금은 없어졌다.

태일전(太一殿) 백화산고성 안에 있다. 본조 성종(成宗) 때에 경상도 의성현(義城縣)에서 이곳에 옮겨 설치하였다. 매년 1월 보름에 향을 내려 제사하였는데, 지금은 폐지하였다.

명환名宦

본조

박홍문(朴弘文) 장헌왕조에 지태안군사(知泰安郡事)가 되었다. 고려 말에 본군이 병란을 거치면서 완전히 황무지가 되었다. 본조에 들어와서부터 흩어졌던 군민이 다 돌아오고 다른 고을 백성들도 기꺼이 귀의하였다. 당시 조정에서 각 도에 영을 내려 전조에서 유망(流亡)한 백성들을 쇄환하도록 하였다. 이에 군민 중에 떠나가야 할 이들이 100여 호가 되었는데, 직업에 안착한 지가 이미 오래되어서 그 이사하기 어렵기가 새 고장으로 이사하는 것과 다름이 없었다. 박홍문이 말하기를 "군민들이 겨우 300호인데, 함께 부세를 내고 조정의 지시를 봉행하는 자의 태반이 떠돌다가 우거한 이들이다. 지금 여기에서 이미 의식을 해결하고 혼인하여 아들을 키우고 손자를 기르며 살고 있는데, 어찌 거듭 혼란스럽게 할 수 있겠는가. 더구나 군은 백성을 위해 설치한 것이므로 백성이 없으면 군이 될 수 없음에랴." 하고는 즉시 도당(都堂)에 아뢰어서 온 경내가 예전처럼 편히 살게 되었다. 이에 백성들이 모두 감읍하였다.

면천군沔川郡

동쪽으로 홍주(洪州) 경계까지 17리이고, 남쪽으로 덕산현(德山縣) 경계까지 12리이고, 서쪽으로 당진현(唐津縣) 경계까지 13리이고, 북쪽으로 같은 현 경계까지 15리이다. 서울과의 거리는 375리이다.

한전旱田

수전水田

건치연혁建置沿革

본래 백제의 혜군(槥郡)이다. 신라 경덕왕(景德王) 때에 혜성군(槥城郡)으로 고쳤다. 고려 현종(顯宗) 때에 운주(運州)에 편입시켰고 뒤에 다시 혜성현(槥城縣)을 설치하였으며, 충렬왕(忠烈王) 때에 면주(沔州)로 승격하였다. 충렬왕 16년(1290)에 본현 사람 복규(卜奎)가 합단(哈丹) 군사를 막아 낸 공로가 있어서 승격한 것이다. 본조 공정왕(恭定王 태종) 13년(1413)에 면천군(沔川郡)으로 고쳤다. 관장하는 면은 12개이고, 관원은 군수와 훈도이다. 각 1인이다.

군명郡名

혜군(槥郡), 혜성(槥城), '혜(槥)' 자는 세속에서는 '추(橻)' 자로 쓴다. 혹 '유(杻)' 자로 쓰기도 하는데, 잘못이다. 면주(沔州)

형승形勝

산천山川

신암산(申菴山) 군 북쪽 12리에 있다.

다불산(多佛山) 군 서쪽 10리에 있다.

몽산(蒙山) 군 북쪽 4리에 있다.

봉서산(鳳棲山) 군 동쪽 2리에 있다.

마산(馬山) 군 남쪽 8리에 있다.

창택산(倉宅山) 일명 고산(高山)이라고 한다. 창택곶(倉宅串)에 있다.

바다〔海〕 군 북쪽 45리에 있다.

범근내포(犯斤乃浦) 군 동쪽 27리에 있다. 덕산현 신교천(薪橋川) 및 예산현(禮山縣) 내천(柰川), 신창현(新昌縣) 견포(犬浦)의 물이 만나 바다로 흘러 들어가는 곳이다. 예전에 창고가 있어 공주에서 관할하는 군현의 세미(稅米)를 수납하였다가 조운(漕運)하여 서울까지 갔었는데, 성화(成化) 14년(1478, 성종9)에 물이 얕아져서 배가 뜨지 못하므로 아산(牙山)의 공세곶(貢稅串)으로 옮겼다.

창택곶(倉宅串) 군 북쪽 35리에 있다. 목장(牧場)이 있다.

벽골지(碧骨池) 군 동쪽에 있다.

토산土産

모시〔苧〕, 석회(石灰), 감〔柿〕, 지치〔紫草〕, 황금(黃芩), 반하(半夏), 맥문동(麥門冬), 숭어〔秀魚〕, 조기〔石首魚〕, 민어(民魚), 준치〔眞魚〕, 농어〔鱸魚〕, 뱅어〔白魚〕, 전어(錢魚), 오징어〔烏賊魚〕, 붕어〔鯽魚〕, 부레〔魚鰾〕, 은구어(銀口魚 은어), 조개〔蛤〕, 게〔蟹〕, 새우〔蝦〕, 굴〔石花〕

성곽城郭

군성(郡城) 돌로 쌓았고, 둘레가 3002자이다. 오직 남쪽에만 문이 하나 나 있고, 성안에 우물이 2개 있다.

학교學校

향교(鄕校) 군 동쪽 2리에 있다.

궁실宮室

객관(客館)

반월루(伴月樓) 객관 동쪽에 있다. ○ 본조 심수경(沈守慶)의 시[331]에,

난간 밖의 못 안 고요하고	檻外池心靜
소나무 사이 곧은길 길게 나 있네	松間矢道長
대나무는 듬성하여 그림자 희미하고	竹疏微見影
연꽃은 시들어서 향기가 날락 말락	荷老細聞香
저물녘 바람 불어 더위 다 날아가고	薄晚風鏖暑
초가을 비 내려 서늘한 기운 북돋네	新秋雨助涼
변방의 나그네 바뀐 절기에 놀라	客邊驚節序
머리 긁적이며 석양에 서 있노라	搔首立斜陽

하였다.

봉수烽燧

창택산 봉수(倉宅山烽燧) 서쪽으로 당진현(唐津縣) 고산(高山)에 응하고, 북쪽으로 경기(京畿) 양성현(陽城縣) 괴태길곶(槐台吉串)에 응한다.

우역郵驛

순성역(順城驛) 군 동쪽 4리에 있다.

동제원(東濟院) 군 동쪽 5리에 있다.

331 심수경(沈守慶)의 시 : 〈면천 반월루에 쓰다〔題沔川伴月樓〕〉이다. 《聽天堂詩集》

사묘祠廟

사직단(社稷壇) 군 서쪽에 있다.

문묘(文廟) 향교에 있다.

성황사(城隍祠) 몽산(蒙山)에 있다.

여단(厲壇) 군 북쪽에 있다.

능묘陵墓

구예(具藝) 묘 군 북쪽 12리, 신암산(申菴山)에 있다.

이안눌(李安訥) 묘 군 북쪽 30리에 있다. 이행(李荇) 묘도 같은 곳에 있다.

사찰寺刹

구룡암(具龍菴), 장안암(長安菴) 모두 신암산에 있다.

보회암(保會菴) 다불산(多佛山)에 있다.

석수암(石水菴) 창택곶(倉宅串)에 있다.

고적古蹟

몽산성(蒙山城) 돌로 쌓았고, 둘레가 1300자이다. 안에 우물이 2개 있었다. 지금은 없어졌다.

구준대(衢樽臺) 군 남쪽 1리에 있다. 고려 때 지군사(知郡事) 곽충룡(郭翀

龍)이 지었다. 이제현(李齊賢)이 찬(讚)을 짓기를[332] "만민이 모두 나의 동포라 함은 횡거(橫渠 장재(張載))의 말이거니와, 혼자서 즐기는 것이 무엇이 즐거우랴. 구준(衢樽)[333]이 여기 있도다." 하였다. 곽충룡이 또 공관(公館) 앞에 못을 파고 이름을 군자지(君子池)라 하였고, 성 동쪽에 정자를 지어 이름을 강구정(康衢亭)이라 하였으며, 성 서쪽에는 당(堂)을 지어 이름을 치의당(緇衣堂)이라 하였다. 이제현이 모두 찬을 지었다. 지금은 모두 메워지고 없어졌다.

명환名宦

신라

김준(金俊) 진성왕(眞聖王) 때에 추성군 태수(樞城郡太守)가 되었다.

고려

서인(徐堙) 본군이 처음에 면주(沔州)로 승격하였을 때 서인이 당시 지주사(知州事)가 되어 선정(善政)을 베풀었다.

332 이제현(李齊賢)이 찬(讚)을 짓기를 : 〈면주의 지·대·당·정에 대한 명(沔州池臺堂亭銘)〉이다. 《益齋亂藁 卷9下》

333 구준(衢樽) : 《회남자(淮南子)》 〈무칭훈(繆稱訓)〉에 "성인의 도는 마치 큰 길거리 한가운데에 술동이를 두어 지나는 사람마다 크고 작은 양에 따라 각각 적당하게 떠 마시도록 하는 것과 같다.〔聖人之道, 猶中衢而致樽邪, 過者斟酌, 多少不同, 各得所宜.〕"라고 한 데서 온 말이다. 인정(仁政)을 베풀어 백성들이 은택을 입는 것을 뜻하나 여기서는 구준대를 지칭한다.

곽충룡(郭翀龍) 원외(員外)로 있다가 외직으로 나가 지면주군사(知沔州郡事)가 되었다. 본래 서생(書生)으로 군사(軍事)에 익숙하지 않았다. 왜구가 갑자기 쳐들어와 온 고을 사람들이 달아나 숨으니, 곽충룡이 말에 올라 창을 비껴 들고 앞장서서 군중을 격려하여 모두 일당백으로 싸웠다. 이에 적은 형세가 불리해져서 물러갔다.

본조

맹사성(孟思誠), **박안신**(朴安信), **이영견**(李永肩) 모두 지면천군사(知沔川郡事)로 부임하였는데, 은택을 베풀어 백성에게 미쳤으니 지금까지도 칭송하고 있다.

인물人物

고려

복지겸(卜智謙) 신라 말엽에 복 학사(卜學士)라 일컫는 자가 있었는데, 당나라로부터 본군으로 와서 살면서 해적(海賊)을 소탕하고 유민(遺民)들을 보호하여 모여 살게 하였다. 복지겸은 그의 후손이다. 처음 이름은 사괴(砂瑰)이다. 배현경(裵玄慶)과 더불어 태조(太祖)를 추대하여 개국 공신(開國功臣)이 되고 본주의 토지 300경(頃)을 하사받아 자손이 대대로 식읍(食邑)으로 삼았다. 시호는 무공(武恭)이고 태사(太師)에 증직되었으며, 태조의 묘정에 배향되었다.

박술희(朴述熙) 아버지 박득의(朴得宜)는 대승(大丞)을 지냈다. 박술희는 성품이 용감하여 18세에 궁예(弓裔)의 위사(衛士)가 되었다. 뒤에 태조를 섬겨 전공을 세워 대광(大匡)이 되었다. 시호는 엄의(嚴毅)이고, 혜종(惠宗)의 묘정에 배향되었다.

복규(卜奎) 복지겸의 후손이다. 충렬왕 때에 합단(哈丹) 군사를 막아 내어 공을 세웠으므로 본현을 주(州)로 승격하였다.

복기(卜祺) 복지겸의 후손이다. 충숙왕조(忠肅王朝)에 내사사인(內史舍人)을 지냈다.

구예(具藝) 그 선조는 능성현(綾城縣) 사람으로 평장사(平章事) 구민첨(具民瞻)의 후손이다. 구민첨이 복지겸의 증손녀를 아내로 맞았으므로 자손들이 외향(外鄕)을 따라 그대로 거주하였다. 구예는 문과에 장원 급제하고, 충선왕(忠宣王) 때 면성부원군(沔城府院君)에 봉해졌다. 초친(椒親)으로 귀현(貴顯)하였으나[334] 선조가 한미한 신분임을 잊지 않아서 화각 소리를 들으면 바로 걸상에서 내려왔다.[335] 손자 구위(具褘)는 좌정승이 되었다.

본조

복승정(卜承貞) 과거에 급제하여 누차 주군(州郡)을 맡아 다스렸는데, 순리

334 초친(椒親)으로 귀현(貴顯)하였으나 : 초친은 후비(后妃)의 친정붙이라는 뜻이다. 《택당집(澤堂集)》 별집 권9 〈능해군 초당 구공의 행장〔綾海君草塘具公行狀〕〉 등의 문헌에는 "공훈을 세워 면성부원군에 봉해졌다.〔勳封沔城府院君.〕"라는 기록만 있고, 후비와 관련된 기록은 보이지 않는다.

335 선조가……내려왔다 : 화각은 뿔피리로, 관청이나 군대에서 경고를 알릴 때 부는 악기이다. 《수종재집(守宗齋集)》 권9 〈능성구씨 족보서(綾城具氏族譜序)〉에는 "그의 선조가 이역에 종사하였으므로 늙어 귀향하였을 적에 아각 소리만 나면 반드시 걸상에서 내려와 몸을 구부렸다.〔以其上祖之嘗從吏役, 其退老於鄕, 每響牙角而輒下床俯地.〕" 하였다.

(循吏)로 칭송되었다.

구치관(具致寬) 구예의 5대손이다. 장헌왕조(莊憲王朝 세종)에 과거에 급제하고, 세조조(世祖朝)에 여러 관직을 거쳐 이조 판서가 되었고 의정부 영의정에 이르렀으며 좌익 공신(佐翼功臣)으로서 능성부원군(綾城府院君)에 봉해졌다. 성품이 바르고 엄하며 맑고 근신하였으며 산업(産業)을 일삼지 않았다. 나가면 장수가 되고 들어와서는 정승으로 지낸 것이 무릇 10여 년이었다. 시호는 충렬(忠烈)이다.

열녀列女

곽씨(郭氏) 자매 언니는 박충간(朴忠幹)의 처이다. 지아비가 죽자 슬퍼하는 것이 예를 지나쳤다. 삭망에 반드시 묘소에서 직접 제사 지냈는데 상복을 벗고도 여전히 그만두지 않았다. 동생은 구세충(具世忠)의 처로, 또한 절행(節行)이 있었다. 지아비의 상을 다 마치고도 여전히 소의소식(素衣素食)하고[336] 죽은 이 섬기기를 살아 있을 때와 같이 하였다. 본조 성종 때에 모두 정려(旌閭)하였다.

336 소의소식(素衣素食)하고 : 흰옷을 입고 채소 음식을 먹는다는 뜻으로 상중(喪中)과 똑같이 생활하였다는 말이다.

온양군溫陽郡

동쪽으로 천안군(天安郡) 경계까지 22리이고, 남쪽으로 예산현(禮山縣) 경계까지 26리이고, 서쪽으로 신창현(新昌縣) 경계까지 13리이고, 북쪽으로 아산현(牙山縣) 경계까지 13리이다. 서울과의 거리는 251리이다.

한전旱田

수전水田

건치연혁建置沿革

본래 백제의 탕정군(湯井郡)이다. 신라 문무왕(文武王) 때에 탕정주(湯井州)로 승격하였다가 뒤에 주를 폐하고 군으로 삼았다. 고려 초에 온수군(溫水郡)으로 고치고, 현종(顯宗) 때에 천안부(天安府)에 편입시켰으며, 명종(明宗) 초에 다시 온수현(溫水縣)을 설치하였다. 본조에서 그대로 따르다가 세종(世宗) 24년(1442)에 온양군(溫陽郡)으로 승격하였다. 세종이 온천에 행차하여 머물러 목욕하였으므로 뭇 신하들이 읍향(邑鄕)을 승격하기를 청하였다. 관장하는 면은 6개이고, 관원은 군수와 훈도이다. 각 1인이다.

군명郡名

탕정(湯井), 온수(溫水)

산천山川

연산(燕山) 군 북쪽 2리에 있다. 진산(鎭山)이다.

배방산(排方山) 군 동쪽 8리에 있다. 산 정상에 몇 개의 봉우리가 나란히 우뚝 솟아 있는 것이 가장 기이하다. 세속에서는 과안봉(過鴈峯)이라고 부르고, 일명 오봉산(五峯山)이라고도 한다.

서달산(西達山) 군 남쪽 3리에 있다.

송악산(松嶽山) 군 남쪽 23리에 있다.

화산(華山) 군 남쪽 11리에 있다.

거차라산(巨次羅山), 월라산(月羅山) 모두 군 서쪽 7리에 있다.

광덕산(廣德山) 군 서남쪽 13리에 있다. 산세가 웅대하여 여러 산 가운데 으뜸이다. 본조 이숙함(李淑瑊)의 시에 "남쪽을 바라보니 광덕산이 우뚝 솟아 있는데, 아스라이 새 다니는 길이 중천에 나 있네.〔南望廣德橫嵯峨 杳杳鳥道中天過〕" 하였다.

각흘현(角屹峴) 군 남쪽 30리에 있다. 일명 가문현(佳文峴)이라고 한다.

포천(布川) 군 동쪽 7리에 있다. 차현(車峴), 쌍령(雙嶺) 등처에서 발원하니, 바로 천안군(天安郡) 대천(大川) 하류이고, 서쪽으로 흘러 신창현(新昌縣)

견포(犬浦)로 들어간다. 아산현(牙山縣)에도 보인다.

기천(岐川) 세속에서 가리천(加里川)이라고 부른다. 군 동북쪽 1리에 있다. 원류가 둘이니, 하나는 군 서쪽 전족령(全足嶺)에서 나오고, 하나는 각흘현에서 나와 두 물이 합해져서 북쪽으로 흘러 포천에 들어간다.

온천(溫泉) 군 서쪽 7리에 있다. 병을 치료하는 데에 효험이 있다. 우리 태조(太祖), 세종(世宗), 세조(世祖)가 일찍이 순행하여 머물며 목욕하였으니, 어실(御室)이 남아 있다.

토산土産

옻〔漆〕, 대추〔棗〕, 감〔柿〕, 호도(胡桃), 복령(茯苓)

학교學校

향교(鄕校) 군 서쪽 1리에 있다.

정퇴서원(靜退書院) 현 남쪽 5리에 있다. 숭정(崇禎) 연간[337]에 세워 조광조(趙光祖)와 이황(李滉)을 향사하고, 맹사성(孟思誠), 이순신(李舜臣), 홍가신(洪可臣)을 배향하였다.

337 숭정(崇禎) 연간 : 숭정 2년(1629, 인조7)이다.《燃藜室記述 別集 卷4 祀典典故 書院》

궁실宮室

객관(客館)

대청루(大淸樓) 객관 동쪽에 있다. 군수 최린(崔潾)이 중건(重建)하였고, 이숙함(李淑瑊)이 빙설루(氷雪樓)로 이름을 고치고 기문(記文)을 지었다.

우역郵驛

시흥역(時興驛) 예전에 이흥(理興)이라고 불렀다. 군 남쪽 8리에 있다.

애원(艾院) 군 동쪽 18리에 있다.

신원(新院) 군 동쪽 2리에 있다. 태산원(泰山院)이라고도 부른다.

망빈원(望賓院) 군 동쪽 13리에 있다.

용두원(龍頭院) 군 남쪽 24리에 있다.

송현원(松峴院) 군 동쪽 7리에 있다.

오산원(烏山院) 군 동쪽 10리에 있다.

임반원(任潘院) 군 동쪽 20리에 있다.

사묘祠廟

사직단(社稷壇) 군 서쪽에 있다.

문묘(文廟) 향교에 있다.

성황사(城隍祠) 연산(燕山)에 있다. ○ 고려 고종(高宗) 때 몽고 군사가 들어와 성을 포위하였는데, 고을 아전인 현려(玄呂) 등이 성문을 열고 출전하여 크게 패배시켰다. 왕은 성황신(城隍神)이 은근히 도와준 공이 있다하여 신호(神號)를 가봉(加封)해 주었다.

여단(厲壇) 군 북쪽에 있다.

능묘陵墓

사찰寺刹

과안사(過雁寺), **기린사**(麒麟寺), **남산암**(南山菴) 모두 서달산(西達山)에 있다.

목사(木寺) 배방산(排方山)에 있다.

외암(隈菴), **현우사**(玄雨寺), **중암**(中菴) 모두 화산(華山)에 있다.

석암사(石菴寺) 송악산(松嶽山)에 있다.

고적古蹟

배방산고성(排方山古城) 돌로 쌓았고, 둘레가 3513자이다. 안에 우물이 2개 있었다. 고려 초에 유금필(庾黔弼)이 축성한 것이다. 지금은 없어졌다.

맹사성(孟思誠) **옛집** 군 동남쪽 7리, 금곡(金谷)에 있다.

명환名宦

고려

유금필(庾黔弼) 태조가 유금필에게 명하여 탕정군(湯井郡)에 성을 쌓게 하였는데, 이때 후백제(後百濟) 장군 김훤(金萱) 등이 군사를 거느리고 와서 청주(淸州)를 침략하였다. 하루는 유금필이 본군의 남산(南山)에 올라 앉아 졸고 있었는데, 꿈에 한 대인이 나타나 말하기를 "내일 서원(西原 청주)에 반드시 변고가 있을 것이니 속히 가서 구원해야 한다." 하였다. 유금필이 놀라 깨어나 청주로 달려가서 싸워 패배시키고, 추격하여 독기령(禿岐嶺)까지 가서 죽이거나 사로잡은 자가 300여 인이었다.

이성(李晟) 충렬왕조(忠烈王朝)에 온수 감무(溫水監務)에 등용되었는데, 청렴결백하다고 일컬어졌다.

인물人物

고려

맹희도(孟希道) 그 선조는 신창(新昌) 사람이고, 뒤에 본현 사람이 되었다. 공민왕(恭愍王) 때에 과거에 급제하고 공양왕(恭讓王) 초기에 전교 부령(典校副令)이 되었으며, 효행(孝行)으로 정려(旌閭)되었다. 정사가 어지러운 것을 보고 관직을 버리고 돌아가 오봉산(五峯山) 아래에 살면서 호를 동포(東浦)라 하였다. 정몽주(鄭夢周)가 시를 지어 칭송하였고, 본조 태조 또한 그 문에 정려하였다. 종신토록 출사하지 않았다.

본조

맹사성(孟思誠) 맹희도의 아들이다. 고려 말에 문과에 장원 급제하였다. 본조 세종조에 관직이 의정부 좌의정에 이르렀다. 상부(相府)에 있으면서 대체(大體)를 고수하였으며, 평생 산업을 일삼지 않고 청백(淸白)하였다. 시호는 문정(文貞)이다. 성품이 간략하고 담백하여 세상 사람들이 청고(淸高)한 지절(志節)이 있는 자를 일컬을 때는 반드시 맹사성을 꼽는다고 한다.

평택현平澤縣

동쪽으로 직산현(稷山縣) 경계까지 10리이고, 남쪽으로 아산현(牙山縣) 경계까지 8리, 천안군(天安郡) 경계까지 12리이고, 서쪽으로 경기 수원부(水原府) 경계까지 20리이고, 북쪽으로 같은 부 경계까지 10리이다. 서울과의 거리는 124리이다.

한전旱田

수전水田

건치연혁建置沿革

본래 백제 아술현(牙述縣) 지역이다. 뒤에 하팔현(河八縣)을 설치하였다. 고려 때 평택(平澤)으로 고치고 그대로 천안부(天安府)에 편입시켰다가 뒤에 다시 평택현(平澤縣)을 설치하였다. 본조에서 그대로 따랐다. 소경왕(昭敬王 선조) 25년(1592)에 직산현(稷山縣)에 병합하였다가 얼마 뒤에 다시 떼어 내어 설치하였다. 관장하는 면은 6개이고, 관원은 현감과 훈도이다. 각 1인이다.

군명郡名

하팔(河八)

산천山川

성산(城山) 현 북쪽 1리에 있다. 현 □□[338] 오직 이 산이 조금 높아서 조망할 만하다.

시포(市浦) 현 남쪽 11리, 아산현 경계에 있다.

신덕포(新德浦) 현 서쪽 5리에 있다.

토산土産

붕어〔鯽魚〕, 숭어〔秀魚〕

학교學校

향교(鄕校) 현 서쪽 1리에 있다.

338 현 □□ : 대본에는 '縣□□山阜'로 되어 있는데, 의미가 통하지 않아 '山阜'도 번역하지 않았다. 《대동지지(大東地志)》 권5 〈충청도 평택〉 산수조(山水條) 당산(堂山) 항목에 "북쪽 1리에 있다. 현은 들 가운에 있는데 오직 이곳이 조금 높다.〔北一里. 縣在野中, 惟此差高.〕"라고 되어 있다.

궁실 宮室

객관(客館)

우역 郵驛

화천역(花川驛) 현 동쪽 5리에 있다.

상원(上院) 현 서쪽 5리에 있다.

사묘 祠廟

사직단(社稷壇) 현 서쪽에 있다.

문묘(文廟) 향교에 있다.

성황사(城隍祠) 성산(城山)에 있다.

여단(厲壇) 현 북쪽에 있다.

홍산현鴻山縣

동쪽으로 부여현(扶餘縣) 경계까지 21리, 임천군(林川郡) 경계까지 18리이고, 남쪽으로 한산군(韓山郡) 경계까지 9리, 서천군(舒川郡) 경계까지 8리이고, 서쪽으로 남포현(藍浦縣) 경계까지 16리, 비인현(庇仁縣) 경계까지 15리이고, 북쪽으로 홍주(洪州) 경계까지 44리이다. 서울과의 거리는 422리이다.

한전旱田

수전水田

건치연혁建置沿革

본래 백제의 대산현(大山縣)이다. 신라 경덕왕(景德王) 때에 한산(翰山)으로 고치고 가림군(嘉林郡) 영현(領縣)으로 삼았다. 고려 초기에 홍산(鴻山)으로 고치고 그대로 가림(嘉林)에 편입시켰다가 명종(明宗) 때에 떼어 내어 한산현(韓山縣)에서 겸관(兼管)하게 하였다. 본조 태종(太宗) 13년(1413)에 다시 홍산현(鴻山縣)을 설치하였다. 관장하는 면은 9개이고, 관원은 현감과 훈도이다. 각 1인이다.

군명郡名

대산(大山), 한산(翰山)

산천山川

비홍산(飛鴻山) 현 서쪽 2리에 있다. 진산(鎭山)이다. 형상이 날아가는 기러기 모습 같아서 그렇게 이름이 붙여졌다.

아미산(阿彌山) 현 북쪽 27리에 있다.

천보산(天寶山) 현 북쪽 13리에 있다.

만수산(萬壽山) 현 북쪽 47리에 있다.

거차산(居次山) 현 북쪽 26리에 있다.

월명산(月明山) 현 북쪽 9리에 있다.

미조천(彌造川) 현 동쪽 10리에 있다. 월명산에서 발원하여 임천(林川) 구량포(九良浦)에 들어간다.

금천(金川) 현 남쪽 3리 목촌동(木村洞)에 있다. 구량포에 들어간다.

토산土産

석회(石灰), 옻〔漆〕, 모시〔苧〕, 감〔柿〕, 복령(茯苓), 안식향(安息香), 게〔蟹〕

학교學校

향교(鄕校) 현 북쪽 3리에 있다.

서원(書院) 향교 동쪽에 있다. 금상(今上) 기해년에 세워 김시습(金時習)을 향사하였다.[339]

궁실 宮室

객관(客館)

징청루(澄淸樓) 객관 동북쪽에 있다. 현감 이의석(李宜碩)이 세웠다. ○ 본조 심수경(沈守慶)의 시[340]에,

대나무 빛이 두 섬을 나누고	竹色分雙島
연꽃 향이 온 못에 가득 찼네	荷香滿一池
평평한 들판에 비 지나간 뒤	雨過平野後
작은 누각에 올라 기대 보네	人倚小樓時
경치 좋은 곳 누구와 감상할꼬	勝地誰同賞
나그네 시름 나그네만 알 뿐	羈愁只自知
시 지어 성채 쌓고 싶으면	欲將詩作壘
애오라지 술 가지고 터 닦아야지	聊用酒爲基

하였다.

339 금상(今上)……향사하였다 : 저자와 관련해서 기해년은 1659년(효종10)에 해당되는데, 서원은 미상이다. 《연려실기술(燃藜室記述)》 별집 권4 〈사전전고(祀典典故)〉 서원(書院)과 《대동지지(大東地志)》 권5 〈충청도 홍산〉 사원조(祠院條)에 "김시습을 향사한 청일서원(淸逸書院)이 있었는데 천계(天啓) 신유년(1621, 광해군13)에 세웠고 숙종 갑신년(1704, 숙종30)에 사액하였다."라고 되어 있다.

340 심수경(沈守慶)의 시 : 〈홍산 징청루에 쓰다〔題鴻山澄淸樓〕〉이다. 《聽天堂詩集》

향청정(香淸亭) 객관 북쪽에 있다.

우역郵驛

숙홍역(宿鴻驛) 옛 이름은 비웅(非熊)이었는데, 우리 태종 9년(1409)에 술사(術士)가 본현이 기러기가 나는 형세라고 하여 지금 이름으로 고쳤다. 현 동쪽 5리에 있다.

녹간원(鹿間院) 현 북쪽 21리에 있다.

광명원(廣明院) 현 서쪽 9리에 있다.

율현원(栗峴院) 현 북쪽 43리에 있다.

관량關梁

신교(薪橋) 금천(金川)에 있다. 현과의 거리는 7리이다.

사묘祠廟

사직단(社稷壇) 현 서쪽에 있다.

문묘(文廟) 향교에 있다.

성황사(城隍祠) 비홍산(飛鴻山)에 있다.

여단(厲壇) 현 북쪽에 있다.

사찰寺刹

적선사(積善寺) 천보산(天寶山)에 있다.

무량사(無量寺) 만수산(萬壽山)에 있다. 호서(湖西)의 거찰(巨刹)이다. 본조 김시습(金時習)이 이곳에서 졸하여 승도(僧徒)들이 부도(浮圖)를 지었다. 또 절에 김시습의 화상(畫像)과 자찬(自贊)이 있었는데, 훗날 서원(書院)에 돌려주었다.

보현사(普賢寺) 만수산에 있다.

서운사(棲雲寺) 천보산에 있다.

고적古蹟

옛 읍성〔古邑城〕 현 남쪽 1리에 있다. 돌로 쌓았고, 둘레가 1030자이다. 안에 우물이 2개 있다.

덕산현德山縣

동쪽으로 예산현(禮山縣) 경계까지 23리이고, 남쪽으로 홍주(洪州) 경계까지 13리이고, 서쪽으로 해미현(海美縣) 경계까지 18리이고, 북쪽으로 면천군(沔川郡) 경계까지 23리이다. 서울과의 거리는 341리이다.

한전旱田

수전水田

건치연혁建置沿革

본래 백제의 마시산군(馬尸山郡)이다. 신라 때 이산군(伊山郡)으로 고쳤다. 고려 현종(顯宗) 때에 운주(運州)에 편입시켰고 뒤에 다시 이산현(伊山縣)을 설치하였다. 본조 태종(太宗) 5년(1405)에 덕풍(德豐)에 병합하고 덕산현(德山縣)으로 고쳤다. 관장하는 면은 12개이고, 관원은 현감과 훈도이다. 각 1인이다.

군명郡名

이산(伊山)

산천山川

가야산(伽倻山) 현 서쪽 9리에 있다. 바위산이 높고 험준하며 위에 석문(石門)이 있다. 해미현(海美縣)에도 보인다.

팔봉산(八峯山) 현 남쪽 8리에 있다.

상왕산(象王山) 현 북쪽 13리에 있다. 가야산과 서로 이어져 있다. 또 해미현에도 보인다.

덕숭산(德崇山) 현 남쪽 12리에 있다. 산에 수덕사(修德寺)가 있으므로 이름을 수덕산이라고도 한다.

대덕산(大德山) 현 남쪽 8리에 있다. 누산(樓山)이라고도 부르니, 들판 가운데 있는 작은 산이다.

대현(大峴) 현 서쪽 18리에 있다.

삽천(澁川) 일명 신교천(薪橋川)이라고 한다. 현 동쪽 17리에 있다. 홍주(洪州)에서 흘러 본현 경계로 들어오고 그 하류가 또 화척탄(禾尺灘)이 되며, 북쪽으로 흘러 정포(井浦)에 들어간다.

정포(井浦) 현 동북쪽 30리에 있다. 삽천과 예산현(禮山縣) 내천(柰川)이 이곳에서 합류한다. 또 북쪽으로 면천군(沔川郡) 범근내포(犯斤乃浦)가 된다. 신창현(新昌縣)에도 보인다.

온천(溫泉) 현 남쪽 7리에 있다.

토산土産

자기(磁器), 석회(石灰), 현 북쪽 우교리(牛橋里)에서 난다. 옻〔漆〕, 감〔柿〕, 현호색(玄胡索), 작약(芍藥), 숭어〔秀魚〕, 붕어〔鯽魚〕, 뱅어〔白魚〕, 산무애뱀〔白花蛇〕

성곽城郭

현성(縣城) 돌로 쌓았고, 둘레가 2655자이다. 남쪽에만 문 하나가 나 있다. 성안에 우물이 2개 있다.

학교學校

향교(鄕校) 현 서쪽 5리에 있다.

궁실宮室

객관(客館)

향사당(鄕射堂) 객관 서쪽에 있다.

연무당(鍊武堂) 서문(西門) 밖에 있다.

우역郵驛

급천역(汲泉驛) 현 동쪽 8리에 있다.

봉용원(峯聳院) 현 남쪽 5리에 있다.

관량關梁

삽천교(霅川橋) 현 동쪽 17리에 있다. 석교(石橋)이다.

사묘祠廟

사직단(社稷壇) 현 서쪽에 있다. .

문묘(文廟) 향교에 있다.

성황사(城隍祠) 현 동쪽 3리에 있다.

가야갑사(伽倻岬祠) 현 서쪽 3리에 있다. 신라 때 서진(西鎭)으로 삼고, 중사(中祀)로 기재하였다. 본조에서 그 관아에 명하여 봄가을로 제사 지내게 하였다.

여단(厲壇) 현 북쪽에 있다.

능묘陵墓

유숙(柳淑)의 묘 현 서쪽 7리, 가야동(伽倻洞)에 있다.

사찰寺刹

가야사(伽倻寺) 가야산에 있다. 절에 철심을 박은 석탑(石塔)이 있는데, 사면에 석감(石龕)이 있고 각각 석불(石佛)을 안치하였다. 제도가 매우 기묘하여 세속에서는 금탑(金塔)이라고 칭한다.

수덕사(修德寺) 덕숭산(德崇山)에 있다. 절에 취적루(翠積樓), 불운루(拂雲樓) 두 누각이 있다.

서림사(西林寺) 상왕산(象王山)에 있다.

백암(百菴) 가야산 꼭대기에 있어서 멀리까지 훤히 바라다보인다.

고적古蹟

덕풍폐현(德豐廢縣) 현 북쪽 13리에 있다. 본래 백제 금물현(今勿縣)이다. 신라 경덕왕(景德王) 때에 금무(今武)로 고치고, 이산군(伊山郡) 영현(領縣)으로 삼았다. 고려 때 덕풍(德豐)으로 고치고, 현종 때에 인하여 운주(運州)에 편입시켰다가 명종(明宗) 때 다시 덕풍현(德豐縣)을 설치하였다. 본조 태종 5년(1405)에 본현에 병합하였다.

이산진(伊山鎭) 고려 때 최영(崔瑩)이 건의하여 도절제사영(都節制使營)을 이산(伊山)에 설치하였다. 본조 태종 16년(1416)에 태안군(泰安郡)에 거둥하여 명을 내려 진영을 해미현(海美縣)으로 옮기도록 하고 이산의 옛 진영을 본현의 치소로 삼도록 하였다.

명환名宦

본조

왕사달(王思達) □□ 때에 유일(遺逸)로 천거되고, 발탁되어 덕산 현감(德

山縣監)에 제수되었다. 현리(縣吏)가 맞이하러 그 집에 가니, 왕사달은 한창 아내와 함께 밭을 매고 있었다. 관직에 부임하여서는 물처럼 맑게 정사를 행해서 온 경내가 태곳적같이 평온하였다. 6년 뒤에 떠났는데 행장이 소박하여 단지 올 때 가져온 서책 한 상자뿐이었다. 백성들이 추모하여 잊지 못하였다.

이명준(李命俊) 광해군(光海君) 초기에 덕산 현감이 되었는데, 청렴하고 강직하게 정사를 행하여 부세를 균등히 하고 학문을 흥기시키니 온갖 폐기된 일들이 모두 회복되었다. 또 송사 비용을 취하여 백성들의 요역에 보태는 등 치적이 온 도에서 으뜸이었다.

유우流寓

유숙(柳淑) 서주(瑞州) 사람이다. 고려 공민왕(恭愍王) 때에 재상이 되었다. 신돈(辛旽)의 참소를 입자 전리(田里)로 돌아갈 것을 청하여 가야산(伽倻山) 아래 집을 짓고 살았다. 장차 유유자적하며 노년을 보내려 했으나 해를 입으니,[341] 나라 사람들이 탄식하며 애석해하였다.

341 해를 입으니 : 유숙은 1365년(공민왕14) 신돈의 모함으로 시골에 돌아가 있다가 1368년 영광(靈光)에서 신돈이 보낸 사람에 의해 교살당하였다. 《동국여지지》 권3 〈충청도 서산군〉 유우조(流寓條)에 자세히 나온다.

청양현 青陽縣

동쪽으로 정산현(定山縣) 경계까지 21리이고, 남쪽으로 부여현(扶餘縣) 경계까지 31리이고, 서쪽으로 홍주(洪州) 경계까지 11리이고, 북쪽으로 대흥현(大興縣) 경계까지 23리이다. 서울과의 거리는 368리이다.

한전 旱田

수전 水田

건치연혁 建置沿革

본래 백제 고량부리현(古良夫里縣)이다. 신라 경덕왕(景德王) 때에 이름을 청무(青武)로 고치고, 임성군(任城郡) 영현(領縣)으로 삼았다. 고려 초에 청양(青陽)으로 고치고, 현종(顯宗) 때에 천안부(天安府)에 편입시켰다가 뒤에 옮겨 홍주(洪州)에 편입시켰다. 본조 태조(太祖) 4년(1395)에 다시 청양현(青陽縣)을 설치하였다. 관장하는 면은 4개이고, 관원은 현감과 훈도이다. 각 1인이다.

군명郡名

청무(青武)

형승形勝

산천山川

우산(牛山) 일명 기룡산(騎龍山)이다. 현 북쪽 1리에 있다. 진산(鎭山)이다.

백월산(白月山) 일명 비봉산(飛鳳山)이라고 한다. 현 남쪽 19리에 있다. 대흥현(大興縣)에도 보인다.

구봉산(九峯山) 현 서쪽 5리에 있다.

두타산(頭陀山) 현 남쪽 10리에 있다.

묘산(猫山) 현 북쪽 13리에 있다.

칠갑산(七甲山) 현 동쪽 15리에 있다.

사자산(獅子山) 현 북쪽 21리에 있다. 대흥현에도 보인다.

여도현(餘道峴) 현 남쪽 10리에 있다.

대현(大峴) 현 동쪽 15리에 있다.

오리현(吾里峴) 현 서쪽 10리에 있다.

남천(南川) 현 남쪽 2리에 있다. 사자산과 칠갑산 두 산에서 발원하여 금정역(金井驛) 동쪽을 지나 정산현(定山縣) 경계에 이르러 금강천(金剛川)이 된다.

토산土產

철(鐵), 현 동남쪽 금전(金田), 공출(公出), 칠갑현(七甲峴) 및 용두(龍頭) 등처와 금산(金山) 남쪽에서 난다. 석회(石灰), 시전리(柿田里)에서 난다. 감〔柿〕, 잣〔海松子〕, 지치〔紫草〕, 송이버섯〔松蕈〕, 안식향(安息香), 쏘가리〔錦鱗魚〕, 게〔蟹〕

공서公署

금정도 찰방사(金井道察訪司) 현 남쪽 10리에 있다. 금정(金井), 광시(光時), 해문(海門), 청연(青淵), 세천(世川), 용곡(龍谷), 몽웅(夢熊), 하천(下川), 풍전(豐田), 시흥(時興), 창덕(昌德), 일흥(日興), 급천(汲泉), 순성(順城), 흥세(興世), 장시(長時), 화천(花川) 17개 역을 다스린다. ○ 찰방 1인이 있다. 예전에는 승(丞)을 두었는데, 지금은 참하(參下) 찰방(察訪)을 둔다. ○ 시흥 이하 8개 역은 예전에는 시흥도 승(時興道丞)을 두어 다스렸는데, -원문 3, 4자 결락- 때에 이곳에 병합하였다.

학교學校

향교(鄉校) 현 동쪽 1리에 있다.

궁실宮室

객관(客館)

쌍청루(雙淸樓)

벽함정(碧涵亭) 현 남쪽 6리에 있다. 정자는 남천에 임해 있고, 종실(宗室)인 오성감(烏城監)[342]의 별서(別墅)이다.

우역郵驛

금정역(金井驛) 현 남쪽 10리에 있다. 찰방사(察訪司) 본역이다.

마양원(馬養院) 현 남쪽 3리에 있다.

인려원(仁旅院) 현 동쪽 17리에 있다.

건천원(乾川院) 현 서쪽 19리에 있다.

가정자원(加亭子院) 현 북쪽 20리에 있다.

관량關梁

금정교(金井橋) 금정역 앞에 있다. 판교(板橋)로, 남천(南川) 하류에 놓여 있다.

별산교(鱉山橋) 현 남쪽 8리에 있다. 판교로, 남천에 놓여 있다.

사묘祠廟

사직단(社稷壇) 현 서쪽에 있다.

342 오성감(烏城監) : 조선 중기의 문신인 이희량(李希良)이다. 오성은 전라도 화순(和順)의 옛 이름이다.

문묘(文廟) 향교에 있다.

성황사(城隍祠) 우산(牛山)에 있다.

여단(厲壇) 현 북쪽에 있다.

사찰寺刹

정련암(淨蓮菴), 백월암(白月菴), 월산사(月山寺) 모두 백월산(白月山)에 있다.

화정사(和鼎寺) 구봉산(九峯山)에 있다.

장곡사(長谷寺) 칠갑산(七甲山)에 있다.

운곡사(雲谷寺) 사자산(獅子山)에 있다.

남산사(南山寺) 현 남쪽 1리의 관비산(官婢山)에 있다.

고적古蹟

우산고성(牛山古城) 돌로 쌓았고, 둘레가 1226자이다. 안에 우물이 2개 있었다. 지금은 없어졌다.

인물人物

고려

이자송(李子松) 공민왕조(恭愍王朝)에 전법 판서(典法判書)에 제수되었다.

덕흥군(德興君)의 변란 때에 이자송이 원나라에 있었는데, 원나라 황제가 고려 사람들에게 모두 덕흥군을 따라 본국으로 가도록 영을 내렸으나, 이자송은 따라가지 않고 숨었다. 오랫동안 연(燕) 땅에 살면서 돈과 식량이 다 떨어졌는데도 끝까지 마음을 바꾸지 않았다. 이윽고 돌아오자 왕이 그 절의를 가상하게 여겨서 공신(功臣)의 칭호를 내렸다. 그 뒤에 신우(辛禑)에게 사냥을 경계하고 주색(酒色)을 삼가도록 간언하였더니, 신우가 좋아하지 않아서 관직을 파면하고 공산부원군(公山府院君)에 봉하였다. 최영(崔瑩)이 신우에게 요동(遼東)을 공격할 것을 권고하자 이자송이 최영의 집으로 가서 불가한 바를 극력 말하였는데, 신우가 그를 죽였다. 이자송은 청렴하였으므로 나라 사람들은 그가 다시 재상이 되기를 바라고 있었는데, 그가 죽었다는 소식을 듣고는 모두들 슬퍼하고 한탄하였다.

대흥현大興縣

동쪽으로 공주(公州) 경계까지 30리이고, 남쪽으로 청양현(靑陽縣) 경계까지 22리이고, 서쪽으로 홍주(洪州) 경계까지 9리이고, 북쪽으로 예산현(禮山縣) 경계까지 19리이다. 서울과의 거리는 323리이다.

한전旱田

수전水田

건치연혁建置沿革

본래 백제의 임존성(任存城)이다. 일명 금주(今州)라고 한다. 신라 경덕왕(景德王) 때에 임성군(任城郡)으로 고쳤다. 고려 초에 대흥군(大興郡)으로 고치고, 현종(顯宗) 때에 운주(運州)에 편입시켰다가 명종(明宗) 초에 다시 대흥현(大興縣)을 설치하였다. 본조에서 그대로 따랐다. 관장하는 면은 8개이고, 관원은 현감과 훈도이다. 각 1인이다.

군명郡名

임존성(任存城), 임성(任城)

산천山川

대흥산(大興山) 현 서쪽 2리에 있다. 진산(鎭山)이다. 일명 봉수산(鳳首山)이라 한다.

사자산(獅子山) 현 동쪽 21리에 있다.

백월산(白月山) 현 남쪽 19리에 있다.

금롱산(金籠山) 현 남쪽 16리에 있다.

당산(堂山) 현 동쪽 21리에 있다.

박산(朴山) 현 동쪽 12리에 있다.

가차산(加次山) 현 동북쪽 11리에 있다.

송림산(松林山) 현 동쪽 19리에 있다.

비도현(飛到峴) 현 동쪽 14리에 있다.

내천(滐川) 세속에서 경결천(京結川)[343]이라 칭한다. 홍주(洪州) 오서산(烏棲山) 동쪽에서 발원하여 여양폐현(驪陽廢縣)에서 북쪽으로 흐르다가 현 동쪽 1리를 지나 서쪽으로 흘러 예산현(禮山縣) 서쪽을 경유하여 신창현(新昌縣) 정포(井浦)에 들어간다.

죽천천(竹遷川) 거변소(居邊所)에 있는데, 현과의 거리는 동쪽으로 17리이다.

343 경결천(京結川) : 《신증동국여지승람》 권20 〈충청도 대흥현〉 산천조에는 내천(滐川)의 하류라고 하였다.

청양현(靑陽縣) 어사현(於士峴)에서 발원하여 내천(柰川)으로 들어간다.

토산土産

석회(石灰), 감〔柿〕, 황금(黃芩), 송이버섯〔松蕈〕, 붕어〔鯽魚〕, 게〔蟹〕

학교學校

향교(鄕校) 현 북쪽 3리에 있다.

궁실宮室

객관(客館) 객관 동쪽에 포정정(布政亭)이 있었는데, 관찰사 안침(安琛)이 이름을 견사정(見思亭)으로 고쳤다.

우역郵驛

광시역(光時驛) 현 남쪽 19리에 있다.

가방원(加方院) 현 동남쪽 2리에 있다.

관량關梁

가방교(加方橋) 현 동쪽 2리에 있다.

거변교(居邊橋) 현 동쪽 17리, 달천(達川)에 있다.

금막천교(金莫川橋) 현 북쪽 19리에 있다.

사묘祠廟

사직단(社稷壇) 현 서쪽에 있다.

문묘(文廟) 향교에 있다.

성황사(城隍祠) 대흥산(大興山)에 있다. 세속에서는 당(唐)나라 장수 소정방(蘇定方)이 사당 신〔祠神〕이 되었다고 한다.

여단(厲壇) 현 북쪽에 있다.

사찰寺刹

대련사(大連寺) 대흥산에 있다.

용흥사(龍興寺) 사자산(獅子山)에 있다.

보광암(普光菴) 백월산에 있다.

은암(銀菴) 금룡산에 있다.

송림사(松林寺) 송림산에 있다.

안국사(安國寺)

고적古蹟

고임존성(古任存城) 현 서쪽 13리, 대흥산 남쪽 산등성이에 있다. 돌로 쌓았고, 둘레는 5200자이다. 안에 우물이 3개 있었다. 바로 백제의 지수신(遲受信)과 흑치상지(黑齒常之) 등이 당나라 장수 유인궤(劉仁軌)와 대적하였던 곳이다. 지금은 모두 허물어지고 없어졌다.

인물人物

고려

한유충(韓惟忠) 근검하고 정직하였으므로 세상에서 존중을 받았다. 관직이 평장사에 이르렀다.

한문준(韓文俊) 한유충의 아들이다. 성품이 고아(高雅)하고 정직하였으며 글을 잘 지었다. 인종조(仁宗朝)에 문과에 급제하였다. 당시는 한창 외직을 중히 여기던 시대였는데 장주(長州)·장흥(長興)·남원(南原) 3개 군(郡)의 부사(副使)와 남경 부유수(南京副留守)[344]를 역임하면서 모두 은혜로운 정사를 베풀었다. 문인(門人) 오세재(吳世才)가 이르기를 "남쪽으로는 세 군(郡)을 소생시키고, 동쪽으로 한 주(州)를 무마하였다." 하니,[345] 세상에서 사실대로 기록한 말이라고 하였다. 명종조에 문하시랑평장사(門下侍郎

344 남경 부유수(南京副留守) : 남경은 한양의 별칭인데 《고려사절요》 권5 〈문종 인효대왕(文宗仁孝大王) 2 정미 21년〉 12월 기사에 "양주(楊州)를 남경 유수관으로 고치고, 이웃 군의 백성을 이주시켜 채웠다."라는 기록을 보면 양주를 지칭하는 듯하다.

345 오세재(吳世才)가……하니 : 《신증동국여지승람》 권20 〈충청도 대흥현〉 인물조(人物條)에는 "오세재의 시에 '남쪽으로 삼군의 풍속을 살아나게 하였고, 동쪽으로 한 고을의 백성을 무마하였다.〔南蘇三郡俗, 東撫一州民.〕' 하였다."라고 인용하였다.

平章事)에 제수되었다. 시호는 정의(貞懿)이다.

한취(韓就) 진사과(進士科)에 합격하고 관직이 문하성사(門下省事)에 이르렀다.[346]

이성만(李成萬) 아우 이순(李淳)과 함께 부모를 모셨는데 모두 효성이 지극하였다. 부모가 죽자 이성만은 이순과 더불어 3년간 여묘하였는데 슬퍼함이 예를 지나쳤다. 평소 형제가 아침저녁으로 서로 왕래하며 우애를 극진히 하였고, 맛있는 음식이 있을 때도 함께 있지 않으면 먹지 않았으니, 향리 사람들이 감탄하였다. 일이 보고되어 정려(旌閭)하였다.

열녀 列女

곽씨(郭氏) 고려 말기 사람이다. 19세에 박근(朴根) 집에 시집갔는데, 23세에 박근이 죽으니 3년간 여묘하였으며, 상을 마치고도 친정으로 돌아가지 않고 종신토록 시부모를 효성으로 봉양하였다. 일이 보고되어 정려하였다.

346 관직이 문하성사(門下省事)에 이르렀다 : 문하성사는 지문하성사(知門下省事)를 말하는 듯하다. 《고려사》 권99 〈최유청열전(崔惟淸列傳)〉에 한취(韓就)는 관직이 중서시랑평장사(中書侍郎平章事)에 이르렀다고 하고 문하성 관력에 대한 기록은 보이지 않는다.

비인현庇仁縣

동쪽으로 홍산현(鴻山縣) 경계까지 34리이고, 서쪽으로 해안(海岸)까지 5리이고, 남쪽으로 서천군(舒川郡) 경계까지 20리이고, 북쪽으로 남포현(藍浦縣) 경계까지 9리이다. 서울과의 거리는 496리이다.

한전旱田

수전水田

건치연혁建置沿革

본래 백제의 비중현(比衆縣)이다. 신라 경덕왕(景德王) 때에 비인(庇仁)으로 고치고 서림군(西林郡) 영현(領縣)으로 삼았다. 고려 현종(顯宗) 때에 가림현(嘉林縣)에 편입시켰고, 뒤에 다시 비인현(庇仁縣)을 설치하였다. 본조에서 그대로 따랐다. 관장하는 면은 6개이고, 관원은 현감과 훈도이다. 각 1인이다.

군명郡名

비중(比衆)

산천山川

월명산(月明山) 현 동쪽 18리에 있다.

양의산(兩儀山) 현 동쪽 12리에 있다.

어운현(於運峴) 현 남쪽 9리에 있다.

둔덕현(屯德峴) 현 동쪽 7리에 있다.

부소현(扶蘇峴) 현 동쪽 23리에 있다.

종천(鍾川) 현 남쪽 13리에 있다. 현 동북쪽 9리 심동동(深動洞)에서 발원하여, 서쪽으로 흘러 바다에 들어간다.

도둔곶(都屯串) 현 서쪽 26리에 있다. 동백정(冬柏亭)이 있다.

장배곶(長背串) 현 남쪽 19리에 있다.

하미도(河尾島) 현 남쪽 6리에 있다.

바다〔海〕 현 서쪽 5리에 있다. ○ 본조 이숙함(李淑瑊)의 〈바다를 바라보다〔望海〕〉라는 시에,

바다 기운 망망한데 물이 하늘을 치니	海氣茫茫水拍天
뒤집히는 집채만 한 파도 만천이나 되네	浪翻如屋萬千千
평소 운몽택 여덟아홉 개 삼키었지만[347]	平生八九呑雲夢

347 평소……삼키었지만 : 사마상여(司馬相如)의 〈상림부(上林賦)〉에 "초나라에는 칠택이 있어, 그중에 하나인 운몽택은 사방이 구백 리인데, 운몽택 같은 것 여덟아홉 개를 삼키어도

이 바다 대하니 흉금이 갑절 넓어지누나　　　　對此胸襟倍豁然

하였다.

연도(煙島) 둘레가 23리이다.

모도(茅島), **병루도**(竝累島)

○ 이상의 두 섬은 모두 서해 가운데 있는데, 조수가 밀려가면 육지와 연결된다.

토산土産

대나무〔竹〕, **죽전**(竹箭), 현 동쪽 성곽 아래에서 난다. **소금**〔鹽〕, **조기**〔石首魚〕, **숭어**〔秀魚〕, **전복**〔鰒〕, **청어**(青魚), **홍어**(洪魚), **오징어**〔烏賊魚〕, **상어**〔鯊魚〕, **삼치**〔麻魚〕, **전어**(錢魚), **조개**〔蛤〕, **민어**(民魚), **농어**〔鱸魚〕, **낙지**〔絡締〕, **꼬막**〔江瑤柱〕, **참가사리**〔細毛〕, **김**〔海衣〕, **산무애뱀**〔白花蛇〕

성곽城郭

현성(縣城) 돌로 쌓았고, 둘레가 3505자이다. 문이 있고, 성안에 우물이 3개 있다. 해구(海口)와의 거리는 160보이다.

가슴속에 조금도 거리낌이 없다.〔楚有七澤, 其一曰雲夢, 方九百里. 呑若雲夢者八九, 其於胸中曾不蔕芥.〕" 한 데서 온 말로, 평소 광대한 포부를 품고 있었다는 뜻이다.

공서公署

-원문 다수 결락-[348]

학교學校

향교(鄕校) 현 동쪽 3리에 있다.

궁실宮室

객관(客館) 객관 북쪽에 관해정(觀海亭)이 있다.

봉수烽燧

칠지산 봉수(漆枝山烽燧) 현 서쪽 7리에 있다. 남쪽으로 서천군(舒川郡) 운은산(雲銀山)에 응하고, 북쪽으로 남포현(藍浦縣) 통달산(通達山)에 응한다.

우역郵驛

청화역(靑化驛) 현 남쪽 2리에 있다.

종천원(鍾川院) 현 남쪽 13리에 있다.

348 원문 다수 결락 : 《신증동국여지승람》 권20 〈충청도 비인현〉 관방조(關防條)에는 도두음곶수(都豆音串戍)에 대한 항목이 실려 있는데, 근거가 불충분해서 보충하여 번역하지 않았다.

독원원(禿原院) 현 동쪽 30리에 있다.

탑원(塔院) 현 북쪽 2리에 있다.

사묘祠廟

사직단(社稷壇) 현 서쪽에 있다.

문묘(文廟) 향교에 있다.

성황사(城隍祠) 현 동쪽 2리에 있다.

여단(厲壇) 현 북쪽에 있다.

사찰寺刹

보현암(普賢菴), 현풍암(玄風菴), 성불사(成佛寺), 훈일사(訓逸寺) 모두 월명산(月明山)에 있다.

고적古蹟

옛 읍성〔古邑城〕 하나는 지금 치소 동쪽 26리에 있는데, 흙으로 쌓았고 둘레가 537자이다. 하나는 지금 치소 서쪽 2리에 있는데, 흙으로 쌓았고 둘레가 820자이다. 지금은 없어졌다.

남포현藍浦縣

동쪽으로 홍산현(鴻山縣) 경계까지 49리이고, 남쪽으로 비인현(庇仁縣) 경계까지 40리이고, 서쪽으로 해안까지 7리이고, 북쪽으로 보령현(保寧縣) 경계까지 9리이다. 서울과의 거리는 447리이다.

한전旱田

수전水田

건치연혁建置沿革

본래 백제 사포현(寺浦縣)이다. 신라 경덕왕(景德王) 때에 남포(藍浦)로 고치고 서림군(西林郡) 영현(領縣)으로 삼았다. 고려 현종(顯宗) 때에 가림현(嘉林縣)에 편입시켰다가 뒤에 다시 남포현(藍浦縣)을 설치하였다. 신우(辛禑) 때에 왜구(倭寇)로 인해 지역이 모두 텅 비고 폐허가 되었다가, 공양왕(恭讓王) 때에 남포진(藍浦鎭)을 설치하였다. 본조 세조(世祖) 12년(1466)에 진을 파하고 현으로 삼았다. 관장하는 면은 8개이고, 관원은 현감과 훈도이다. 각 1인이다.

군명 郡名

사포(寺浦)

형승 形勝

서남쪽으로는 큰 바다에 닿아 있고 동북쪽으로는 뭇 산들에 막혀 있다.

땅이 바닷가에 좁게 자리 잡고 있다.

땅이 푸른 바다에 이어져 있고, 옥마산(玉馬山)이 높게 솟아 있다. 본조 고득종(高得宗)의 시[349]

산천 山川

구룡산(九龍山) 현 서쪽 15리에 있다. 진산(鎭山)이다.

아미산(峨嵋山) 현 동쪽 26리에 있다.

옥마산(玉馬山) 현 동쪽 5리에 있다. 가로로 열려 평평하게 펼쳐진 것이 마치 병풍과 같다. 위에 신사(神祠)가 있으니 세속에서 '김부대왕[350] 사당〔金傅大王祠〕'이라고 부른다.

양각산(羊角山) 현 동쪽 24리에 있다.

349 고득종(高得宗)의 시 : 《신증동국여지승람》 권20 〈충청도 남포현〉 형승조(形勝條)에 "땅이 창해에 이어져 있다.〔地連蒼海.〕" 하고 소주(小註)에 "고득종의 시에 '땅이 다하니 창망한 바다와 연하였고, 마루 창을 여니 푸른 산과 마주 본다.〔地盡連滄海, 軒開對碧山.〕' 하였다."라고 하였다.

350 김부대왕(金傅大王) : 김부는 신라 마지막 56대 왕인 경순왕(敬順王)이다.

통달산(通達山) 현 서남쪽 33리에 있다.

성주산(聖住山) 현 동북쪽 25리에 있다.

바다〔海〕 현 서남쪽 9리에 있다.

대천(大川) 현 남쪽 20리에 있다. 성주산 및 홍산현 만수산(萬壽山)에서 발원하여 서쪽으로 흘러 청연포(青淵浦)에 들어간다.

청연포(青淵浦) 현 남쪽 23리에 있다. 대천의 하류이고, 또 서쪽으로 흘러 바다에 들어간다.

미조포(彌造浦) 현 남쪽 30리에 있다.

성주포(聖住浦) 현 서쪽 15리에 있다.

율도(栗島), 죽도(竹島), 거차라도(巨次羅島), 황죽도(黃竹島), 입죽도(立竹島) 모두 서해(西海)에 있다.

토산土産

철(鐵), 심전리(深田里)에서 난다. 청석연(青石硯), 성주산(聖住山)에서 난다. 대나무〔竹〕, 죽전(竹箭), 입죽도(立竹島)에서 난다. 사기(沙器), 송이버섯〔松蕈〕, 순채〔蓴〕, 천문동(天門冬), 조기〔石首魚〕, 숭어〔秀魚〕, 청어(青魚), 민어(民魚), 농어〔鱸魚〕, 삼치〔麻魚〕, 상어〔鯊魚〕, 홍어(洪魚), 전복〔鰒〕, 전어(錢魚), 부레〔魚鰾〕, 오징어〔烏賊魚〕, 은구어(銀口魚 은어), 홍합(紅蛤), 조개〔蛤〕, 김〔海衣〕, 꼬막〔江瑤柱〕, 참가사리〔細毛〕, 산무애뱀〔白花蛇〕

성곽城郭

현성(縣城) 돌로 쌓았고, 둘레가 2476자이다. 문이 있고, 성안에 샘이 3개 있다.

공서公署

마량진(馬梁鎭) 현 서쪽 33리에 있다. 본진이 관할하는 곳은 서천포(舒川浦)이다. ○ 수군첨절제사(水軍僉節制使) 1인이 있다. ○ 본조 공희왕(恭僖王 중종) 때에 석성(石城)을 쌓았는데, 둘레가 1371자이다. 안에 우물이 하나 있다.

학교學校

향교(鄕校) 현 동쪽 1리에 있다.

궁실宮室

객관(客館)

향사당(鄕射堂) 성 동문(東門) 밖에 있다.

봉수烽燧

통달산 봉수(通達山烽燧) 남쪽으로 비인현(庇仁縣) 칠지산(漆枝山)에 응하고, 북쪽으로 여도재(餘道岾)에 응한다.

여도재 봉수(餘道岾烽燧) 현 북쪽 8리에 있다. 서쪽으로 보령현(保寧縣) 조침산(助侵山)에 응하고, 남쪽으로 통달산에 응한다.

우역郵驛

남전역(藍田驛) 현 남쪽 27리에 있다.

남천원(藍川院) 현 남쪽 20리에 있다.

횡천원(橫川院) 현 동쪽 20리에 있다.

관량關梁

대천교(大川橋) 현 남쪽 20리에 있다. 대천(大川)에 놓여 있다.

사묘祠廟

사직단(社稷壇) 현 서쪽에 있다.

문묘(文廟) 향교에 있다.

성황사(城隍祠) 현 남쪽 10리에 있다.

여단(厲壇) 현 북쪽에 있다.

사찰寺刹

숭엄사(崇嚴寺) 성주산(聖住山)에 있다.

영흥사(永興寺) 아미산(峨嵋山)에 있다.

옥계사(玉溪寺) 양각산(羊角山)에 있다.

성주사(聖住寺) 성주산 북쪽에 있다. 최치원(崔致遠)이 지은 〈대랑혜화상탑비(大朗慧和尙塔碑)〉가 있다.

내원사(內院寺) 아미산에 있다.

금강암(金剛菴) 양각산에 있다.

고적古蹟

고남포(古藍浦) 지금 치소 남쪽 15리에 옛 현의 유지(遺址)가 남아 있다.

인물人物

고려

백임지(白任至) 초년에는 농사를 지었는데, 날래고 용맹스러워 선발되었다. 명종조(明宗朝)에 여러 관직을 거쳐 지문하성사(知門下省事)에 이르렀다.

백문절(白文節) 신라 때 간관(諫官) 백중학(白仲鶴)의 후손이다. 고종조(高宗朝)에 과거에 급제하여 여러 관직을 거쳐 국학 대사성(國學大司成)에 이르렀다. 지절(志節)이 있었고, 문사(文詞)가 풍부하여 붓을 잡으면 거침없이 글이 나오니 당대에 추앙을 받았다.

백이정(白頤正) 백문절의 아들이다. 타고난 자질이 순수하고 후덕하여 재상의 기국이 있었다. 충선왕(忠宣王) 때에 여러 관직을 거쳐 첨의평리상의도감사(僉議評理商議都監事)에 이르고, 상당군(上黨君)에 봉해졌다. 당시 정주(程朱)의 학문이 중국에 유행하기 시작하였고 아직 우리나라에는 미치지 못하였는데, 백이정이 원나라에 있는 동안 그 학문을 배워 오니 이제현(李齊賢)과 박충좌(朴忠佐)가 제일 먼저 사사(師事)하여 전수받았다.

결성현結城縣

동쪽으로 홍주(洪州) 경계까지 27리이고, 남쪽으로 같은 주 경계까지 14리이고, 북쪽으로 같은 주 경계까지 18리이고, 서쪽으로 해안(海岸)까지 18리이다. 서울과의 거리는 381리이다.

한전旱田

수전水田

건치연혁建置沿革

본래 백제의 결기현(結已縣)이다. 신라 경덕왕(景德王) 때에 결성군(潔城郡)으로 고쳤다. 고려 현종(顯宗) 때에 운주(運州)에 편입시켰고, 명종(明宗) 초에 다시 결성현(結城縣)을 설치하였다. 본조에서 그대로 따랐다. 관장하는 면은 8개이고, 관원은 현감과 훈도이다. 각 1인이다.

군명郡名

결기(結己), 결성(潔城)

산천山川

평산(枰山) 현 북쪽 7리에 있다. 진산(鎭山)이다.

청룡산(靑龍山) 일명 고산(高山)이라고 한다. 현 서북쪽 5리에 있다.

월산(月山) 현 동북쪽 23리에 있다. 홍주목(洪州牧)에도 보인다.

벽지산(碧池山) 현 동쪽 13리에 있다. 일명 적지산(迪只山)이라고 한다.

오서산(烏棲山) 현 동쪽 28리에 있다. 홍주목 및 보령현(保寧縣)에도 보인다.

개산(蓋山) 현 동북쪽 21리에 있다.

녹간산(鹿看山) 현 서쪽 15리에 있다.

바다〔海〕 현 서쪽 18리에 있다.

용골천(龍骨川) 현 북쪽 15리에 있다. 그 원류는 둘인데, 하나는 홍주 월산(月山)에서 나오고 하나는 덕산현(德山縣) 경계의 수덕현(修德峴)에서 나와 합류하여 바다에 들어간다.

광천(廣川) 현 동쪽 25리에 있다. 그 원류는 둘인데, 하나는 홍주 오사리(烏史里)에서 나오고 하나는 오서산 서쪽에서 나와 남쪽으로 흘러 바다에 들어간다.

동산포(東山浦) 현 동쪽 3리에 있다.

모산당포(母山堂浦) 현 서쪽 22리에 있다. ○ 본조 태종(太宗) 8년(1408)에 왜선(倭船)이 와서 이 포에 정박하자, 현감 김자(金泚)가 맞서 싸워 물리쳤다.

장포(長浦) 현 서쪽 21리에 있다.

죽도(竹島) 현 서쪽 30리에 있다.

풍류도(風流島) 현 동쪽 4리에 있다.

토산土産

청옥(青玉), 현 동쪽 용골리(龍骨里)에서 난다. 대나무〔竹〕, 죽전(竹箭), 죽도에서 난다. 지황(地黃), 소금〔鹽〕, 은구어(銀口魚 은어), 청어(青魚), 전어(錢魚), 삼치〔麻魚〕, 꼬막〔江瑤柱〕, 낙지〔絡締〕, 민어(民魚), 전복〔鰒〕, 조기〔石首魚〕, 숭어〔秀魚〕, 상어〔鯊魚〕, 오징어〔烏賊魚〕, 농어〔鱸魚〕, 부레〔魚鰾〕, 굴〔石花〕, 김〔海衣〕, 게〔蟹〕, 황각(黃角)

성곽城郭

현성(縣城) 돌로 쌓았고, 둘레가 3325자이다. 안에 우물이 6개 있다.

학교學校

향교(鄉校) 현 북쪽 1리에 있다.

궁실宮室

객관(客館)

봉수烽燧

고산 봉수(高山烽燧) 남쪽으로 홍주의 흥양곶(興陽串)에 응하고, 북쪽으로 홍주의 고구성산(高丘城山)에 응한다.

우역郵驛

해문역(海門驛) 현 북쪽 5리에 있다. 태종 15년(1415)에 처음 설치하였다.

광천원(廣川院) 현 동쪽 25리, 광천 가 언덕에 있다.

관량關梁

광천교(廣川橋) 광천원 앞에 있다.

사묘祠廟

사직단(社稷壇) 현 서쪽에 있다.

문묘(文廟) 향교에 있다.

성황사(城隍祠) 현 서쪽 1리에 있다.

여단(厲壇) 현 북쪽에 있다.

사찰寺刹

고산사(高山寺) 청룡산에 있다.

정암사(正菴寺) 오서산에 있다.

석령암(錫鈴菴) 월산에 있다.

고적古蹟

신금성(神衿城) 현 북쪽 5리에 있다. 흙으로 쌓았고, 둘레가 1350자이다. 지금은 없어졌다.

명환名宦

본조

이첨(李詹) 고려 말에 감무(監務)가 되었다.

인물人物

고려

장하(張夏)

보령현保寧縣

동쪽으로 청양현(青陽縣) 경계까지 47리, 홍주(洪州) 경계까지 32리이고, 남쪽으로 남포현(藍浦縣) 경계까지 29리이고, 서쪽으로 해안(海岸)까지 19리이고, 북쪽으로 결성현(結城縣) 경계까지 25리이다. 서울과의 거리는 409리이다.

한전旱田

수전水田

건치연혁建置沿革

본래 백제의 신촌현(新村縣)이다. 일명 사촌(沙村)이라고 한다. 신라 경덕왕(景德王) 때에 신읍(新邑)으로 고치고 결성군(潔城郡) 영현(領縣)으로 삼았다. 고려 초에 보령(保寧)으로 고치고, 현종(顯宗) 때에 운주(運州)에 편입시켰다가 예종(睿宗) 초에 다시 보령현(保寧縣)을 설치하였다. 본조에서 그대로 따랐다. 관장하는 면은 8개이고, 관원은 현감과 훈도이다. 각 1인이다.

군명郡名

신읍(新邑)

형승形勝

산천山川

당산(唐山) 현 동북쪽 4리에 있다. 진산(鎭山)이다.

지을현(地乙峴) 현 동쪽 5리에 있다.

오서산(烏棲山) 현 북쪽 17리에 있다.

타고도산(打鼓島山) 현 서쪽 13리에 있다.

백월산(白月山) 현 동쪽 25리에 있다.

바다〔海〕 현 서남쪽이 모두 바다이다.

대천(大川) 현 남쪽 20리에 있다. 백월산에서 발원하여 서쪽으로 흘러 해소포(蟹所浦)가 되고 바다에 들어간다.

죽도(竹島) 현 서쪽 19리에 있다.

송도(松島) 현 서쪽 22리에 있다. 둘레가 12리이다. 조수가 물러가면 고만도(高巒島)와 연결된다.

고만도(高巒島) 현 서쪽 바다 안 22리 지점에 있다. 옛날에 군사가 지키던 곳으로, 민가가 있다. ○ 고려 최해(崔瀣)가 일찍이 이 고을로 유배되어 살았는데, 그 시에 이르기를,

외로운 작은 섬에 오고 가면서　　揭來孤嶼上

나그네살이로 아침저녁을 보낸다	旅食度晨昏
키 작은 아낙네들 걸음걸이 흡사 자라 같고	婦矮行如鼈
곤궁한 백성들은 얼굴이 원숭이 비슷하네	民窮貌似猿
풍속은 비록 육지와 다르지만	俗雖乖習尙
예절만은 더러 존비를 분별하네	禮或識卑尊
해 지자 비린 연기 모여 자욱하고	日落醒煙合
가을 깊었는데도 장기는 후끈하다	秋深瘴氣溫
장대한 산봉우리들 가지런히 솟아 있고	峯巒同翼翼
포구 물은 구불구불 돌아 흐른다	浦溆轉蜿蜿
곧추선 돛대는 하늘 그림자 갈라놓고	帆截分天影
쌓인 모래가 물결 흔적 보여 주네	沙堆認水痕
바다 지리는 옛것을 가지고 징험해 보고	海經將古驗
조수 역수(曆數)는 사공에게 자꾸 물어본다	潮曆問今煩
늙은 나무 바람이 싫어 구부리고	老樹嫌風亞
놀란 물결 암석을 만나 아우성치네	驚濤得石喧
중과 함께 거처를 같이하니	將僧同止息
세상과 멀어져서 시끄러운 소리 안 들리네	與世隔囂喧
낚싯대 잡고서 때를 기다릴 만하고	把釣時堪待
뗏목을 타고 노는 흥취 또한 있다네	乘桴興又存
이 긴 노래에 누가 화답하리요	長歌誰見和
긴 한숨 짓고 말하지 않으련다	太息只無言
다만 이 연파를 즐기는 것도	須信煙波樂
오히려 임금님 은택인 줄 안다네	猶爲聖主恩

하였다.

용연(龍淵) 현 북쪽 15리에 있다. 또 현 동쪽 15리에도 용연이 있는데, 모두 가뭄이 들면 비를 비는 곳이다.

청라동(靑蘿洞)

토산土產

지치〔紫草〕, **안식향**(安息香), **천문동**(天門冬), **석회**(石灰), 현 북쪽 12리, 모도(茅島)에 있다. **이석**(膩石), 돌의 결이 가늘고 매끄러워서 돌솥 등의 물건에 적합하다. **소금**〔鹽〕, **상어**〔鯊魚〕, **홍어**(洪魚), **청어**(靑魚), **굴**〔石花〕, **조기**〔石首魚〕, **삼치**〔麻魚〕, **전어**(錢魚), **준치**〔眞魚〕, **숭어**〔秀魚〕, **은구어**(銀口魚 은어), **꼬막**〔江瑤柱〕, **민어**(民魚), **농어**〔鱸魚〕, **오징어**〔烏賊魚〕, **전복**〔鰒〕, **조개**〔蛤〕, **낙지**〔絡締〕, **참가사리**〔細毛〕, **김**〔海衣〕

성곽城郭

현성(縣城) 돌로 쌓았고, 둘레가 2109자이다. 남쪽에 문이 있고, 성안에 우물이 3개 있다. 우리 세종(世宗) 12년(1430)에 쌓은 것이다.

공서公署

수군절도사영(水軍節度使營) 현 서쪽 20리에 있다. 석성(石城)이고, 둘레가 3174자이다. 사방에 문을 세웠고, 성안에 우물 4개와 못 하나가 있다.

중종(中宗) 5년(1510)에 쌓은 것이다. ○ 절도사(節度使)와 우후(虞候) 각 1인이 있다.

학교學校

향교(鄕校) 현 동쪽에 있다.

청라서원(青蘿書院) 현 동쪽 15리에 있다. 사당을 세우고 이지함(李之菡)과 이산보(李山甫)를 향사하였다. 금상(今上) 병인년에 화암서원(花巖書院)이라 사액(賜額)하였다.[351]

궁실宮室

객관(客館)

무이정(撫夷亭) 객관 북동쪽 산 위에 있다. 시원하게 앞이 확 트여 있으니, 옛 이름은 어풍정(馭風亭)이다. 현감 정대(鄭帶)가 세웠는데,[352] 세월이 오래되어 헐고 무너진 것을 성종(成宗) 때 현감 박적손(朴迪孫)이 중수하였고,[353] 관찰사 정미수(鄭眉壽)가 지금 이름으로 고쳤다. 최부(崔溥)가 기문

351 금상(今上)……사액(賜額)하였다 : 《연려실기술(燃藜室記述)》 별집 권4 〈사전전고(祀典典故)〉 서원(書院)과 《대동지지(大東地志)》 권5 〈충청도 보령〉 사원조(祠院條)에 "광해군 경술년(1610, 광해군2)에 세웠고, 숙종 병인년(1686, 숙종12)에 사액하였다."라고 되어 있다. 《동국여지지》의 저술 시기와 연대가 맞지 않으므로 오기가 있는 듯하나 미상이다.

352 현감 정대(鄭帶)가 세웠는데 : 1432년(세종14)이다. 《錦南集 卷1 撫夷亭記》

353 성종(成宗)……중수하였고 : 1492년(성종23)이다. 《錦南集 卷1 撫夷亭記》

을 지어[354] 이르기를 "내가 일찍이 북해에 표류하여 구월(甌越)[355]에 정박하고, 강회(江淮)[356]를 건너 북쪽으로 갔다. 지금 오성산(烏聖山)[357] 등 여러 산을 보니 회계산(會稽山)이나 사명산(四明山)과 서로 비슷하다. 안면(安眠)의 형세는 마치 태주(台州)의 해문(海門)[358]과 같고, 바다에 높이 솟은 고만도(高巒島)는 태호(太湖)의 포산(苞山)[359]보다 나으니……" 하였다.

제민당(濟民堂) 현 북쪽 성안에 있다. 현감 정대(鄭帶)가 세웠다.

환영루(環瀛樓) 수군절도사영에 있다. 절도사 유제(柳睇)가 세웠다. ○ 본조 이의무(李宜茂)의 시[360]에,

한가로이 높은 누정 올라 저 멀리 시원하게 바라보니	閑上高樓豁遠眸
고래 등 같은 파도 아득하게 하늘에 닿아 떠 있네	鯨波浩渺接天浮
재미 삼아 현포[361] 찾아가 마냥 술 마시고서	戲尋玄圃留連飮
푸른 용 올라타고 맘껏 멀리 놀아 봤으면	欲跨蒼虬汗漫遊

354 최부(崔溥)가 기문을 지어 : 〈무이정기(撫夷亭記)〉이다. 《錦南集 卷1》

355 구월(甌越) : 중국 절강성(浙江省) 영가현(永嘉縣) 일대를 지칭한다.

356 강회(江淮) : 중국 양자강(揚子江)과 회수(淮水) 유역을 지칭하는 것으로, 지금의 강소성(江蘇省)과 안휘성(安徽省) 일대이다.

357 오성산(烏聖山) : 홍주목의 오서산(烏棲山)을 말한다. 《신증동국여지승람》 권19 〈충청도 홍주목〉 산천조에 "오서산은 일명 오성산이다." 하였다.

358 태주(台州)의 해문(海門) : 태주는 중국 절강성이고, 해문은 절강성의 진(鎭)이다.

359 태호(太湖)의 포산(苞山) : 태호는 중국 강소성과 절강성에 걸쳐 있는 큰 호수인데, 일명 오호(五湖)라고도 한다. 포산은 태호 가운데 있는 가장 큰 섬으로, 포산(包山), 부초산(夫椒山), 동정서산(洞庭西山), 서산(西山) 등의 이칭이 있다.

360 이의무(李宜茂)의 시 : 〈환영루(環瀛樓)〉이다. 《蓮軒雜稿 卷2》

361 현포(玄圃) : 위로 천계(天界)와 통한다고 일컬어지는 곤륜산(崑崙山)의 정상에 있다는 신선의 거처를 말한다. 그 위에는 금대(金臺), 옥루(玉樓)와 기화요초(琪花瑤草)가 만발해 있다고 하는데, 보통 선경(仙境)의 뜻으로 쓰인다. 현포(懸圃) 혹은 현포(縣圃)라고도 한다.

하였다.

영보정(永保亭) 수영(水營)에 있다. 호서(湖西) 제일의 승경(勝景)이다. 능허각(凌虛閣),[362] 매죽당(梅竹堂)이 있다. ○ 본조 박은(朴誾)의 시[363]에,

땅은 푸득푸득 새가 날려고 날개 치는 것 같고	地如拍拍將飛翼
누정은 한들한들 매인 데 없는 배 같아라	樓似搖搖不繫篷
북녘을 바라보매 구름 덮인 산 어디가 그 끝인가	北望雲山欲何極
남쪽에 오니 띠처럼 두른 산천 이곳이 제일이네	南來襟帶此爲雄
바다 기운은 안개가 되어 이내 비 뿌리고	海氛作霧因成雨
파도 기세는 하늘에 닿아 절로 바람을 일으킨다	浪勢翻天自起風
어둠 속에서도 새들이 우짖는 소리 들리는 듯한데	瞑裏如聞鳥相叫
앉아 있노라니 나도 경계도 비어 있음 깨닫겠노라	坐間渾覺境俱空

하였다. ○ 또 박은의 시[364]에,

땅이 끝나 머나먼 바다 다할 수 없지만	地迫未窮千頃海
산이 열려 한 가닥 조수를 받아들이네	山開猶納一頭潮
급한 바람이 안개 흩어 물이 거울 같은데	急風吹霧水如鏡
물가 근처엔 사람 없고 새들만 노래하네	近渚無人禽自謠
객지에서 매양 맑은 경치에 마음 심란하더니	客裏每爲淸境惱
먼 변경에서 새삼 고향 땅 멀다는 것 깨닫노라	日邊更覺故園遙
애써 시 읊느라 떠나지 못하니 새 시구가 부족한 탓	苦吟不去乏新語

362 능허각(凌虛閣) : 영보정 서남쪽에 있는 누각이다. 《柳下集 卷6 永保亭》

363 박은(朴誾)의 시 : 〈수영 뒤의 정자〔營後亭子〕〉이다. 《挹翠軒遺稿 卷3》

364 박은의 시 : 위 시이다.

석양이 먼 하늘에 잠기는 광경 시름겹게 바라본다네　愁見落暉沈遠霄

하였다. ○ 본조 이춘영(李春英)의 시[365]에,

층층이 지은 누대 우뚝 하늘에 닿았고　樓臺層構鬱穹崇
높이 걸린 붉은 난간 푸른 산 마주했네　高揭朱欄對碧峯
천 길 높이에서 홀로 삼면 바다 임하니　千尺獨臨三面水
여덟 개 창으로 사시절 바람 끊이지 않네　八窓不斷四時風
성 모양 둥글어 구름 달 토해 내는 듯하고　城形圓似吐雲月
산 형세 구불구불 해룡 물 마시는 듯하네　山勢蜿如飮海龍
달빛 아래 비각 주렴 걷으니　飛閣卷簾明鏡裏
진짜 신선들 모두 수정궁에 있네　眞仙都在水晶宮

하였다. ○ 또 이춘영의 시[366]에,

영보정자 능허각　永保亭子凌虛閣
높이 성 담에 기대 아래 호수 베고 있지　高倚城牆下枕湖
문 여니 구름 안개 속 좋은 풍광 드러나고　開戶雲煙呈景色
주렴 걷으니 산수가 어우러져 나타나네　捲簾山水看縈紆
돛단배 홀연히 지나가 온데간데없어지고　風帆忽過無蹤跡
지는 놀 물오리 나란히 날아 그림 속에 드네[367]　霞鶩齊飛入畫圖

365 이춘영(李春英)의 시 : 〈호서 수영에 있는 읍취헌의 시가……부끄럽기 그지없다〔湖西水營挹翠軒之詩……能無愧乎〕〉이다. 《體素集 卷中》

366 이춘영의 시 : 위 시이다.

367 지는……드네 : 당나라 왕발(王勃)이 지은 〈등왕각서(滕王閣序)〉에 "지는 놀은 짝 잃은 따오기와 나란히 날고, 가을 강물은 끝없는 하늘과 한 색이로다.〔落霞與孤鶩齊飛, 秋水共長天一色.〕"라는 구절이 나오는데, 모두 저녁 풍경이 그림같이 펼쳐지는 광경을 묘사한 것이다.

서른여섯 개 창[368]에 밝은 달 비치니 三十六窓明月夜
내가 빙호[369]에 있는가 의심될 뿐 秖疑身世在氷壺

하였다.

관덕루(觀德樓) 수영(水營)에 있다.

봉수烽燧

조침산 봉수(助侵山烽燧) 현 서쪽 15리에 있다. 남쪽으로 남포현(藍浦縣) 여도재(餘道岾)에 응하고, 서쪽으로 홍주(洪州) 흥양곶(興陽串)에 응한다.

우역郵驛

청연역(靑淵驛) 현 남쪽 6리에 있다.

우이현원(牛耳峴院) 현 동쪽 27리에 있다.

보원(寶院) 현 동쪽 17리, 보원부곡(寶院部曲)에 있다.

가두원(加頭院) 현 남쪽 20리에 있다.

368 서른여섯 개 창 : 도가(道家)에서 신선이 산다는 36개의 명산 골짜기를 삼십육동천(三十六洞天)이라 하는데, 선경(仙境) 또는 승경(勝景)을 가리키는 말로 쓰인다.

369 빙호(氷壺) : 얼음을 넣은 항아리라는 뜻으로, 아주 깨끗하고 맑은 마음을 비유하는 말인데, 여기서는 신선 세계와 같은 경치를 비유한다.

관량關梁

대천교(大川橋) 현 남쪽 20리에 있다. 대천(大川)에 놓여 있다.

사묘祠廟

사직단(社稷壇) 현 서쪽에 있다.

문묘(文廟) 향교에 있다.

성황사(城隍祠) 지을현(地乙峴)에 있다.

여단(厲壇) 현 북쪽에 있다.

능묘陵墓

김맹권(金孟權) 묘 현 남쪽 15리, 내곡(內谷)에 있다.

김극성(金克誠) 묘 현 북쪽 15리, 청소리(青所里)에 있다.

이지번(李之蕃) 묘, 이지함(李之菡) 묘, 이산보(李山甫) 묘 모두 현 서쪽 20리, 고만(高巒)에 있다. 이산해(李山海)의 묘는 예산(禮山)에 천장(遷葬)하였다.

사찰寺刹

사나사(舍那寺) 백월산(白月山)에 있다.

성당사(聖堂寺) 오서산(烏棲山)에 있다. 본조 이산해의 시[370]에 "오성산 허리에 자리한 성당사, 누대가 연하 사이에 명멸하누나.〔五聖山腰聖堂寺 樓臺明滅煙嵐間〕" 하였으니, 이곳이다.

고적古蹟

봉당성(鳳堂城) 지금 치소 서쪽 2리에 있다. 본조 초에 봉당(鳳堂)에 축성하여 해구(海寇)를 방비하는 곳으로 삼았다. 그러나 성지(城池)가 얕고 좁아서 견고한 험지나 편리한 샘과 우물도 없었다. 이에 장헌왕(莊憲王 세종) 때에 성 동쪽 2리에 있는 당산(唐山) 남쪽으로 옮겼으니, 바로 지금의 치소이다.

당산고성(唐山古城) 돌로 쌓았고, 둘레가 1810자이다. 안에 우물이 하나 있었다. 지금은 없어졌다.

아현산성(我峴山城) 현 서쪽 12리에 있다. 돌로 쌓았고, 둘레가 745자이다. 지금은 없어졌다.

명환名宦

370 이산해의 시 : 〈성당사에 노닐며〔遊聖堂寺〕〉이다. 《鵝溪遺稿 卷4 乞歸錄》

유우流寓

최해(崔瀣) 고려 경주(慶州) 사람이다. 충숙왕(忠肅王) 때에 현의 고만도(高巒島)에 유배된 적이 있는데, 시를 지은 것이 매우 많다. 뒤에 성균관 대사성을 지냈다.

이지함(李之菡) 본조 한성(漢城) 사람이다. 선조(宣祖) 때에 우거하였다. 아버지[371]를 본현에 안장하였는데, 안장할 때에 상인(相人)이 "두 명의 재상이 배출될 것인데, 막내아들에게는 이롭지 않다."라고 하였다. 형 이지번(李之蕃)이 묘지를 다시 택하고자 하니, 이지함이 끝내 그곳에 장사 지내도록 하였다. 높은 식견과 원대한 뜻을 지니고서 세속 밖을 떠돌아다녔다. 일찍이 오호도(嗚呼島)에 들어가 박을 심었는데, 박이 커서 한 섬 용량이 되자 쪼개어 표주박을 만들어 곡식 수천 섬에 팔아서 모두 가난한 백성들에게 나누어 주었다. 모든 국내의 산천을 먼 곳까지 가지 않은 곳이 없었다. 네 귀퉁이에 큰 박을 매단 일엽주를 타고 세 번씩 제주(濟州)에 들어갔는데 바람과 파도에 쓸리지 않았다. 제주 목사가 그가 온다는 말을 듣고 객관을 비워 두고 기다렸는데, 예쁜 기생을 뽑아 수청 들게 하면서 그 기생에게 창고 곡식을 가리키며 말하기를 "이공에게 총애를 얻으면 창고 곡식을 다 상으로 주겠다." 하였다. 그 사람됨을 특이하게 여긴 기생이 반드시 그를 어지럽히고자 하였으나 끝내 뜻을 이루지 못하였다. 이에 목사가 더욱 공경하고 중히 여겼다. 한성부(漢城府)에 자세히 나온다.

371 아버지 : 현령을 지낸 이치(李穉)이다.

인물人物

본조

김맹권(金孟權) 그 선조는 광주(光州) 사람이다. 증조부인 도만호(都萬戶) 김성우(金成雨)는 고려 말에 왜구를 정벌한 공이 있어 보령의 땅을 하사받았다. 이로 인하여 자손들이 거기서 살게 되었다. 김맹권은 젊어서부터 뜻을 돈독히 하고 행실에 힘썼다. 진사에 합격한 뒤 김여석(金礪石)과 함께 태학(太學)에 들어갔는데, 명망이 있었다. 문종(文宗)이 일찍이 태학에 행차하여 여러 유생과 조용히 강론하고는 두 사람에게 말하기를 "너희들은 훗날 양신(良臣)이 되어서 세자를 힘써 보도(輔導)하라." 하니, 두 사람이 사양하며 사례하였다. 세조(世祖)가 선위(禪位)를 받자 김맹권은 김여석과 함께 과거에 응시하지 않기로 약속하였다. 김여석의 어머니가 아들이 시험을 앞두고 응시할 뜻이 없음을 알고는 이상하게 여겨 묻자, 김여석이 사실대로 대답하였다. 이에 어머니는 관복(冠服)을 짜고 있다가 베틀에서 내려와 흐느꼈다. 김여석은 마음이 아파서 무릎 꿇고 말하기를 "삼가 어머니 마음을 상하게 해 드리지 않겠습니다." 하였다. 이때에 김여석은 과거에 응시하였고, 김맹권은 향리에 은둔하여 종신토록 출사하지 않았다. 뒤에 김여석이 충청도 관찰사가 되어 김맹권을 찾아갔는데, 동네 밖에서 행차를 멈추고 의위(儀衛)와 수종(隨從)을 물리치고 의관을 벗고는 맨발로 들어가서 한참 동안 이야기를 나눈 다음 떠나갔다.

김극성(金克成) 김맹권의 아들이다. 과거에 급제하여 중종조에 여러 관직을 거쳐 의정부 좌의정에 이르고 광성부원군(光城府院君)에 봉해졌다. 시호는 충정(忠貞)이다. 아우 김극양(金克讓)은 현량과(賢良科)에 천거되어 관직이 군수에 이르렀다.

이산보(李山甫) 이지함의 형 이지무(李之茂)의 아들로, 자는 중거(仲擧)이고 호는 명곡(鳴谷)이다. 어려서부터 단정하고 엄중하였으며 독서를 위해서는 촌음도 아꼈다. 선조(宣祖) 초에 과거에 급제하고 여러 관직을 거쳐 이조 판서에 이르렀다. 한 번 경상도 관찰사를 지냈고 세 번 황해도 안찰사를 지냈는데, 모두 은혜로운 정사를 폈다. 왜구가 쳐들어오매 중국에서는 이미 구원할 군대를 파견하였는데, 제독 이여송(李如松)이 요양(遼陽)에 군대를 주둔한 채 출동하려 하지 않았다. 상이 이산보를 보내 속히 군대가 강을 건너오도록 청하게 하였는데 어조가 간절하여 마디마다 눈물이 배어 나왔다. 제독이 술과 음식을 갖추어 대접하니, 이산보가 말하기를 "군부(君父)가 위급한 처지에 있는데 신하의 의리로 차마 성대한 예를 감당하지 못하겠다." 하고는 마침내 뜰로 내려와 통곡하였다. 이에 이여송이 감동하여 즉시 강을 건넜다. 이지함이 일찍이 말하기를 "이 아이의 효제충신(孝悌忠信)은 비록 공문(孔門)에 있더라도 부끄러울 게 없다." 하였다.

아산현牙山縣

동쪽으로 천안군(天安郡) 경계까지 40리이고, 남쪽으로 신창현(新昌縣) 경계까지 16리, 온양군(溫陽郡) 경계까지 18리이고, 서쪽으로 면천군(沔川郡) 경계까지 32리이고, 북쪽으로 평택현(平澤縣) 경계까지 42리이다. 서울과의 거리는 224리이다.

한전旱田

수전水田

건치연혁建置沿革

본래 백제 아술현(牙述縣)이다. 신라 경덕왕(景德王) 때에 음봉(陰峯)으로 일명 음잠(陰岑)이라고 한다. 고치고 탕정군(湯井郡) 영현(領縣)으로 삼았다. 고려 초에 인주(仁州)로 고쳤고, 현종(顯宗) 때 천안부(天安府)에 편입시켰다가 뒤에 아주(牙州)를 설치하였다. 본조 태종(太宗) 13년(1413)에 아산현(牙山縣)으로 고치고, 세조(世祖) 5년(1459)에 현을 인근 고을에 나누어 편입시켰다가 11년(1465)에 다시 현을 설치하였다.

관장하는 면은 10개이고, 관원은 현감과 훈도이다. 각 1인이다.

군명郡名

아술(牙述), 음봉(陰峯), 인주(仁州), 아주(牙州)

형승形勝

많은 산이 남쪽에 우뚝 솟아 있고, 큰 포구가 서쪽에 맞닿아 있다.

산천山川

신성산(薪城山) 현 서쪽 5리에 있다.

동림산(桐林山) 현 남쪽 7리에 있다.

고용산(高湧山) 현 북쪽 12리에 있다.

동심산(東深山) 현 동쪽 5리에 있다.

연암산(燕巖山) 현 동쪽 29리에 있다.

입암산(笠巖山) 현 서쪽 12리에 있다.

불암(佛巖) 동림산 동북쪽 기슭에 있다. 현과의 거리는 5리이다. 그 바위가 산 위에 몇 리까지 나란히 늘어서 있는데, 가장 큰 것은 모양이 부처와 같으므로 그렇게 이름 붙였다. 민간에서 일컫기를 "이 바위 때문에 수령이 어리석고 광포하며 아전들이 간사하고 음흉하다."라고 한다. 세조 5년(1459)에 관찰사 황효원(黃孝源)이 조정에 아뢰어 본현을 3등분하여 온양

(溫陽), 신창(新昌), 평택(平澤)에 편입시켰다. 읍인인 판중추부사 김구(金鉤) 및 현감 조규(趙圭)가 현의 설치에 대해 상언(上言)하였으나 윤허받지 못하였다. 11년(1465)에 상이 온양에 행차할 때 조규 등이 다시 신소(申訴)하니, 상이 종재(宗宰)에게 가서 살피도록 명하여 마침내 다시 현을 설치하게 되었다.

바다〔海〕 현 서북쪽 15리에 있다.

공세진(貢稅津) 일명 대내산진(大迺山津)이라고 한다. 현 서쪽 10리에 있다. 경기 안성군(安城郡)에서 발원하여, 교차하는 여러 지류를 받아들여 이 진이 형성되었다.

시진(市津) 현 북쪽 26리에 있다.

당포(堂浦) 현 북쪽 16리에 있다.

포천(布川) 봉화천(烽火川)이라고도 부른다. 군 남쪽 15리에 있다. 차현(車峴)과 쌍령(雙嶺) 등처에서 발원하니, 바로 천안군(天安郡) 대천(大川)의 하류로, 서쪽으로 흘러 신창현 견포(犬浦)가 된다.

장자지(長者池) 현 남쪽 18리에 있다.

토산土産

백옥(白玉), 소암리(所巖里)에서 난다. **옥석**(玉石), 고현(羔峴)에서 난다. **수정**(水晶), 불장원리(佛藏院里)에서 난다. **석회**(石灰), 대동리(大東里)에서 난다. **감**〔柿〕, **참조기**〔黃石首魚〕, **세미어**(細尾魚), **조기**〔石首魚〕, **웅어**〔葦魚〕, **뱅어**〔白魚〕, **새우**〔蝦〕, **삼치**〔麻魚〕, **게**〔蟹〕, **숭어**〔秀魚〕, **민어**(民魚), **준치**〔眞魚〕, **산무애뱀**〔白花蛇〕

학교學校

향교(鄕校) 현 동쪽 2리에 있다.

궁실宮室

객관(客館)

창고倉庫

공세곶창(貢稅串倉) 고려 때에 하양창(河陽倉)이 현 서쪽 10리에 있었다. 본현 및 서산(瑞山), 연산(連山), 임천(林川), 정산(定山), 공주(公州), 홍주(洪州), 신창(新昌), 결성(結城), 보령(保寧), 전의(全義), 청양(靑陽), 이산(尼山), 대흥(大興), 석성(石城), 해미(海美), 태안(泰安), 천안(天安), 비인(庇仁), 은진(恩津), 목천(木川), 면천(沔川), 연기(燕岐), 덕산(德山), 서천(舒川), 직산(稷山), 홍산(鴻山), 부여(扶餘), 남포(藍浦), 예산(禮山), 당진(唐津), 평택(平澤), 온양(溫陽), 청주(淸州), 문의(文義), 회덕(懷德), 진잠(鎭岑), 옥천(沃川), 회인(懷仁) 등 고을의 전세(田稅)를 이곳에 수납하였다가 조운(漕運)하여 서울까지 가니, 수로(水路)로 대략 500리 거리이다.

봉수烽燧

연암산 봉수(燕巖山烽燧) 남쪽으로 천안군(天安郡) 대학산(大鶴山)에 응하고, 북쪽으로 직산현(稷山縣) 망해산(望海山)에 응한다.

우역郵驛

장시역(長時驛) 현 북쪽 2리에 있다.

불장원(佛藏院) 현 남쪽 6리에 있다.

요로원(要路院) 현 동쪽 22리에 있다.

흥인원(興仁院) 현 북쪽 5리에 있다.

사묘祠廟

사직단(社稷壇) 현 서쪽에 있다.

문묘(文廟) 향교에 있다.

성황사(城隍祠) 현 동남쪽 5리에 있다.

여단(厲壇) 현 북쪽에 있다.

능묘陵墓

이순신(李舜臣) 묘 현 남쪽 17리에 있다. -원문 3, 4자 결락- 그 비문을 지었다.[372]

홍가신(洪可臣) 묘 현 남쪽 □리에 있다.

372 그 비문을 지었다 : 김육(金堉)이 이순신의 신도비명을 지은 것을 지칭하는 듯하다. 이순신의 묘소 앞에 신도비가 있다.《潛谷遺稿 卷13 李統制忠武公神道碑銘》

사찰寺刹

동림사(桐林寺) 동림산(桐林山)에 있다. 절은 본래 신라의 옛 사찰로서, 숭정(崇禎) 연간에 절이 헐어 낙후되자 그 들보를 바꾸었는데 바로 오동나무였다. 거기에 절을 세운 연월이 적혀 있었으니, 바로 당 선종(唐宣宗) 대중(大中) 연간이고 신라 문성왕(文聖王) 때이다.[373] 세마(洗馬) 허국(許國)[374]이 그 재목을 가져다가 거문고를 만들었는데 천하의 명금(鳴琴)[375]으로 전해진다.

신심사(神心寺), **보림암**(寶林菴), **현암암**(懸巖菴) 모두 동림산(桐林山)에 있다.

동심사(桐深寺), **연암암**(燕巖菴), **개현사**(開現寺), **용화사**(龍華寺) 모두 연암산(燕巖山)에 있다.

고정사(高井寺) 고용산(高湧山)에 있다.

373 당 선종(唐宣宗)……때이다 : 847년에서 856년 사이이다.

374 허국(許國) : 허국은 광해군이 모후(母后)를 유폐하고 장차 폐위시키려고 할 때 포의(布衣)의 신분으로서 항소를 올렸다가 진도(珍島)에 유배되었다. 1623년(인조1) 반정이 일어난 뒤에 돌아와 동궁 세마(東宮洗馬)로 발탁되었고, 이후 1629년 무렵 아산(牙山)에서 거처하였다.《東溟集 卷16 許童子墓碣》

375 명금(鳴琴) : 지방관의 너그럽고 맑은 다스림을 칭송하는 말로 많이 쓰이는데, 《여씨춘추(呂氏春秋)》〈찰현(察賢)〉에 "복자천이 선보를 다스리면서, 거문고를 연주할 뿐 자신은 당 아래에 내려오지 않았지만 선보가 잘 다스려졌다.〔宓子賤治單父, 彈鳴琴, 身不下堂而單父治.〕"라고 한 데서 유래하였다. 여기서는 잘 울리는 거문고를 뜻하는 말로 쓰였다.

고적古蹟

어라항산성(於羅項山城) 현 동쪽 21리에 있다. 돌로 쌓았고, 둘레가 364자이다. 지금은 없어졌다.

수한산성(水漢山城) 현 동쪽 10리에 있다. 돌로 쌓았고, 둘레가 1420자이다. 지금은 없어졌다.

앵리산성(鶯里山城) 현 동쪽 20리에 있다. 돌로 쌓았고, 둘레가 650자이다. 지금은 없어졌다.

신성산성(薪城山城) 산마루에 연이어 쌓은 옛 성 2개가 있다. 북쪽 성은 돌로 쌓았고 둘레가 480자이다. 안에 우물이 하나 있었는데 가물 때 비를 빌었다. 남쪽 성은 흙으로 쌓았고 둘레가 480자이다. 예전에 평택(平澤) 사람이 난리를 피해 우거하였으므로 그대로 평택성이라 불렀다. 지금은 모두 허물어져 없어졌다.

이순신(李舜臣) 댁 현 동남쪽 20리, 봉전리(蓬田里)에 있다.

명환名宦

고려

김행도(金行濤) 태조조에 지아주제군사(知牙州諸軍事)가 되었다.

본조

김시주(金時霔)

인물人物

본조

김구(金鉤) 사람됨이 순후(醇厚)하고 근실(謹實)한 장자(長者)였다. 문과에 급제하여 세종조(世宗朝)에 경학(經學)에 정밀하고 박식하므로 오래도록 성균관 대사성을 지냈으며 판중추원사에 이르렀다. 성균관 직임을 맡고서 교육을 게을리하지 않은 자는 윤상(尹祥) 다음으로 일인자라고 일컬어진다. 시호는 문장(文長)이다.

이순신(李舜臣) 그 선조는 덕수(德水) 사람으로, 영중추부사 이변(李邊)의 4대손이다. 조부 때부터 본현에 내려와 살았다. 이순신은 어려서는 유학을 익혔다가 장성하여서 무과에 급제하였다. 처음에 미관(微官)을 지냈는데 법규를 준수하고 아부하지 않았다. 선조 신묘년(1591, 선조24)에 유성룡(柳成龍)이 그 재능으로 천거하여 전라 좌수사에 발탁하였다. 이듬해 왜구가 대거 침입하여 수륙을 아울러 진격하니, 이순신은 수군을 거느리고 한산도(閑山島)에서 여러 장수들과 회합하여 적선(賊船)을 크게 격파하였다. 또 여러 번 싸웠는데, 옥포(玉浦), 당포(唐浦), 율포(栗浦), 안골(安骨) 등 전후 수십 번의 전투에서 모두 크게 격파하니 이에 적이 해로를 거쳐 서쪽으로 진격하지 못하였다. 삼도 수군통제사(三道水軍統制使)가 되어 방어한 6년간 적은 감히 근접하지도 못하였다. 이순신이 참소를 입어 떠난 뒤에 원균(元均)이 대신하였는데 패몰당하였다. 적이 승세를 타고 호남을 도륙하니 온 나라가 놀라고 두려워하여 이순신을 다시 기용하여 옛 직임을 회복시켰다. 이순신은 탕잔된 형세를 수습하고 또 진도(珍島)에서 적을 크게 격파하니, 군대의 함성이 다시 크게 울렸다. 중국의 도독 진린(陳璘)이 이르게 되어서는 또 진린의 군대와 합병하여 적을 격파하였다. 이순신은 충의에 죽기로 맹세하고 적이 거의 파경에 이를 때까지 혈전을 벌이다 전사하였다. 양호(兩湖)의 사민(士民)들은 그가 죽었다는 소식을 듣고 달려 나와 거리에서 곡하며 말하기를 "우리 공이 아니었다면 우리는 진작에 죽은 목숨이었을 것이다." 하였다. 이순신은 적을 헤아리는 것이 귀신처럼 특출하고 기묘하였으며, 충성스럽고 청렴하며 백성을 사랑하였고 상벌이 지극히 공정하였으므로 아랫사람들이 공경하며 사랑하였다. 이전에 왜국 추장 수길(秀吉)은 "중국을 침범하려면 기필코 수륙 군대가 평양에서 만나야 하니, 수로로는 청제(青齊)[376]와 부딪치고 육로로는 요동(遼東)과 광녕(廣寧)에 돌격하여 중국으로 하여금 응수할 겨를이 없게 해야 한다."라고 하였는데, 이순신이 해로를 막고 많은 군사의 의기를 꺾었으므로 육지의 적군을 평양(平壤)에 머물러 있게 하고 중국 군대가 토벌할 수 있게 되었다. 식자들은 "이순신은 비단 국가를 회복한 으뜸의 공을 세웠을 뿐만 아니라 실로 공이 천하에 남게 되었다." 하였다. 의정부 우의정에 추증되었다.

376 청제(青齊) : 옛 제(齊)나라 땅인 청주(青州), 즉 산둥반도 일대를 말한다.

신창현新昌縣

동쪽으로 온양군(溫陽郡) 경계까지 10리이고, 북쪽으로 아산현(牙山縣) 경계까지 14리이고, 서쪽으로 면천군(沔川郡) 경계까지 26리이고, 남쪽으로 예산현(禮山縣) 경계까지 21리이다. 서울과의 거리는 253리이다.

한전旱田

수전水田

건치연혁建置沿革

본래 백제의 굴직현(屈直縣)이다. 신라 경덕왕(景德王) 때에 기량(祁梁)으로 고치고, 온정군(湯井郡) 영현(領縣)으로 삼았다. 고려 초에 신창(新昌)으로 고치고, 현종(顯宗) 때에 천안부(天安府)에 편입시켰다. 공양왕(恭讓王) 때에 현 서쪽 장포(獐浦)에 성을 쌓고 만호진(萬戶鎭)을 설치하여 현의 일을 겸하게 하였다. 본조 초에 진을 파하고 다시 신창현으로 삼았다. 관장하는 면은 9개이고, 관원은 현감과 훈도이다. 각 1인이다.

군명郡名

굴직(屈直), 기량(祁梁)

산천山川

학성산(鶴城山) 성산(城山)이라고도 부른다. 현 서쪽 1리에 있다. 진산(鎭山)이다. 위에 석성(石城)이 있는데, 둘레가 1213자이다. 안에 우물이 2개 있었다. 지금은 허물어졌다.

금성당산(禁城堂山) 현 동남쪽 11리에 있다.

도고산(道高山) 현 남쪽 16리에 있다. 예산현(禮山縣)에도 보인다.

장포(獐浦) 현 서쪽 15리에 있다. 도고산에서 발원하여 정포나루〔井浦渡〕에 들어간다. ○ 고려 공양왕 3년(1391)에 이곳에다 성을 쌓고 당성(溏城)이라 불렀으며, 인근 주현(州縣)의 조세(租稅)를 수납하여 해로(海路)로 조운해서 서울까지 운송하였다. 만호를 두어 현의 감무(監務)를 겸하게 하였다가 본조 초에 만호를 혁파하였다.

정포(井浦) 현 서쪽 20리에 있으니, 바로 장포의 하류이다. 또 예산현 내천(柰川)이 이곳에서 합류한 다음 면천군(沔川郡) 범근내포(犯斤乃浦)에 들어간다.

포천(布川) 현 동쪽 12리에 있다. 속칭 거륜탄천(車輪灘川)이라 부르는데, 바로 온양군(溫陽郡)의 포천 하류이다. 또 서쪽으로 흘러 견포(犬浦)가 된다.

견포(犬浦) 현 북쪽 15리에 있다. 바로 포천 하류로서 범근내포에 들어간다.

토산土産

복령(茯苓), 숭어〔秀魚〕, 웅어〔葦魚〕, 뱅어〔白魚〕

학교學校

향교(鄕校) 현 북쪽 2리에 있다.

궁실宮室

객관(客館)

공북정(拱北亭) 객관 북쪽에 있다. 현감 조침(趙琛)이 세웠다.

우역郵驛

창덕역(昌德驛) 현 동쪽 3리에 있다.

명암원(鳴巖院) 현 동쪽 11리에 있다.

마장원(馬場院) 현 동쪽 13리에 있다.

용정원(龍頂院) 현 남쪽 15리에 있다.

친례원(親禮院) 현 서쪽 20리에 있다.

관량關梁

미륵탄교(彌勒灘橋) 현 동쪽 13리에 있다. 포천에 놓여 있다.

사묘祠廟

사직단(社稷壇) 현 서쪽에 있다.

문묘(文廟) 향교에 있다.

성황사(城隍祠) 현 서쪽 2리에 있다.

여단(厲壇) 현 북쪽에 있다.

사찰寺刹

한량사(閑良寺), 도명사(道明寺), 원암(元菴), 석천사(石泉寺), 안심사(安心寺) 모두 도고산에 있다.

인체사(仁體寺) 성산(城山)에 있다.

고적古蹟

인물人物

본조

표연말(表沿沫) 성종(成宗) 때에 문과에 급제하였다. 효행이 있었고 글을 잘 지었으며 함께 교유한 이들은 모두 당대 명사들이었다. 일찍이 한림이 되었을 때, 동료가 소고기를 차려 놓고 잔치를 벌였는데, 임금이 이를 알게 되었다. 표연말도 잔치에 참여하였으므로 파직되어 귀향하였다. 이후로

두 번 다시 소고기를 먹지 않았는데, 말하기를 "차마 다시는 법을 어길 수 없다." 하였다. 여러 관직을 거쳐 동지중추부사에 이르렀다. 연산군(燕山君) 때에 사화(史禍)에 걸려 먼 곳으로 유배되어 가던 도중에 졸하였다.[377] 아들 표빙(表憑)은 홍문관 직제학을 지냈고, 또한 문명(文名)이 있었다.

377 연산군(燕山君)……졸하였다 : 표연말(1449~1498)은 1498년(연산군4) 김종직(金宗直)의 문인으로 무오사화(戊午史禍)에 연루되어 함경도 경원(慶源)에 유배되는 도중 8월 19일 은계역(銀溪驛)에서 졸하였다.

예산현禮山縣

동쪽으로 온양군(溫陽郡) 경계까지 28리이고, 남쪽으로 대흥현(大興縣) 경계까지 9리이고, 서쪽으로 덕산현(德山縣) 경계까지 22리이고, 북쪽으로 신창현(新昌縣) 경계까지 21리이다. 서울과의 거리는 295리이다.

한전旱田

수전水田

건치연혁建置沿革

본래 백제 오산현(烏山縣)이다. 신라 경덕왕(景德王) 때에 고산(孤山)으로 고치고 임성군(任城郡) 영현(領縣)으로 삼았다. 고려 초에 예산현(禮山縣)으로 고쳤고, 현종(顯宗) 때에 천안부(天安府)에 편입시켰다가 뒤에 다시 예산현을 설치하였다. 본조에서 그대로 따랐다. 관장하는 면은 9개이고, 관원은 현감과 훈도이다. 각 1인이다.

군명郡名

오산(烏山), 고산(孤山)

산천山川

금오산(金烏山) 현 북쪽 2리에 있다. 진산(鎭山)이다.

남산(南山) 현 남쪽 6리에 있다.

도고산(道高山) 현 북쪽 11리에 있다. 신창현(新昌縣)에도 보인다.

소기현(蘇機峴) 현 동북쪽 28리에 있다.

내천(洓川) 바로 대흥현(大興縣) 내천의 하류로서, 현 서쪽 9리 무한성(無限城) 아래를 지난다. 일명 무한천(無限川)이라고 한다. 현 북쪽 19리에 이르러 호두포(狐頭浦)가 되는데, 조수(潮水)가 서로 통한다. 또 북쪽으로 흘러 신창현 정포(井浦)에 들어간다.

토산土産

자기(磁器), 복령(茯苓), 감〔柿〕, 숭어〔秀魚〕, 게〔蟹〕, 웅어〔葦魚〕

학교學校

향교(鄕校) 현 동쪽 1리에 있다.

궁실宮室

객관(客館)

우역郵驛

일흥역(日興驛) 현 서쪽 13리에 있다.

무한성원(無限城院) 무한성 아래에 있다. ○ 본조 이산해(李山海)의 시[378]에,

백발로 서풍에 홀로 누대 의지하니　白髮西風獨倚樓
고금의 인사가 도무지 아득하여라　古今人事儘悠悠
가을 산 저물어 가고 물소리 먼데　秋山欲暮水聲遠
무한성 가에서 무한히 시름에 젖노라　無限城邊無限愁

하였다.

고사원(古沙院) 현 동쪽 13리에 있다.

관량關梁

전탄교(箭灘橋) 현 서쪽 10리에 있다. 판교(板橋)로, 매년 다시 만든다. 내천(柰川)에 놓여 있다.

378 이산해(李山海)의 시 : 〈무한성을 지나며〔過無限城〕〉이다. 《鵝溪遺稿 卷4 省墓錄》

사묘祠廟

사직단(社稷壇) 현 서쪽에 있다.

문묘(文廟) 향교에 있다.

성황사(城隍祠) 현 동쪽 1리에 있다.

여단(厲壇) 현 북쪽에 있다.

능묘陵墓

김구(金絿) 묘 현 서북쪽 12리, 종경리(宗敬里)에 있다.

사찰寺刹

향천사(香泉寺), 안락사(安樂寺), 관정사(觀正寺) 모두 도고산(道高山)에 있다.

고적古蹟

무한성(無限城) 현 서쪽 9리에 있다. 언덕 하나가 내천(㳅川)에 임해 있고 성은 그 위를 둘러 있다. 돌로 쌓았고 둘레가 2002자이다. 안에 우물이 하나 있었다. 지금은 없어졌다.

명환名宦

고려

홍유(洪儒) 태조(太祖) 2년(1393)에 오산성(烏山城)을 예산현(禮山縣)으로 고치고 대상(大相) 홍유 및 애선(哀宣)을 보내 유민(流民)을 안집(安集)하게 하였다.

본조

유문통(柳文通) 예산 현감이 되었다.

인물人物

본조

이사검(李思儉) 진사로서, 성품이 청렴하고 신중하였으며 집안이 빈한해도 편안하게 여겼다. 효행이 탁월하여 중종조(中宗朝)에 유일(遺逸)로 천거되고 감찰에 제수되었다. 기묘당적(己卯黨籍)에 연좌되어 파직되고 향리로 돌아가 졸하였다.

해미현海美縣

동쪽으로 덕산현(德山縣) 경계까지 17리이고, 남쪽으로 홍주(洪州) 경계까지 6리이고, 서쪽으로 서산군(瑞山郡) 경계까지 9리이고, 북쪽으로 당진현(唐津縣) 경계까지 43리이다. 서울과의 거리는 376리이다.

한전旱田

수전水田

건치연혁建置沿革

본래 백제의 우견현(牛見縣) 지역이다. 고려 초에 고구현(高丘縣) 지역이 되었고, 고구현은 지금 홍주에 편입되었다. 태조(太祖)가 떼어 내어 정해현(貞海縣)을 설치하였다. 민간에 전해지기를 "태조 때에 몽웅역(夢熊驛)의 아전으로 한씨(韓氏) 성을 가진 자가 공을 세우니, 대광(大匡)의 호를 하사하고, 고구현 지역을 떼어 내어 정해현이라 하고 그 관향으로 삼았다." 한다. 현종(顯宗) 때에 운주(運州)에 편입시켰다가 뒤에 다시 정해현을 설치하였다. 본조 태종(太宗) 때에 여미(餘美)를 합하여 해미현(海美縣)

으로 고쳤다. 관장하는 면은 □개이고, 관원은 현감과 훈도이다. 각 1인이다.

군명郡名

정해(貞海)

형승形勝

지역이 바다에 닿아 있다. 정충기(鄭忠基)의 기문[379]

산천山川

상왕산(象王山) 여미현(餘美縣) 동쪽 4리에 있다.

가야산(伽倻山) 현 동쪽 10리에 있다. 상왕산과 서로 연이어 있다.

안국산(安國山) 현 북쪽 38리에 있다.

견성산(犬城山) 현 동쪽 7리에 있다.

문수산(文殊山) 현 북쪽 33리에 있다.

양릉포(陽陵浦) 현 서쪽 12리에 있으니, 바로 바다 포구이다.

대모천(大母川) 현 북쪽 52리에 있다.

379 기문 : 《신증동국여지승람》 권20 〈충청도 해미현〉 형승조(形勝條)에는 '동헌기(東軒記)'라고 되어 있다.

마도(馬島) 현 서쪽 양릉포 해안에 있다. ○《대명일통지(大明一統志)》에 이르기를 "나라 안의 관마(官馬)를 기르는 땅으로, 옛날에 안흥정(安興亭)이라는 객관이 있었다." 하였다.[380]

토산土産

철(鐵), 생천포(生天浦)에서 난다. **백옥**(白玉), **지치**〔紫草〕, **송이버섯**〔松蕈〕, **안식향**(安息香), **소금**〔鹽〕, **숭어**〔秀魚〕, **조기**〔石首魚〕, **홍어**(洪魚), **광어**(廣魚), **오징어**〔烏賊魚〕, **은구어**(銀口魚 은어), **갈치**〔刀魚〕, **굴**〔石花〕, **김**〔海衣〕, **게**〔蟹〕

성곽城郭

현성(縣城) 돌로 쌓았고 둘레가 3172자이다. 동남쪽에 문이 있고, 안에 우물이 3개 있다. 본래 병마절도사영성(兵馬節度使營城)이다.

380 대명일통지(大明一統志)에……하였다 : 이 내용은《대명일통지》에는 보이지 않고《황조문헌통고(皇朝文獻通考)》,《선화봉사고려도경(宣和奉使高麗圖經)》등에 기록되어 있다.《황조문헌통고》에는 "청주 바다 안에 있는 국왕의 말을 기르는 땅이다.〔在淸州海中國王牧馬地也.〕" 하였고《선화봉사고려도경》권37 마도조(馬島條)에는 "나라 안의 관마는 일이 없으면 여기에 몰아다 먹인다. 그래서 그런 이름을 붙이게 된 것이다.〔國中官馬, 無事則群牧於此, 因以爲名.〕" 하였다. 대본에는 "나라 안의 목장〔國中牧地〕"으로 되어 있는데.《선화봉사고려도경》에 근거하여 보충하여 번역하였다.

학교學校

향교(鄕校) 현 서쪽 2리에 있다.

궁실宮室

객관(客館)

청허정(淸虛亭) □□ 북쪽[381] -원문 3, 4자 결락-절도사(節度使) 조숙기(曺淑沂)가 세웠다.[382]

봉수烽燧

안국산 봉수(安國山烽燧) 서쪽으로 서산군(瑞山郡) 북산(北山)에 응하고, 북쪽으로 당진현(唐津縣) 고산(高山)에 응한다.

우역郵驛

몽웅역(夢熊驛) 현 북쪽 5리에 있다.

신당원(神堂院) 현 동쪽 4리에 있다.

381 □□ 북쪽 : 대본에는 '在□□北'으로 되어 있는데, '在'도 결락된 글자와의 관계를 알 수 없어 번역하지 않았다.

382 조숙기(曺淑沂)가 세웠다 : 조숙기는 1491년(성종22) 충청도 병마절도사를 지냈다. 《成宗實錄 22年 7月 4日》

관량關梁

사묘祠廟

사직단(社稷壇) 현 서쪽에 있다.

문묘(文廟) 향교에 있다.

성황사(城隍祠) 현 북쪽 1리에 있다.

여단(厲壇) 현 북쪽에 있다.

사찰寺刹

문수사(文殊寺) 문수산에 있다.

안국사(安國寺) 안국산에 있다.

안흥사(安興寺), 일악사(日嶽寺), 수도암(修道菴) 모두 가야산(伽倻山)에 있다.

고적古蹟

안흥정(安興亭) 현 동쪽 9리에 있다. 고려 문종(文宗) 31년(1077)에 나주도 제고사(羅州道祭告使) 대부소경(大府少卿) 이당감(李唐鑑)이 아뢰기를 "중국 사신이 왕래할 때에 이용하는 고만도(高巒島)의 정자가 물길에서 조금 떨어져 있어서 배를 대기에 불편하니 홍주(洪州) 관하(管下)의 정해현(貞海縣) 지역에 정자 하나를 지어 사신을 영송(迎送)하는 장소로 삼으

소서." 하니, 제서(制書)를 내려 그 말을 따랐다.

여미폐현(餘美廢縣) 현 북쪽 30리에 있다. 석성(石城)이고, 둘레가 880자이다. 지금은 허물어져 없어졌다.

성산성(城山城) 돌로 쌓았고, 둘레가 1430자이다. 지금은 없어졌다.

견성산성(犬城山城) 돌로 쌓았고, 둘레가 9960자이다. 지금은 없어졌다.

병마절도사영(兵馬節度使營) 우리 공정왕(恭定王 태종) 때에 이산진(伊山鎭)에서 해미(海美)로 옮기고, 성지(城池)를 쌓아 절도사 본영으로 삼았다. 효종(孝宗) 4년(1653)에 청주(淸州)로 옮기고, 영성(營城)을 본읍의 치소(治所)로 삼았다.

고해미(古海美) 지금 치소 서쪽 3리에 있다. 본래 옛 정해현이었다가 그대로 해미현 치소가 되었는데, 효종 4년에 치소를 옛 절도사영성(節度使營城)으로 옮겼으니 이곳이 바로 지금 치소이다.

명환名宦

본조

황치신(黃致身) 세조조(世祖朝)에 충청도 병마절도사가 되었다. 형명(形名)을 다스리고[383] 사졸(士卒)을 위무하는 데 예전 명장(名將)의 풍도가 있었다.

383 형명(形名)을 다스리고 : 형명은 군영(軍營)에 비치하는 정기(旌旗)와 금고(金鼓)를 이른다. 여기서는 군사(軍事)에 힘써 군정(軍政)을 잘 행하였다는 뜻이다.

성몽정(成夢井) 중종조(中宗朝)에 충청도 병마절도사가 되었다. 진(鎭)에 이르러 호령함이 깨끗하고 엄정하여 추호도 어김이 없었다. 둔전(屯田) 설치를 청하여 군량을 넉넉히 하고, 진서(陣書)를 간행하여 부오(部伍)를 분명히 하였다. 군영에서 죽었다.

당진현唐津縣

동쪽으로 면천군(沔川郡) 경계까지 10리이고, 남쪽으로 해미현(海美縣) 경계까지 13리이고, 북쪽으로 해안(海岸)까지 10리이고, 서쪽으로 맹곶(孟串)까지 44리이다. 서울과의 거리는 400리이다.

한전旱田

수전水田

건치연혁建置沿革

본래 백제 벌수지현(伐首只縣)이다. 일명 부지군(夫只郡)이라고 한다. 신라 경덕왕(景德王) 때에 당진(唐津)으로 고치고 혜성군(槥城郡) 영현(領縣)으로 삼았다. 고려 현종(顯宗) 때에 운주(運州)에 편입시켰다가, 예종(睿宗) 초에 다시 당진현(唐津縣)을 설치하였다. 본조에서 그대로 따랐다. 관장하는 면은 □개이고, 관원은 현감과 훈도이다. 각 1인이다.

군명郡名

벌수지(伐首只)

산천山川

고산(高山) 현 서북쪽 22리에 있다.

이배산(利背山) 현 남쪽 15리에 있다.

적현(赤峴) 현 남쪽 10리에 있다.

바다〔海〕 현 북쪽 10리에 있다.

채원포(菜元浦) 현 서쪽 5리에 있다.

맹곶(孟串) 현 서쪽 25리에 있다. 둘레가 32리이다. 예전에 목장(牧場)이 있었다.

산도(蒜島) 현 북쪽 바다 안에 있다. 둘레가 9리이다.

난지도(難知島) 현 북쪽 바다 안에 있다. 둘레가 34리이다. 남북으로 오가는 선박이 경유하는 곳이다. 예전에 수자리하는 곳이 있었다.

토산土産

청옥석(青玉石), 현 남쪽 5리, 관음동(觀音洞)에 있다. 백복령(白茯苓), 준치〔眞魚〕, 숭어〔秀魚〕, 홍어(洪魚), 밴댕이〔蘇魚〕, 붕어〔鯽魚〕, 조개〔蛤〕, 맹곶에서 난다. 부레〔魚鰾〕, 농어〔鱸魚〕, 민어(民魚), 굴〔石花〕, 꼬막〔江瑤柱〕, 게〔蟹〕

성곽城郭

현성(縣城) 석성(石城)이고, 둘레가 1954자이다. 문이 있고, 안에 우물이 2개 있다. 세종(世宗) 22년(1440)에 쌓은 것이다.

공서公署

당진포진(唐津浦鎭) 현 서쪽 34리에 있다. ○ 수군 만호(水軍萬戶) 1인이 있다. ○ 중종(中宗) 9년(1514)에 석성을 쌓았으니 둘레가 1340자이다.

학교學校

향교(鄕校) 현 동쪽 3리에 있다.

궁실宮室

객관(客館)

권가정(勸稼亭) 객관 동쪽에 있다.

해망정(海望亭) 당진포(唐津浦)에 있다.

봉수烽燧

고산 봉수(高山烽燧) 동쪽으로 면천군(沔川郡) 창택산(倉宅山)에 응하고, 남쪽으로 해미현(海美縣) 안국산(安國山)에 응한다.

우역郵驛

흥세역(興世驛) 현 남쪽 9리에 있다.

관량關梁

채원포교(菜元浦橋)

사묘祠廟

사직단(社稷壇) 현 서쪽에 있다.

문묘(文廟) 향교에 있다.

성황사(城隍祠) 현 북쪽 5리에 있다.

여단(厲壇) 현 북쪽에 있다.

사찰寺刹

고산사(高山寺) 고산(高山)에 있다.

능암사(能菴寺) 태산(泰山)에 있다.

성당사(聖堂寺), 사근사(沙斤寺) 모두 이배산(利背山)에 있다.

영랑사(影浪寺) 영파산(影波山)에 있다.

지은이

유형원(柳馨遠)

1622(광해군14)~1673(현종14). 조선 후기의 실학자이다. 본관은 문화(文化), 자는 덕부(德夫), 호는 반계(磻溪)·둔암(遁庵)이다. 부친인 예문관 검열 유흠(柳欽)이 유몽인(柳夢寅)의 옥사에 연루되어 죽은 뒤 5세 때부터 외삼촌 이원진(李元鎭)과 고모부 김세렴(金世濂)에게 수학하였다. 두 차례 과거에 응시했으나 낙방하고, 32세 때 전라도 부안군 보안면 우반동에 은거하였다. 이곳에서 학문과 저술에 전념하며 여생을 보냈다. 저술로는 그의 실학사상을 집대성한 《반계수록(磻溪隨錄)》 외에 《주자찬요(朱子纂要)》, 《이기총론(理氣總論)》, 《동국여지지(東國輿地志)》, 《무경사서초(武經四書抄)》, 《기효신서절요(紀效新書節要)》, 《정음지남(正音指南)》, 《동국문초(東國文抄)》 등 수십 권이 있으나 《반계수록》과 《동국여지지》 외에 시문 몇 편만 전하고 나머지는 유실되었다. 그의 저작과 사상은 생전에는 인정받지 못하였으나 100여 년이 지난 뒤 《반계수록》의 개혁 사상이 널리 알려지면서 영조의 관심을 받아 높은 평가를 받고 책이 간행되어 세상에 전해졌다. 1770년(영조46) 통정대부 호조참의 겸 세자시강원찬선에 증직되었다. 그의 개혁안은 이후에도 실행되지 못하였으나 이익, 안정복, 정약용으로 이어지는 실학자들에게 큰 영향을 주었다.

옮긴이

오세옥(吳世玉)

성신여자대학교 국어교육과를 졸업하고, 연세대학교 대학원 국문과에서 석사 학위를 받았다. 민족문화추진회 국역연수원 상임연구부를 졸업하고, 한국고전번역원에서 수석연구위원으로 근무하였다. 번역서로 《승정원일기》, 《명재유고》, 《사직서의궤》, 《경모궁의궤》, 《천의소감》, 《천의소감찬수청의궤》, 《북관기사》(이상 공역) 등이 있다.